ENJOY TRAVEL

인조이 **싱가포르**

인조이 싱가포르

지은이 김미선 · 임현지
펴낸이 임상진
펴낸곳 (주)넥서스

초판 1쇄 발행 2009년 2월 25일
4판 47쇄 발행 2018년 7월 20일

5판 1쇄 인쇄 2020년 3월 6일
5판 1쇄 발행 2020년 3월 12일

출판신고 1992년 4월 3일 제311-2002-2호
10880 경기도 파주시 지목로 5
Tel (02)330-5500 Fax (02)330-5555

ISBN 979-11-6165-926-8 13980

www.nexusbook.com

여행을 즐기는 가장 빠른 방법

ENJOY TRAVEL

인조이 싱가포르

SINGAPORE

김미선·임현지 지음

넥서스BOOKS

싱가포르로의 첫 여행의 기억이 아직도 생생하다. 당시 마약을 운반했던 호주 인이 싱가포르의 강력한 법에 의해 사형 선고를 받아 국제 사회는 싱가포르의 예외 없는 법 시행에 대해 연일 해외 토픽으로 싣고 있는 중이었다. 싱가포르에서는 껌을 씹는 것도, 화장실에 갔다가 물을 내리지 않는 것도 벌금형이다. 처음 이 이야기를 들었을 때는 싱가포르 여행이 두려웠다. 그래서 싱가포르에 도착해서 무단 횡단하는 사람이나, 쓰레기를 버리는 사람을 보았을 때 마치 대단한 것을 발견한듯 나도 모르게 반갑기까지 했다. 사람 사는 곳은 다 똑같다는 안도감과 왠지 모를 친근함 때문이었을 것이다. 그 이후 수차례 싱가포르를 오가게 된 지금, 싱가포르는 내게 가장 마음 편한 여행지가 되었다.

싱가포르 취재 여행은 걷고 또 걸어야 했던 일정이었다. 웬만한 MRT 한 정거장쯤은 걸어 다니고 비가 오든 숨이 턱까지 차게 덥든 무조건 걸어서 취재했다. 물론 취재 중에 고생만 한 것은 아니다. 빅 세일 매장에서는 취재는 잠깐 잊고 쇼핑에 열을 올리기도 했고, 취재 중 만난 싱가포르 사람들과 한참 동안 수다를 떨다 친구가 되기도 했다.

여행 가이드북 한 권을 쓰고 나면 너무 힘들어서 다시는 못 쓰겠다는 생각이 들면서도 다음 취재할 곳을 고르고 있는 것을 보면 이 일에는 헤어 나오기 힘든 중독이 있는 것 같다. 힘들고 어려운 일이지만 그만큼 멋진 경험과 만남을 주기 때문이다.

작업을 즐겁게 할 수 있도록 도와준 임현지 씨에게 고맙다는 말을 전한다. 몇 달치 주말을 반납하고 작업에 매달리느라 힘들었을 텐데 힘든 내색 한 번 없이 멋진 파트너가 되어 주었다. 그리고 싱가포르에서 함께 고군분투하며《인조이 싱가포르》초판 작업을 함께해 준 마연희 씨에게도 감사의 인사를 전한다.

항상 지지해 주시고 격려를 보내 주시는 부모님과 남편에게도 감사드린다. 마지막으로 싱가포르 출장 직전 먼 곳으로 떠난 친구 지은이. 그곳에서도 언제나처럼 밝은 모습이길 기도해 본다. 먼 곳에서 보내 주는 응원 또한 항상 고맙다. 사랑하는 친구, 평온하길.

김미선

여행지에 대한 매력은 낯섦이 익숙함으로 바뀌는 순간 느껴지기 시작한다. 마냥 낯설고 새롭기만 했던 곳이 나만의 익숙한 공간으로 자리 잡을 때 비로소 닫혀 있던 마음이 무장 해제되고 그 도시와 사랑에 빠진다. 싱가포르도 마찬가지였다. 공기마저 낯설었던 그곳이 어느새 일상이 된 순간, 나는 싱가포르에 마음을 빼앗기게 되었다.

규율과 질서가 있지만 자유로움이 있고, 작지만 다양한 문화가 공존하면서 제각각 뚜렷한 개성을 가지고 있는 곳이 바로 싱가포르이다. 볼거리, 먹을거리, 즐길 거리로 가득한 팔색조의 매력을 가진 싱가포르의 전부를 이 책에 담을 수는 없지만 싱가포르를 여행하는 사람들에게 조금이나마 도움이 되고 싶은 마음으로 유명 관광지 및 쇼핑, 레스토랑 등을 정리하였다.

처음에는 함께했던 사람들로 인해 여행이 좋았고, 어느 순간에는 소중한 기억이 쌓여 그리워할 순간이 있어 여행이 좋았고, 지금은 여행 그 자체에 행복감을 느낀다. 그래서 일상 속의 여행과 여행 속의 일상에 대해 항상 생각한다. 일상이 마치 여행과 같은 설렘으로 가득하고 여행에서의 새로운 순간들을 일상에서도 만나기를 바라는 마음으로 살아간다. 지난날을 회상하고 그리워하기보다는 언젠가 그곳에 있을 스스로를 상상한다. 앞으로 찾아올 여행의 시간이 기대된다.

책 작업을 함께한 김미선 작가님께 감사의 말씀을 전한다. 작가뿐 아니라 여행 컨설턴트로서 최고의 역량을 선보이고 있는 작가님을 언제나 응원한다. 또한 여행 기획 일에 처음 기회를 열어준 샬 스위스 여행의 강승희 이사님과 김문희 이사님, 존경하는 무브 잡지 편집장 조은영 대표님께 진심으로 감사드린다. 앞으로 더 발전하는 모습으로 보답하겠다. 눈빛만 봐도 알 수 있는 친구들 지영, 민혜, 성은, 가혜, 민정, 은미, 호정, 화영, 현진, 지원 언니와 가끔 보아도 좋은 성대 동기들, 크로스핏106에서 알게 된 소중한 인연들, 함께 일하는 아이팩투어 동료들에게도 감사의 인사를 건넨다. 마지막으로 언제나 내 편인 사랑하는 가족들과 가장 힘든 시기에 큰 힘이 되어준 그분께도 감사의 마음을 전한다.

임현지

이 책의 구성

미리 만나는 싱가포르

싱가포르는 어떤 매력을 지닌 곳인지 꼭 가야할 곳과 해야 할 일, 음식 등을 사진으로 보면서 여행의 큰 그림을 그려 보자.

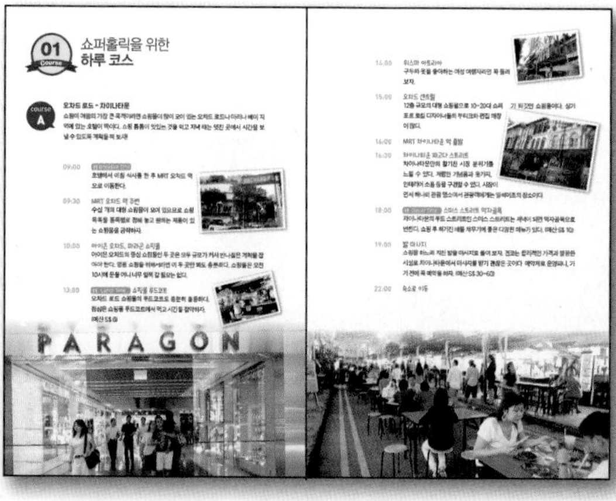

추천 코스

어디부터 여행을 시작할지 고민이 된다면 추천 코스를 살펴보자.
저자가 추천하는 코스를 참고하여 자신에게 맞는 최적의 일정을 세워 본다.

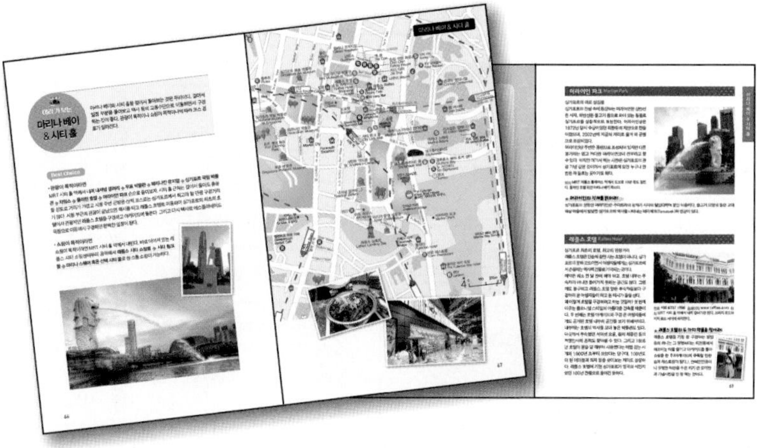

지역 여행

싱가포르의 주요 도시 10곳의 주요 관광지와 근교 도시를 소개한다.
싱가포르를 찾는 여행자라면 꼭 가 봐야 할 대표적인 관광지를 소개하고,
상세한 관련 정보를 담았다.

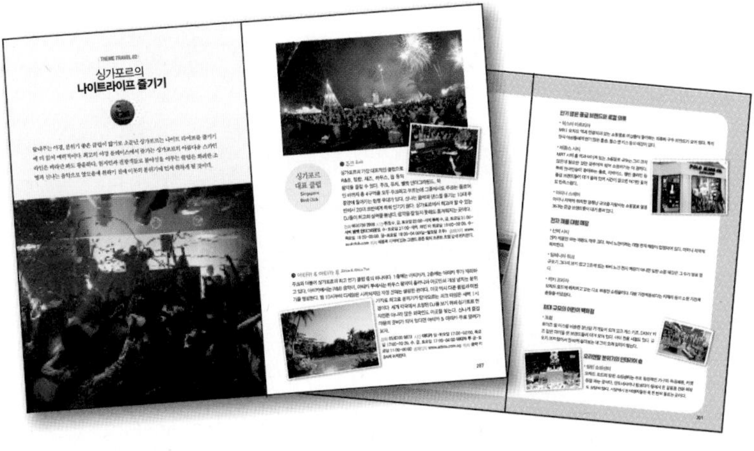

테마 여행

싱가포르의 대표 관광지, 다양한 투어 프로그램, 쇼핑과 같은
싱가포르에서만 특별하게 경험할 수 있는 테마를 주제별로 소개하고 있다.

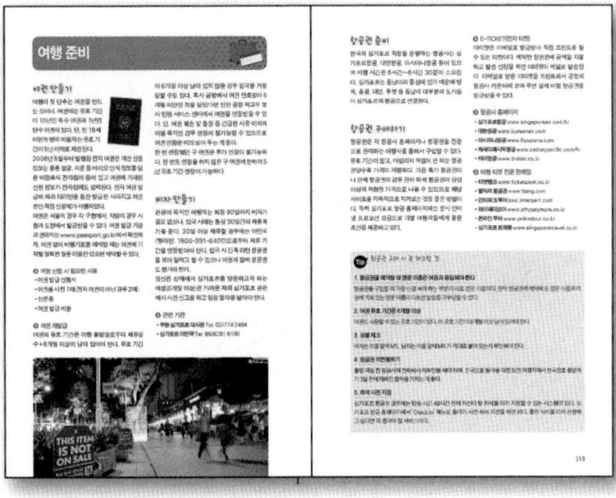

여행 정보 & 찾아보기

여행을 떠나기 전 알아 두면 유용한 정보와 상황별 여행 영어를 담았다. 또한 이 책에 소개된 곳의 이름만 알아도 쉽게 찾아볼 수 있도록 정리해 놓았다.

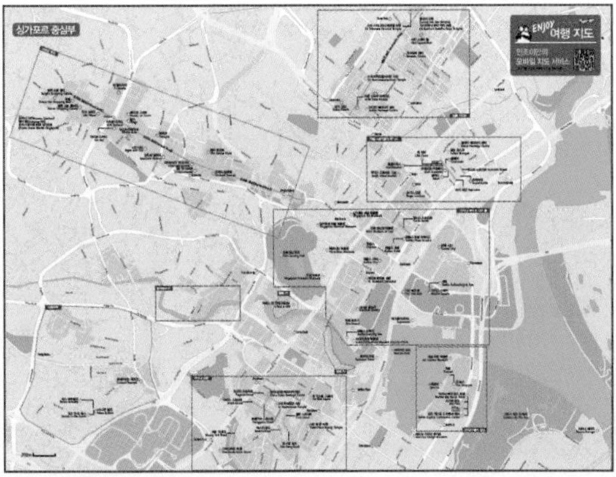

〈특별 부록〉 대형 여행 지도

각 지역의 대표 지도가 담겨 있으며, 간단하게 손에 들고 다니며 볼 수 있다.

모바일 지도
활용법

책에 나온 장소를 내 휴대폰 속으로!

여행 중 길 찾기가 어려운 독자를 위한 인조이만의 맞춤 지도 서비스.
구글맵 기반으로 새롭게 돌아온 모바일 지도 서비스로 스마트하게 여행을 떠나자.

STEP 01

아래 QR을 이용하여
모바일 지도 페이지 접속.

STEP 02

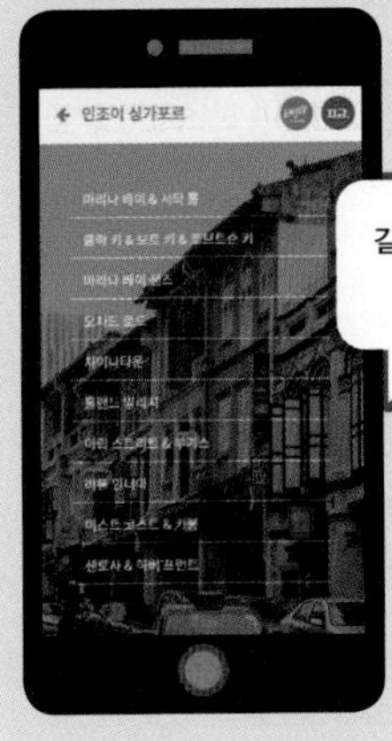

길 찾기를 원하는
지역 선택

STEP 03

지도 목록에서 찾고자 하는 장소를 검색하여 원하는 장소로 이동!

1. 지역 목록으로 돌아가기
2. 길 찾는 장소 선택
3. 큰 지도 보기
4. 지도 공유하기
5. 구글 지도앱으로 장소 검색

※ 구글을 서비스하지 않는 지역에서는 사용이 제한될 수 있습니다.

Contents

미리 만나는 싱가포르

추천 코스

지역 여행

마리나 베이 & 시티 홀

클락 키 & 보트 키 & 로버트슨 키

마리나 베이 샌즈

오차드 로드

차이나타운

홀랜드 빌리지

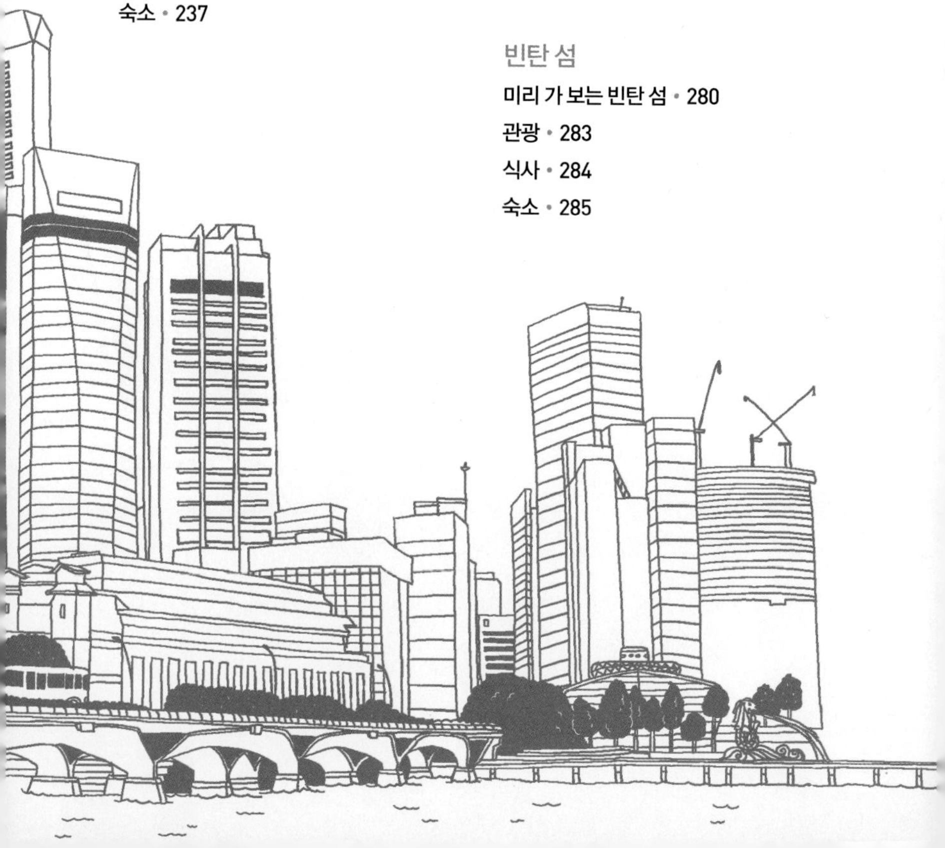

톡톡 싱가포르 이야기

테마 여행

여행 정보

부록

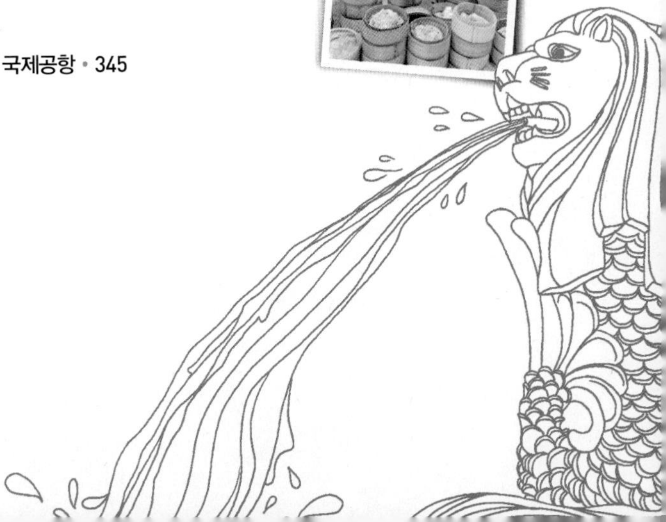

미리 만나는
싱가포르

- 반드시 가야 할 그곳 Must Go
- 여행의 즐거움 Must Do
- 여행 속 달콤한 유혹 Must Eat
- 여행을 기념하는 방법 Must Buy

PREVIEW

반드시 가야 할 그곳 Must Go

싱가포르는 어떤 여행지 못지 않게 보고 즐길 거리가 많고,
휴양보다는 도시를 바쁘게 탐험하고픈 여행자에게 어울리는 곳이다.
싱가포르에 간다면 꼭 들렀으면 하는 명소를 소개한다.

머라이언 파크와 에스플러네이드

싱가포르의 상징인 대형 머라이언상이 있는 머라이언 파크와 두리안을 닮은 에스플러네이드를 찾아가 보자. 야경이 펼쳐진 밤 시간이면 더욱 좋다. p.69, p.70

오차드 로드

걸음을 옮기는 곳마다 쇼핑몰이 줄지어 있는 오차드 로드. 싱가포르에서 가장 바쁜 거리이자, 쇼핑이 목적인 여행자라면 반드시 들러야 할 곳이다. p.135

클럽 스트리트와 케옹 색 로드

차이나타운의 멋진 클럽과 바 그리고 레스토랑이 즐비한 클럽 스트리트와 현지인의 거리인 케옹 색 로드를 걷다 보면 싱가포르를 좀 더 깊숙이 느낄 수 있다. p.167, p168

마리나 베이 샌즈

싱가포르에서 가장 인기 있는 호텔이자 랜드마크인 마리나 베이 샌즈 호텔을 중심으로 호텔 꼭대기 층에 위치한 스카이 파크, 호텔과 이어진 더 숍스와 카지노 등이 있다. p.112

유니버설 스튜디오

놀이공원을 좋아하는 여행자에게 언제나 싱가포르 베스트 플레이스다. 아이부터 성인까지 모두가 즐길 수 있는 요소가 많다. p.265

동물원과 나이트 사파리

울타리가 없는 동물원 콘셉트를 한 거대한 규모의 동물원과 해가 지면 문을 여는 나이트 사파리는 아이가 아니더라도 재미있게 구경할 수 있다. 아이가 있는 가족 여행객이라면 필수 코스이다. p.296, p.300

가든스 바이 더 베이

도심 속의 자연이라는 주제로 만든 인공 정원으로 거대한 조형물로 이루어진 야외 정원과 다양한 꽃을 볼 수 있는 실내 정원으로 구분되어 있다. p.119

보타닉 가든

빽빽한 고층 빌딩이 즐비한 싱가포르지만, 한 걸음만 벗어나면 전혀 다른 곳에 온 것 같은 거대한 숲이 존재한다. 현지인들이 한가롭게 산책을 하거나 조깅을 즐기는 공간이기도 하다. p.137

PREVIEW

여행의 즐거움 Must Do

다양한 음식과 즐길 거리가 있는 싱가포르에서는 무엇을 해야 할까.
싱가포르를 제대로 즐기기 위한 방법 몇 가지!

리버 크루즈 타기

교통수단으로도 이용할 수 있고, 천천히 흘러가는 배 위에서 감상하는 싱가포르 전경은 오래도록 기억에 남을 것이다.

©shutterstock / Vichy Deal

호커 센터에서 식사하기

외식 문화가 자리 잡은 싱가포르인들이라 호커 센터는 지역별로 유명한 곳이 많고 언제나 사람들로 북적인다. 현지인처럼 한 끼 식사를 해결하기 위한 가장 좋은 방법은 가까운 호커 센터를 찾아가는 것.

박물관 탐방하기

아시아의 다양한 문화가 융화되어 있는 싱가포르의 독특한 문화와 역사적인 배경을 살펴볼 수 있다. 싱가포르의 박물관들은 꽤 수준 높은 전시를 보여 주기 때문에 평소 박물관에 관심이 없던 여행자도 흥미롭게 탐방할 수 있다.

칠리 크랩 먹기

매콤달콤한 소스에 버무린 칠리 크랩은 한국 여행자들에게 가장 인기 있는 메뉴이다.
유명한 식당들은 주로 강변에 위치해 있어 전망을 즐기며 식사할 수 있다.

애프터눈 티 즐기기

호텔 라이프가 발달한 싱가포르는 애프터눈티로도
유명한 곳이 많다. 뜨겁게 내리쬐는 한낮의 햇볕을 피해서
한가롭게 애프터눈티를 즐겨 보자.

클락 키에서 로맨틱한 밤을

낮보다는 밤에 그 진가를 느낄 수 있다.
싱가포르 강변에 자리 잡은 클락 키는 다양한 레스토랑뿐 아니라
핫한 클럽과 바가 모여 있어 밤의 열기가 뜨거운 곳이다.

PREVIEW

여행 속 달콤한 유혹 Must Eat

지리적 위치 덕분에 세계의 다양한 음식을 맛볼 수 있는 싱가포르.
싱가포르 고유의 음식부터 중국과 동남아의 주변국에서 영향을 받은
다양한 먹거리를 경험할 수 있는 음식 백화점이 바로 싱가포르다.

차 퀘티아오

면과 숙주 그리고 해산물과 어묵 등에 간장을 넣고
볶은 면 요리이다. 어딜가나 쉽게 만날 수 있다.

치킨 라이스

삶은 닭고기에 소스를 곁들여 밥과 함께 먹는다.
입맛이 까다로운 사람이라도 맛있게 먹을 수 있는
싱가포르의 서민 음식.

카야 토스트

싱가포르의 대표적인 간단한 아침 식사 메뉴이다.
바삭하게 구운 토스트에 카야 잼을 발라 달달한 커피와 함께 먹는다.

육포

육포 종류가 다양하고 직접 시식한 다음 고를 수 있다.
간식거리나 맥주 안주로 즐기기에 딱 좋다.

락사

진한 코코넛 밀크로 만든 국물에
두꺼운 쌀국수와 각종 해산물을
넣고 끓인 면 요리이다.
부드럽고 시원한 국물 맛이 일품
이다.

칠리 크랩

싱가포르에 가서 단 하나의 음식만 먹어야 한다면 단연코 칠리 크랩을 꼽는다. 매콤달콤한 소스 맛이 입맛을 돋운다.

호키엔 미

달걀을 넣어 만든 노란색 면에 해산물과 숙주를 넣어 함께 볶아 먹는 국수.

바쿠테

돼지고기를 한방 허브와 마늘 등을 넣고 푹 고아 맛을 낸다. 우리나라 갈비탕과 비슷하다.

아이스 카창

우리나라에 팥빙수가 있다면 싱가포르에는 아이스 카창이 있다. 소복이 쌓인 얼음 위에 색색의 시럽과 젤리 등을 얹어 먹는다.

사테

사테는 각종 육류를 꼬치에 꽂아 숯불에 구운 요리다. 약간 매콤한 땅콩 소스에 찍어 먹는다.

©shutterstock / March Marcho

PREVIEW

여행을 기념하는 방법 Must Buy

홍콩이 명품 쇼핑의 대국이라면 싱가포르는 생필품 쇼핑의 대국이라고 말해도 좋을 만큼 유용한 물건이 셀 수 없이 다양하다. 그중 꼭 사야 할 선물 리스트를 모았다.

TWG 티

매장부터 티 케이스까지 고급스러운 느낌이 물씬 풍기는 싱가포르 차 브랜드 TWG. 다양한 종류의 차 콜렉션과 선물 세트 등을 구입할 수 있다.

부엉이 커피

동남아식 믹스 커피로 유명한 부엉이 커피이다. 설탕, 저지방, 코코넛 향, 헤이즐넛 향 등 첨가물에 따라 그 종류가 매우 다양하다.

카야 잼

카야 잼만 사온다면 싱가포르에서 먹었던 카야 토스트의 맛을 그대로 재현할 수 있다. 우리나라에서도 유명한 야쿤 카야 토스트 잼부터 유명 베이커리의 카야 잼 등 다양한 제품을 만날 수 있다.

킨더 해피 히포 초콜릿

하마 모양을 본 따서 만든 킨더 초콜릿으로, 카카오 초콜릿에 헤이즐넛 또는 코코아 크림이 가득 들어 있어 기분 좋은 달콤한 맛이 난다. 무스타파센터를 비롯하여 싱가포르 곳곳의 마트에서 만날 수 있다.

타이거 밤

근육통이 있을 때 바르면 효과적이라고 알려진 타이거 밤이다. 종류가 다양하니 꼼꼼히 살펴보고 구매하자.

히말라야 수분 크림 & 립밤

인도의 히말라야라는 의료 회사에서 만든 화장품으로 우리나라에서도 인기가 많다. 인도에서 직접 산다면 제일 좋겠지만, 싱가포르에서 한국보다 저렴한 가격으로 구입이 가능하다.

달리 치약

동남아 전역의 필수 쇼핑 아이템. 불소 함유량이 높아 충치 예방과 미백 효과가 뛰어날 뿐만 아니라 무엇보다 착한 가격 덕분에 부담이 없다.

칠리 크랩 3분 요리

인기 있는 칠리 크랩 전문점만큼의 맛은 아니지만, 맛도 괜찮고 조리 방법도 무척 간단해 선물 아이템으로 그만이다.

추천 코스

- 쇼퍼홀릭을 위한 하루 코스 A, B
- 푸른 섬에서 즐기는 하루 코스
- 도심에서 즐기는 리프레시 하루 코스
- 관광 마니아를 위한 하루 코스 A, B
- 아이와 함께하는 하루 코스
- 럭셔리 여행 하루 코스 A, B
- 주말을 이용한 3박 4일 코스
- 여유 있는 4박 5일 코스

01 Course

쇼퍼홀릭을 위한 **하루 코스**

course A

오차드 로드 - 차이나타운

쇼핑이 여행의 가장 큰 목적이라면 쇼핑몰이 많이 모여 있는 오차드 로드나 마리나 베이 지역에 있는 호텔이 딱이다. 쇼핑 틈틈이 맛있는 것을 먹고 저녁 때는 멋진 곳에서 시간을 보낼 수 있도록 계획을 짜 보자!

09:00 Breakfast Time
호텔에서 아침 식사를 한 후 MRT 오차드 역으로 이동한다.

09:30 **MRT 오차드 역 주변**
수십 개의 대형 쇼핑몰이 모여 있으므로 쇼핑 목록을 품목별로 정해 놓고 원하는 제품이 있는 쇼핑몰을 공략하자.

10:00 **아이온 오차드, 파라곤 쇼핑몰**
아이온 오차드의 중심 쇼핑몰인 두 곳은 모두 규모가 커서 반나절은 계획을 잡아야 한다. 명품 쇼핑을 위해서라면 이 두 곳만 봐도 충분하다. 쇼핑몰은 오전 10시에 문을 여니 너무 일찍 갈 필요는 없다.

13:00 Lunch Time **쇼핑몰 푸드코트**
오차드 로드 쇼핑몰의 푸드코트도 충분히 훌륭하다. 점심은 쇼핑몰 푸드코트에서 먹고 시간을 절약하자. (예산 S$ 6)

14:00 **위스마 아트리아**
구두와 옷을 좋아하는 여성 여행자라면 꼭 들러 보자.

15:00 **오차드 센트럴**
12층 규모의 대형 쇼핑몰으로 10~20대 쇼퍼가 타깃인 쇼핑몰이다. 싱가포르 로컬 디자이너들의 부티크와 편집 매장이 많다.

16:00 **MRT 차이나타운 역 출발**

16:30 **차이나타운 파고다 스트리트**
차이나타운만의 활기찬 시장 분위기를 느낄 수 있다. 저렴한 기념품과 옷가지, 인테리어 소품 등을 구경할 수 있다. 시장이면서 하나의 관광 명소여서 관광객에게는 일석이조의 장소이다.

18:00 Dinner Time **스미스 스트리트 먹자골목**
차이나타운의 푸드 스트리트인 스미스 스트리트는 저녁이 되면 먹자골목으로 변한다. 쇼핑 후 허기진 배를 채우기에 좋은 다양한 메뉴가 있다. (예산 S$ 10)

19:00 **발 마사지**
쇼핑을 하느라 지친 발을 마사지로 풀어 보자. 겐코는 합리적인 가격과 깔끔한 시설로 차이나타운에서 마사지를 받기 괜찮은 곳이다. 예약제로 운영되니, 가기 전에 꼭 예약을 하자. (예산 S$ 30~60)

22:00 **숙소로 이동**

마리나 베이 샌즈 - 더 숍스, 부기스 - 하지 레인

course B

샤넬, 루이비통 같은 명품부터 자라, 망고, H&M 등의 합리적인 가격대의 브랜드까지 다양한 상품을 만나 볼 수 있는 마리나 베이 샌즈의 더 숍스와 빈티지 물건의 집합소 부기스 지역의 하지 레인을 둘러보자.

09:00 Breakfast Time

호텔에서 아침 식사를 한 후 MRT 베이프런트 역으로 이동한다.

10:00 **MRT 베이프런트 역**

MRT 베이프런트 역에 내리면 더 숍스와 이어진다. 시간이 넉넉하다면 천천히 둘러보고, 원하는 브랜드만 보고 싶다면 쇼핑몰 지도를 보며 쇼핑을 해보자.

13:00 Lunch Time **디비 비스트로 & 오이스터 바**

미슐랭 3스타 셰프 다니얼 블뤼의 디비 비스트로 & 오이스터 바에서 런치 메뉴를 주문해 보자. 합리적인 가격으로 만족스러운 점심 식사를 할 수 있다. (예산 S$ 42~52)

15:00 **부기스로 이동**

MRT 부기스 역에서 하차한다.

15:30 **하지 레인**

하지 레인은 아기자기한 소품과 빈티지 옷, 액세서리 숍들로 가득하다. 굳이 사지 않아도 구경만으로 기분이 좋아진다.

18:00 Dinner Time **아이 엠**

하지 레인 끝자락에 위치한 아이 엠에서 버거와 음료를 즐겨 보자. (예산 S$ 20)

20:30 **숙소로 이동**

02 Course

푸른 섬에서 즐기는 **하루 코스**

빈탄 섬 이동 - 해변과 수영장 - 스파

싱가포르는 바다에 접해 있는 섬나라여서 리조트가 성행한다. 바다를 구경하려면 센토사 섬으로 가는 것이 좋고, 휴양을 계획한다면 배로 한 시간 거리인 인도네시아의 빈탄 섬에 가는 일정을 짠다.

10:00 **타나 메라 페리 터미널로 이동**
시내에서 터미널까지 택시로 30분 걸린다. (예산 S$ 20)

10:30 **빈탄 섬으로 Go!**
페리로 약 40분 거리이다.
(왕복 페리 : 비수기 기준 S$ 58)

11:30 **빈탄 섬 도착**
무료 셔틀버스로 숙소까지 이동한다.

12:00 **해변과 수영장 즐기기**
해변에 나가거나 수영장을 이용해 보자. 숙소 체크인 시간은 모두 14시이지만 그 전에 도착해도 수영장은 이용 가능하다.

16:00 **숙소 내 스파 즐기기**
숙소 내 스파에서 릴랙스 타임을 가져 보자. (예산 S$ 90)

18:00 Dinner Time **켈롱 시푸드 레스토랑**
니르와나 리조트 내에 있는 레스토랑이다. 합리적인 가격에 해산물 요리를 즐길 수 있다. 음식 맛도 훌륭하다. (예산 S$ 50)

20:00 **숙소로 이동**

03 Course

도심에서 즐기는 리프레시 **하루 코스**

오차드 로드 - 이스트 코스트

도시에서도 충분히 여유롭고, 편하게 여행할 수 있는 방법이 클락 키에 있다. 숙소는 수영장을 이용할 수 있는 중급 이상의 숙소면 좋다.

09:00 Breakfast Time
호텔에서 아침 식사를 한 후 호텔 수영장을 이용한다.

10:00 **호텔 수영장 이용**
오전 시간은 수영장에서 여유 있게 보내자.

13:00 **오차드 로드로 이동**
MRT 오차드 역에서 하차한다.

13:30 Lunch Time **딘 타이 펑**
오차드 로드 파라곤 쇼핑몰에 위치한다. 줄을 서서 들어가야 할 만큼 인기 있는 소룡포 딤섬 전문점이다. (예산 S$ 13)

15:00 **에스플러네이드로 이동**
MRT 시티 홀 역에서 하차해서 도보로 10분 정도 이동한다. 택시로 이동하는 게 편하다.

©shutterstock / deeepblue

15:30 겐코에서 스파

마리나스퀘어에 위치한 싱가포르 대표 마사지 숍이다. 느긋하게 스파를 즐기며 오후 시간을 보내자. (예산 S$ 50)

17:00 에스플러네이드 관광

에스플러네이드는 싱가포르의 오페라 하우스라고 불리는 곳으로 멋진 건축물과 바다를 구경할 수 있는 곳이다. 해 질 무렵 바다를 감상하면서 잠시 쉬어도 좋다.

18:00 Dinner Time 노 사인보드

칠리 크랩으로 유명한 레스토랑. 여러 지점이 있지만 에스플러네이드에 있는 지점은 전망이 멋있어서 저녁에 식사를 즐기기에 최고이다. (예산 S$ 50~)

19:30 바 루즈로 이동

스위소텔 더 스템포드 호텔 70층에 위치한 바(Bar)로, 통유리 밖으로 내려다보는 야경이 환상적이다. 로맨틱한 분위기로 마무리하기에 딱 좋다. MRT 시티 홀 역에서 도보로 3분 정도 걸린다. (예산 S$ 20~)

21:30 숙소로 이동

04 Course 관광 마니아를 위한 **하루 코스**

course A

센토사 섬 - 싱가포르 동물원 - 나이트 사파리

센토사 섬에서부터 싱가포르 동물원과 나이트 사파리까지 싱가포르의 대표적인 관광지를 둘러보는 코스이다. 하루만에 다 둘러보려면 아침부터 부지런히 움직여야 한다.

09:00 Breakfast Time

호텔에서 아침 식사를 한 후 센토사 섬으로 이동한다.

10:00 **센토사 섬으로 이동**

MRT 하버 프런트 역에서 모노레일로 갈아탄다. 싱가포르 최고의 관광지로 섬 전체가 테마파크로 이루어져 있다. 짧게는 반나절, 길게는 하루를 잡아야 놀 수 있다. 지도를 보고, 가고 싶은 곳들만 골라 돌아보자. 점심 식사는 섬 내에 있는 레스토랑에서 하면 된다.

15:00 **싱가포르 동물원**

우리와 울타리가 없어서 숲속에 들어온 것 같은 느낌을 준다. 산책하듯 구경하기에 좋다. (입장료 S$ 39)

18:00 **나이트 사파리로 이동**

세계에서 유일하게 밤에 입장할 수 있는 동물원이다. 야생 동물을 볼 수 있는 싱가포르의 명물이니 관광을 좋아한다면 꼭 가 볼 만하다. (입장료 S$ 51)

21:00 **숙소로 이동**

course B

시티 홀과 풀러턴 호텔 - 머라이언 파크 - 차이나타운 - 클락 키

시청을 지나 싱가포르 강변 쪽으로 가면 옛 관공서와 박물관 등 아름다운 건물들이 모여 있는 예쁜 거리를 지나게 된다. 풀러턴 호텔 앞 풍경부터 이국적인 카베나 다리까지 오전 시간을 산책하며 사진 찍기에 딱이다.

09:00 Breakfast Time

호텔에서 아침 식사를 한 후 시청 주변으로 이동한다.

10:00 **시청 주변과 풀러턴 호텔**

MRT 시티 홀 역에서 내리면 도보로 10분 정도 소요된다.

12:00 **머라이언 파크**

풀러턴 호텔 뒤쪽으로 싱가포르의 상징인 머라이언상이 있다. 싱가포르에 오면 기념사진을 찍기 가장 좋은 곳이다. 풀러턴 호텔에서 도보로 5분 정도 걸린다.

13:00 Lunch Time **라우 파 삿 호커 센터**

싱가포르에서 가장 유서 깊은 호커 센터 중 하나이다. 머라이언 파크에서 도보로 15분 소요된다. (예산 S$ 6)

14:00 **차이나타운으로 이동**

거리 전체가 관광지이다. MRT 차이나타운 역에서 하차해서 시장 골목인 스미스 로드와 파고다 로드를 지나 차이나타운을 볼 수 있는 케옹 색 로드까지 걸어가 보자. 산책하면서 구경하기 좋다.

17:00 **클락 키로 이동**

MRT 클락 키 역에서 하차해서 리버 크루즈를 타고 클락 키와 보트 키를 둘러보자. 싱가포르를 한눈에 담을 수 있다. (예산 S$ 25)

21:00 **숙소로 이동**

05
Course

아이와 함께하는 **하루 코스**

선텍 시티 - 싱가포르 과학 센터 - 주롱 새 공원

아이와 함께하는 여행이라면 교육과 재미를 고려한 일정을 짜 볼 수 있다. 아이가 있는 가족 여행자에게 가장 인기 있는 숙소 중의 하나는 클락 키 쪽에 위치한 스위소텔 머천트 코트이다. 숙소의 수영장이 마치 테마파크처럼 되어 있고 미끄럼틀이 있어 아이들이 좋아한다.

09:00 Breakfast Time
스위소텔 머천트 코트에서 아침 식사를 한 후 수영장을 이용한다.

10:00 **수영장에서 놀기**
미끄럼틀이 있는 호텔의 대형 수영장에서 오전 시간을 보내자.

11:30 **선텍 시티로 이동**
MRT 시티 홀 역에서 내려 도보로는 10분, 택시로는 5분 정도 소요된다.

12:00 Lunch Time **푸드 리퍼블릭**
선텍 시티 지하 1층에 있는 대형 푸드코트에서 먹고 싶은 음식을 마음껏 즐겨 보자.
(예산 S$ 20)

13:00 **토이즈 알 어스 장난감 마트**
선텍 시티에 위치한 대형 장난감 마트이다. 아이와 함께 가면 언제 나오게 될지 모르는 게 단점이라면 단점.

14:30 **싱가포르 과학 센터**
MRT 주롱 이스트 역에서 도보로 10분 정도 걸린다. 아이들이 가장 좋아하는 곳 중 하나로 직접 체험하면서 즐길 수 있다. 좋은 시설을 자랑한다. (예산 S$ 12)

16:30 **주롱 새 공원**
싱가포르 과학 센터에서 택시로 5분 정도 걸린다. 세계 최대의 새 공원으로 앵무새를 직접 보고 먹이를 주는 코스와 펭귄관이 아이들에게 가장 인기 있다. (입장료 S$ 32)

19:30 Dinner Time **점보 레스토랑**
칠리 크랩 레스토랑인 점보에서 저녁 식사를 한다. MRT 클락 키 역에서 도보로 5분 정도 걸린다. (예산 S$ 30~50)

21:00 **숙소로 이동**

06 Course 럭셔리 여행 하루 코스

course A 호텔 수영장 - 애프터눈 티 - 보트 키

럭셔리한 여행을 위해서 싱가포르 최고의 호텔인 래플스나 풀러턴, 리츠 칼튼 호텔을 추천한다. 우아하고 럭셔리한 일정을 만들고 싶다면 오후에는 스파와 애프터눈 티를 즐기고 저녁에는 강 전망을 내려다보면서 식사를 즐기자.

09:00 Breakfast Time
플러톤 호텔에서 아침 식사를 한 후 수영장을 이용한다.

10:00 수영장 즐기기
고급 호텔일수록 멋진 수영장을 가지고 있다. 숙소에서 보내는 시간을 아까워하지 말고 충분히 즐기자.

12:00 Lunch Time 리츠 칼튼 호텔의 서머 파빌리온
점심 때만 나오는 딤섬을 먹어 보자. 풀러턴 호텔에서 도보로 20분 정도 소요된다. (예산 S$ 30)

15:00 풀러턴 호텔에서 애프터눈 티 즐기기
풀러턴 호텔의 애프터눈 티는 싱가포르에서 가장 멋진 곳 중의 하나이다. 티 세트가 훌륭하게 나오니 이곳에서 오후 시간을 느긋하게 보내자. MRT 래플스 플레이스 역에서 도보로 3분 정도 걸린다. (예산 S$ 40)

18:30 Dinner Time 보트 키의 키 사이드 시푸드 레스토랑
해산물 레스토랑으로 풀러턴 호텔에서 도보로 10분 정도 소요된다. (예산 S$ 50~)

20:00 숙소로 이동

course B

리츠 칼튼 선데이 브런치 - 소 스파 - 로체스터 파크

싱가포르에서 가장 훌륭한 브런치 레스토랑으로 손꼽히는 리츠 칼튼 선데이 브런치를 즐기고 고급 휴양 스파를 즐겨 보자. 로체스터 파크에서 저녁 식사로 하루를 마무리한다면 럭셔리한 하루 일정을 완성할 수 있을 것이다.

10:00 Brunch Time **리츠 칼튼의 선데이 브런치**

일요일 리츠 칼튼의 선데이 브런치는 싱가포르에서 가장 훌륭한 브런치 레스토랑 중의 하나로 손꼽힌다. 싱싱한 해산물과 세계 각국의 음식, 무제한으로 제공되는 샴페인까지 준비되어 있다. 오전에 가서 여유 있게 식사를 즐겨 보자. MRT 시티 홀 역에서 내려서 도보로 15분 정도 소요된다. (예산 S$ 70)

13:00 **소 스파**

MRT 하버 프런트 역에서 하차하여 모노레일로 센토사 섬으로 이동한다. 소 스파(So Spa)는 소 소피텔에 위치한 최고급 스파로 넓은 정원과 독채 스타일의 스파룸이 있는 곳으로 유명하다. 예약은 필수. (예산 S$ 100~)

18:00 Dinner Time **로체스터 파크**

숲으로 둘러싸인 레스토랑이 모여 있다. 다 파울로 비스트로 바에서 멋진 저녁 식사를 한다. MRT 부오나 비스타 역에서 하차하여 택시를 갈아타면 5분 정도 걸린다. (예산 S$ 25)

21:00 **숙소로 이동**

07 Course 주말을 이용한 3박 4일 코스

클락 키 - 주롱 새 공원(보타닉 가든) - 오차드 로드 - 차이나타운 - 오차드 로드 - 센토사 섬 - 리틀 인디아 & 아랍 스트리트 - 나이트 사파리 - 마리나 베이 & 강변 지역

싱가포르를 제대로 즐기려면 일주일이 모자랄 정도이다. 하지만 더운 날씨를 고려하여 본인의 체력에 맞는 적절한 일정을 짜는 것이 중요하다. 관광, 쇼핑, 식도락이 어우러진 일반적인 일정으로, 여행 기간이 짧을 경우 하루 일정을 빼도 무방하다.

DAY 1

09:00 인천 공항 출발

14:20 싱가포르 창이 국제공항 도착
호텔 체크인 후 잠시 휴식한 후 보트 키로 이동한다.

18:00 Dinner Time 점보, 키 사이드 시푸드
칠리 크랩으로 가장 유명한 점보 레스토랑이나 아름다운 강변을 바라보며 해산물을 즐길 수 있는 키 사이드 키나라 중에서 마음에 드는 곳을 선택하여 식사를 즐기자. (예산 S$ 50~)

22:00 Nightlife
싱가포르를 대표하는 클럽이나 바에서 나이트라이프를 즐긴다.

DAY 2

08:00 **Breakfast Time**
호텔에서 아침 식사를 한다.

10:00 **주롱 새 공원 & 동물원 관광**
세계 최대의 새 공원인 주롱 새 공원 또는 싱가포르 동물원을 관광한다.

13:00 **오차드 로드로 이동**

13:30 **Lunch Time 딘 타이 펑, 푸드 리퍼블릭**
소롱포로 유명한 딘 타이 펑이나, 중국의 먹자골목을 재현한 푸드 리퍼블릭에서 점심을 즐기자.
(예산 S$ 20~)

15:00 **오차드 로드에서 쇼핑하기**
아이온 오차드, 위스마 아트리아, 니안 시티, 파라곤, 센터 포인트에서 쇼핑을 한다.

17:00 **차이나타운으로 이동**
차이나타운에서 야시장을 구경하고 마사지를 받는다.

19:00 **Dinner Time 파고다 스트리트 노천 식당**
(예산 S$ 10~15)

21:00 **Nightlife**
사우스 브리지를 건너 위치한 클럽 스트리트에서 나이트라이프를 즐긴다.

22:00 **숙소로 이동**

DAY 3

10:00 **오차드 로드에서 쇼핑하기**
호텔에서 아침 식사를 하고 센토사 관광을 한다.

12:00 Lunch Time **센토사 섬 식당**

13:00 **비보 시티에서 쇼핑하기**
커다란 하나의 문화 센터같은 비보 시티에서 쇼핑.

16:00 **리틀 인디아, 아랍 스트리트**
인도, 아랍의 전통과 싱가포르 문화가 만나는 리틀 인디아, 아랍 스트리트를 관광한다.

19:30 **나이트 사파리 관광**
세계 유일의 나이트 사파리에서 야생 동물을 만나보고 나이트 사파리 내 레스토랑에서 식사를 하자.

22:00 **숙소로 이동**

DAY 4

10:00 Breakfast Time
호텔에서 아침 식사를 한 후 MRT 시티 홀 역으로 이동.

11:30 **래플스 호텔로 이동**
마리나 지역에서 쇼핑을 한다. (래플스 시티 쇼핑몰, 선텍 시티, 마리나 스퀘어)

13:00 Lunch Time **쇼핑몰 푸드코트**

14:00 **머라이언 파크**
머라이언 파크 & 에스플러네이드에서 관광을 한다.

17:00 Dinner Time **노 사인보드**
칠리 크랩으로 유명한 레스토랑. (예산 S$ 50~)

22:00 **공항으로 이동**

08 Course 여유 있는 4박 5일 코스

오차드 로드 - 주롱 새 공원(보타닉 가든) - 차이나타운 - 센토사 섬 - 클락 키 - 빈탄 섬 - 마리나 베이 & 강변

빈탄 섬과 연계한 코스로, 싱가포르에서 바쁜 일정을 보내고 빈탄 섬에서 휴식을 취하는 일정이다. 싱가포르 타나 메라 페리 터미널은 창이 국제공항 근처이기 때문에 마지막 날 빈탄 섬에서 나와 창이 국제공항에서 짐을 부치고 싱가포르 시내로 이동해서 5~6시간 정도 쇼핑하는 일정이 가능하다.

DAY 1

09:00 **인천 공항 출발**

14:20 **싱가포르 창이 국제공항 도착**
호텔 체크인 후 오차드 로드로 이동한다.

18:00 Dinner Time **딘 타이 펑, 라스트라다**
소룡포가 유명한 딘 타이 펑 레스토랑이나, 이탈리안 레스토랑인 라스트라다에서 저녁 식사를 하자. (예산 S$ 30~50)

22:00 **Nightlife**
에메랄드 힐에 있는 이국적인 분위기가 인상적인 퀘 파사에서 나이트라이프를 즐긴다.

DAY 2

10:00 Breakfast Time
호텔에서 아침 식사를 한 후 주롱 새 공원 또는 싱가포르 동물원을 관광한다.

13:00 **차이나타운으로 이동**
차이나타운을 관광하고 마사지를 받은 후에 맥스웰 푸드 센터에서 점심을 먹는다.

15:00 **센토사 관광**
센토사 관광 후 클락 키로 이동한다.

19:00 Dinner Time **점보, 키 사이드 시푸드**
칠리 크랩으로 가장 유명한 점보 레스토랑이나 아름다운 강변을 바라보며 해산물을 즐길 수 있는 키 사이드 시푸드 중에서 마음에 드는 곳을 선택하여 식사를 즐기자. (예산 S$ 50~)

22:00 **Nightlife**
싱가포르를 대표하는 클럽이나 바에서 나이트라이프를 즐긴다.

DAY 3

10:00 Breakfast Time
호텔에서 아침 식사를 한 후 체크 아웃을 한다.

12:00 **타나 메라 페리 터미널로 이동**
페리 호를 타고 빈탄 섬으로 이동한다.

13:00 **빈탄 섬 도착**
리조트로 이동해서 자유 시간을 갖는다.

16:00 **Spa Time**
몸과 마음에 안락한 휴식을 주는 스파를 즐긴다.

18:00 Dinner Time **켈롱 시푸드 레스토랑**
신선한 시푸드 레스토랑에서 만찬을 즐긴다.
(예산 S$ 50)

20:00 **숙소로 이동**

DAY 4

10:00 **Breakfast Time**
호텔에서 아침 식사를 한다.

12:00 **여유로운 리조트 일정**
리조트에서 자유 시간을 갖는다.

DAY 5

09:00 **Breakfast Time**
호텔에서 아침 식사를 한 후 체크 아웃을 한다.

11:00 **반다 빈탄 페리 터미널로 이동**
페리 호를 타고 싱가포르로 이동한다.

13:00 **싱가포르 도착, 시티 홀 역으로 이동**
창이 국제공항으로 이동한 후, 짐을 부치고 탑승권을 받는다. 남은 시간 동안 쇼핑을 즐기기 위해 시티 홀로 이동한다.

13:30 **마리나 지역에서 쇼핑**
래플스 시티 쇼핑몰, 선텍 시티에서 쇼핑한다.

14:00 **Lunch Time** **쇼핑몰 푸드코트**

16:00 **마리나 스퀘어로 이동**
마리나 스퀘어 & 에스플러네이드에서 관광한다.

18:00 **Dinner Time** **노 사인보드**
칠리 크랩으로 유명한 레스토랑. 여러 지점이 있지만 에스플러네이드에 있는 지점은 전망이 멋있어서 저녁에 식사를 즐기기에 최고다. (예산 S$ 50~)

22:00 **공항으로 이동**

지역 여행

- 마리나 베이 & 강변
- 오차드 로드
- 차이나타운
- 홀랜드 빌리지
- 아랍 스트리트 & 부기스
- 리틀 인디아
- 이스트 코스트 & 카통
- 센토사 & 하버 프런트
- 빈탄 섬

Information

정식국명 싱가포르 공화국(Republic of Singapore)
수도 싱가포르(Singapore)
인구 약 553만 명(중국계 74.2%, 말레이계 13.3%, 인도계 9.2%, 유라시안계 및 기타 혈통 3.3%)
국민 소득 $52,888
종교 불교, 도교, 이슬람교, 기독교, 힌두교
면적 710km^2

국가 정보

싱가포르는 말레이 반도 최남단에 위치한 섬으로 서울과 비슷한 크기이다. 섬이지만 2개의 다리로 말레이 반도와 연결되어 있어 말레이시아, 태국 등의 말레이 반도 내 국가와 연결이 가능하다. 싱가포르 본 섬 외에도 센토사 섬을 포함한 약 60개의 작은 섬으로 이루어져 있으며 인도네시아 빈탄 섬도 페리로 약 45분 거리로 가깝다.

역사

13세기 스리위자야 왕국의 트리부아나(Tri Buana, 또는 Sang Nila Utama) 왕자가 현재 싱가포르에 표류했을 때 사자를 목격하고 싱가푸라(Singapura: 산스크리트로 사자의 도시)라고 명명한 데서 '싱가포르' 국가명이 유래하였다.
싱가포르는 19세기 초까지 네덜란드의 영향 아래 있다가 1819년 1월 영국의 래플스(Sir Thomas Stamford Raffles) 경이 조호르 왕국과 조약을 체결하고 싱가포르 개발에 착수하였다. 이후 동인도 회사 지배하에 영국의 식민지 시대를 겪었다. 1963년 9월 16일 싱가포르는 말레이시아 연방의 영국 식민지에서 독립하고 2년 뒤인 1965년 8월 9일 말레이시아 연방으로부터도 독립하였다.
그러나 싱가포르는 좁은 국토와 부족한 천연자원으로 인해 전통적으로 고정 수입원이 없는 상황이었고, 유일한 수입원인 중계 무역항은 19세기 이래로 개발이 미진하여 더 이상의 물동량을 소화할 수 없었다.
이에 정부는 경제 성장에 총력을 기울였다. 주롱(Jurong) 지역에 산업 단지를 건설하고, 싱가포르에 투자하는 모든 외국 기업과 투자자들에게 5~10년간 법인세를 면제해 주는 '텍스 홀리데이(Tax Holiday)'를 실시하였다. 식민 당국이 약탈을 행하는 추출(抽出) 무역에서 가공 무역으로 산업 구조를 전환하기 위해서는 숙련된 노동력을 확보해야 했다. 이를 위해 전 국민을 대상으로 영어를 필수 언어로 채택하여 공교육이나 공기업에서 상용화하도록 했다.
종족 간의 갈등을 완화시키기 위해 영어와 함께 국가 이데올로기로서 '국가애(National Fraternity, 國家愛)'를 학교에서 교육하였다. 주택 부족 문제 역시 주택개발공사가 주도한 공공주택 프로그램의 성공으로 국민의 90% 정도가 주택 문제를 해결했다.

근대화와 산업화를 이룩한 리콴유 총리는 1990년 11월 32년간의 임기를 마감하고 총리직을 고촉동(Goh Chok Tong)에게 이양했다. 리콴유는 선임 장관을 거쳐 현재 스승 장관(Mentor Minister)에 임명되어 정계에서 완전히 은퇴한 것은 아니다. 2004년 8월 12일 리콴유의 장남인 리센룽(Lee Hsien Loong)이 싱가포르의 3대 총리이자 재정 장관으로 임명되었다.

기후

연평균 24~32℃ 사이의 열대 기후로 1년 내내 더운 날씨이다. 11~1월은 우기여서 열대성 소나기인 스콜이 자주 내리고, 6~8월에는 기온이 많이 올라가서 상당히 덥다. 그러나 싱가포르는 다른 동남아 국가들이 우기, 건기로 확연한 구분이 되는 것과 달리 기후의 구분이 모호한 편이다. 오히려 6~8월은 싱가포르 최대 세일 기간으로 관광객이 많이 몰려서 방 잡기가 힘들다.

시차

싱가포르는 한국보다 1시간 늦다. 즉, 한국이 오후 2시면 싱가포르는 오후 1시이다.

언어

공식 언어는 말레이어이지만 중국계가 70% 이상을 차지하고 있어서 만다린 중국어와 영어가 더 많이 사용된다. 인도계 타밀어도 사용된다.

화폐

싱가포르 달러 SGD를 사용한다. 1, 5, 10, 20, 50센트와 1달러짜리 동전과, 2, 5, 10, 50, 100달러 지폐가 쓰인다.

환전

시내 곳곳에 은행과 환전소가 있고, ATM 기계도 많다.

팁

싱가포르는 공식적으로 팁 문화가 없으며, 공항에서는 팁을 받지 못하도록 되어 있다. 그러나 친절한 서비스를 받았을 경우에는 S$ 2 정도의 팁을 주면 된다.

치안

싱가포르는 세계적으로 치안이 가장 안전한 곳 중에 하나이다. 하지만 여행객을 대상으로 하는 소매치기는 어느 나라에나 있으므로 항시 소지품 단속에 주의해야 한다.

흡연

공식적으로 모든 냉방 시설을 갖춘 실내에서의 흡연은 금지하고 있다. 2007년 7월 1일부터는 술집, 클럽 등 유흥업소에서의 흡연도 금하고 있다. 특히 공공장소와 식당 및 유흥업소의 금연 표시가 있는 좌석의 경우 흡연이 불가능하다. 이를 위반할 경우 최고 S$ 1,000의 벌금이 부과될 수 있으므로 주의해야 한다.

식수

싱가포르의 수돗물은 깨끗해서 안심하고 마실 수 있는 수준이다.

Tip 무서운 싱가포르의 법?

싱가포르에서는 법 위반 시 벌금형 또는 태형(곤장형)을 받는다.10여 년 전 미국 청소년 마이클 페이가 싱가포르에 놀러 왔다가 차량 수십 대를 벽돌로 부수고, 페인트 스프레이를 뿌리는 행동을 한 일이 있었다. 이에 싱가포르 정부는 미국의 압력에도 불구하고, 미국인 청소년에게 가차 없이 태형을 실행했다.

태형만큼이나 무서운 것이 벌금형인데 그 액수는 상상을 초월한다. 보행자 전용 도로에서 자전거나 오토바이를 타거나 노상 방뇨, 길거리에 쓰레기 등을 버리면 최소 S$ 500~2,000까지 벌금형 또는 사회봉사 명령을 받는다. 택시에서 안전벨트 미착용 시 S$ 120, MRT 내에서 흡연 시 S$ 1,000, 가스 등의 인화성 물질을 가지고 탑승할 시 S$ 5,000, 무단횡단 시 S$ 50~500, 심지어 화장실에서 용변을 보고 물을 내리지 않아도 벌금형을 받는다.

©shutterstock / Thomas La Mela

그러나 막상 싱가포르에서는 단속하는 현장을 목격하기가 쉽지 않다. 여행 기간 내 경찰을 마주칠 기회가 거의 없을 정도로 엄격한 단속은 없어 보인다. 하지만 단속과 상관없이 싱가포르인들은 오랜 시간 동안 습관화된 탓인지 알아서 법을 잘 지키고 있다.

요즘에는 간혹 오차드 로드에서 길에 버려진 담배 꽁초나 휴지 조각이 보이기도 하고, 무단횡단을 하는 사람늘도 볼 수 있다. 여행을 할 경우 일부러 법을 의식하고 긴장할 필요는 없다. 한국에서처럼 기초 사회 질서만 잘 지킨다면 엄격한 싱가포르 법을 경험하는 일은 없을 것이다.

전압

전압은 220~240V, 50Hz로 원형 구멍이 3개가 있는 콘센트이다. 대부분 한국에서 가져간 전자 제품을 그대로 사용할 수 있으나, 간혹 구멍이 사각형인 콘센트일 경우 어댑터(Adapter)가 필요하다. 어댑터는 호텔에 문의하면 유료나 무료로 대여할 수 있다. 한국에서 미리 사 가는 것도 좋다.

국제 전화하기

싱가포르 국가 번호는 65로, 한국에서 걸 때에는 '001 또는 002, 00700 + 65 + 전화번호' 순서대로 누르면 된다.

싱가포르 호텔에서 전화하는 경우에는 '001+ 국가 번호 82 + 지역 번호 + 전화번호'의 순서로 누르면 된다. 호텔에서 책정한 국제 전화 요금 외에 연결 요금이 부과될 수 있다.

현지 핸드폰을 이용할 경우, 편의점에서 심카드(Simcard)를 구입하여 핸드폰에 삽입해서 사용하면 된다. 최초 사용 시에는 심카드에 요금이 충전되어 있어 바로 사용할 수 있고, 추가로 충전할 경우에 충전용 선불 카드를 구입해야 한다. 심카드 구입 시 여권을 제시해야 하며 충전용 선불 카드는 S$ 10, S$ 20, S$ 50 등 세 종류가 있다. 싱텔(SingTel), M1, 스타허브(StarHub) 등 이동 전화 서비스 업체에 따라서 국제 전화 연결 번호가 다르다. 한국으로 전화를 걸 때, 싱텔 사용자는 001, 013 또는 019를, M1 사용자는 002 또는 021, 스타허브 고객은 008 또는 018을 누르고 사용해야 한다.

예를 들어 싱텔 사용자가 한국 010 123 1234로 전화하는 경우, '001-82-10-123-1234' 순서로 누르면 된다.

수신자 부담 전화

한국통신 8000-082-820
데이콤 8000-821-821

유용한 전화번호

경찰 999(무료)
응급 환자 / 앰뷸런스 / 화재 신고 995(무료)
싱가포르 관광청 여행자 핫라인
1800 736 2000(싱가포르 지역 내 무료)
현재 시간 안내 711
날씨 안내 +65 6542 7788
항공 안내 1800 542 4422
창이 국제공항 +65 6542 1122
주 싱가포르 한국 대사관 +65 6256 1188
싱가포르 한인회 +65 6299 8966

싱가포르는 영어를 공용어로 사용하고 있고, 대중교통이 잘 마련되어 있기 때문에 여행자도 별 어려움이 없이 이용할 수 있다. 가장 많이 이용하게 되는 대중교통은 전철인 MRT(Mass Rapid Transit)이다. 여행자들이 찾아갈 만한 모든 지역은 MRT로 연결되어 있고 가격도 저렴하다.

버스는 저렴하기는 하지만 여행자들이 이용하기에는 노선 파악이 어렵다. MRT가 아니면 택시 이용도 흔하다. 도시가 작아 어디를 가든 금방 도착하고 싱가포르는 차가 거의 막히지 않아 미터 택시를 타는 게 부담이 없다.

MRT(Mass Rapid Transit)

MRT는 여행객들이 가장 쉽고 편하게 이용할 수 있는 교통수단이다. 공항에서 시내로 바로 들어올 수 있고, 센토사 섬, 오차드 로드, 리틀 인디아, 차이나타운, 클락키 등 대부분의 지역과 바로 연결된다. 2008년 3월부터 도심에서는 택시를 택시 정류장에서만 탈 수 있기 때문에 상대적으로 MRT가 더욱 편리한 교통수단이 되었다.

가장 긴 노선인 EW 라인은 창이 국제공항에서 종착역인 조 쿤 역까지 1시간 정도 소요된다. 우리나라의 지하철을 이용하던 여행객이라면 반나절 만에 외울 수도 있을 것이다.

최근 우리나라에 설치된 지하철의 스크린 도어는 싱가포르 MRT에서 아이디어를 가져온 것이라고 한다. 스크린 도어가 있어 역내가 쾌적하며, 열차 내부도 불에 타지 않는 단열 의자로 되어 있다. 플랫폼을 중심으로 양방향으로 탈 수 있고, 지하부터 지상까지 대부분 에스컬레이터가 설치되어 있어 많이 걷지 않게 되어 있다.

MRT 역내에서는 음식물은 물론 음료수도 허용되지 않는다. 아무 생각 없이 음료수를 들고 타면 역내 승무원에게 제지를 당할 수 있다.

MRT 티켓의 종류와 사용법

스탠더드 티켓과 이지링크 카드 2가지가 있다.

스탠다드 티켓

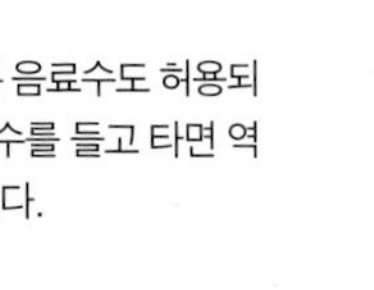

1회용 교통카드 개념으로 하나의 카드로 6번까지 충전이 가능하다. MRT를 많이 사용하지 않는 사람들에게 적합하다. 보증금은 10센트이며 가는 곳에 따라 요금은 상이하다.

스탠더드 티켓 구입 방법

❶ 자동 발매기에서 'Buy Standard Ticket' 버튼을 누르고 가고자 하는 역명을 누른다.

❷ 화면에 역명과 요금이 나온다.(요금에는 티켓 보증금 10센트가 포함되어 있다.)

❸ 티켓 구매 장수를 선택하고 편도, 왕복을 결정한다.

❹ 돈을 넣는다.(지폐는 S$ 2, S$ 5짜리만 사용할 수 있다. S$ 10 이상의 지폐는 개찰구 옆 안내소에서 바꿀 수 있다.)

이지링크 카드

우리나라 충전식 교통카드와 같은 개념으로 MRT뿐 아니라 버스, 센토사 모노레일인 센토사 익스프레스 등에서 사용할 수 있다. 유효기간은 구입 후 5년이며 MRT 매표소나 편의점 등에서 구입 가능하다. MRT 매표소에서 구입하면 이지링크 가격은 S$ 12이며 보증금 S$ 5를 빼고 S$ 7의 금액이 충전돼 있다. 세븐일레븐에서 구입하면 카드 가격은 S$ 10이며 보증금이 S$ 5, 충전 금액이 S$ 5이다. 충전은 최소 S$ 10부터 가능하며 카드 금액이 S$ 3 이하로 남아 있을 경우에는 충전 후 이용할 수 있다. 보증금 S$ 5를 제외한 잔액은 역 사무실에서 환급이 가능하다.

이지링크 카드 추가 충전하기

❶ 'Add Value'를 누른다.

❷ 다음 화면이 나오면 이지링크 카드를 넣는다.

❸ 원하는 금액을 선택하고 돈을 넣는다.

❹ 돈을 다 넣고 'OK' 버튼을 누르면 완료되고 카드가 다시 나온다.

버스

버스는 시내와 외곽의 곳곳으로 운영하고 있어 잘 이용하면 편리할 수 있지만, 짧은 기간의 여행객들이 효율적으로 이용하기에는 무리가 있다. 아무리 좁은 싱가포르라고 하지만, 주변 건물들의 위치와 방향 감각이 없으면 버스 타기는 어렵다.
시티 홀, 하버 프런트, 오차드 로드 등 주요 교통 포인트로 이동할 때 이용하는 것이 좋다. 버스에 타서 기사에게 행선지를 말하면 요금을 알려 준다. 잔돈은 거슬러 주지 않으므로 이지링크 카드나 동전을 준비해야 한다. 이지링크 카드는 탈 때와 내릴 때 모두 센서에 접촉해야 한다. 요금은 거리에 따라 다르나, 보통 S$ 1~3 정도이다.

➤ 시아 홉온(SIA Hop-on) 버스

싱가포르 항공사를 이용하는 탑승객을 위해 운영하는 버스로, 선텍 시티-머라이언 파크-차이나타운-보트 키-클락 키-보타닉 가든-오차드 로드-리틀 인디아-래플스 호텔-선텍 시티 등 총 4개(레드, 옐로우, 블루, 브라운)의 버스 노선의 정류장에서 탑승 가능하다. 또한 보타닉 가든부터 뎀시힐까지 가는 편도 노선 이용도 가능하다. 싱가포르 항공 탑승권을 소지한 승객은 1일 S$ 19.5(어린이 S$ 14.5)로 무제한 이용할 수 있다. 도심 노선은 09:00~18:00 운행한다. 티켓은 처음 탈 때 운전기사에게 구매하면 된다.

©shutterstock / Hanoi Photography

택시

택시는 현지인들도 많이 이용하는 교통수단이다. 요금 부담이 없고, 더운 날씨에 가까운 거리를 가기에는 택시만한 것이 없기 때문이다. 호텔이나 쇼핑몰 앞에는 항시 택시들이 대기하고 있지만 그 외 지역에서 빈 택시를 잡기가 어려울 때도 가끔 있다. 대부분 현지인들은 '택시 예약(Taxi Booking)' 서비스를 이용하고 있기 때문이다. 택시 회사마다 약간의 차이가 있지만 예약 요금이 추가된다. 승객이 있는 택시는 'Hired'라는 등이 켜져 있고, 예약된 택시는 'On Call'이라고 표시되어 있다.

2008년 3월부터 도심 비즈니스 지역에서는 택시 정류장 이외 위치에서 승객을 태울 수 없도록 되어, 택시를 타려면 정류장으로 이동해야 한다.

요금은 택시 회사에 따라 약간의 차이가 있는데 대략적으로 기본요금은 S$ 3~3.7이며, 400m 당 22센트씩 올라간다. 출근길 교통 혼잡 시간(월~금요일 06:00~09:30)에는 미터 요금의 25%, 오후 교통 혼잡 시간(매일 18:00~자정)에는 미터 요금의 25%, 심야 시간(매일 00:00~05:59)에는 50%의 할증 요금이 추가된다. 또한 특정 구간인 창이 공항, 마리나 베이 샌즈, 센토사섬 등을 지날 때 역시 S$ 3~5 정도의 추가 금액이 붙는다. 추가 요금이 더해져도 시내에서 타고 다니면 대략 S$ 10~30 내외의 요금이 나오므로 2~3명이 이용한다면 부담되는 금액은 아니다.

택시 회사별 예약 번호

컴포트 시티캡 Comfort Citycab
+65 6552 1111
컴포트 프리미어 캡 Comfort Premier Cabs
+65 6552 2828
프리미어 택시 Premier Taxis
+65 6363 6888
프라임 택시 Prime Taxi
+65 6775 0808

ERP

ERP(Electronic Road Pricing)는 자동으로 통행료를 징수하는 시스템을 말한다. 싱가포르의 모든 차량 앞 유리 부분에 카드를 끼울 수 있는 장치가 부착되어 있는 것을 볼 수 있는데 충전된 선불카드를 넣어 두면 통행료를 징수하는 도로와 도심의 ERP 설치 구간을 통과할 때마다 자동으로 금액이 지불된다. 카드가 없이 통과하면 벌금을 부과한다. ERP 시스템은 싱가포르의 차량 증가 억제 정책의 일환으로 특히 도심에서의 교통 체증을 막기 위한 방법이다.

ERP 요금은 택시 승객에게도 예외가 아니다. 택시 승객은 택시 요금을 낼 때 ERP 요금도 추가로 지불해야 한다. 도심 ERP 적용 시간은 월~금요일 07:30~08:00이다.

리버 크루즈

싱가포르 수상 교통 수단 중 하나로 싱가포르 주요 관광지인 보트 키, 클락 키, 에스플러네이드 등을 거쳐 마리나 베이를 둘러보는 투어이다. 약 40분 동안 진행되며 원하는 선착장에서 언제든지 내릴 수 있다. 낮과 밤 각각의 매력이 있으나 해 질 녘에는 시원한 바람을 맞으며 싱가포르의 멋진 선셋을 감상할 수 있으니 저녁에 타기를 권한다.

요금 성인 S$ 25, 어린이 S$ 15 **홈페이지** rivercruise.com.sg/services.php

리버 택시

강을 따라 에스플러네이드, 보트 키, 클락 키, 클레망소우, 로버트슨 키 딱 5지점만을 내려 주는 워터택시이다. 평일 오전과 오후 딱 2시간씩 정해진 장소만을 운행하지만 빠른 시간 내에 목적지에 도달할 수 있다는 장점이 있다.

운행시간 월~금 08:00~10:00, 17:00~19:00 **요금** 1인당 S$ 5 **홈페이지** rivercruise.com.sg/services.php?p=taxi

©shutterstock / Sarunyu L

MRT, LRT 노선도

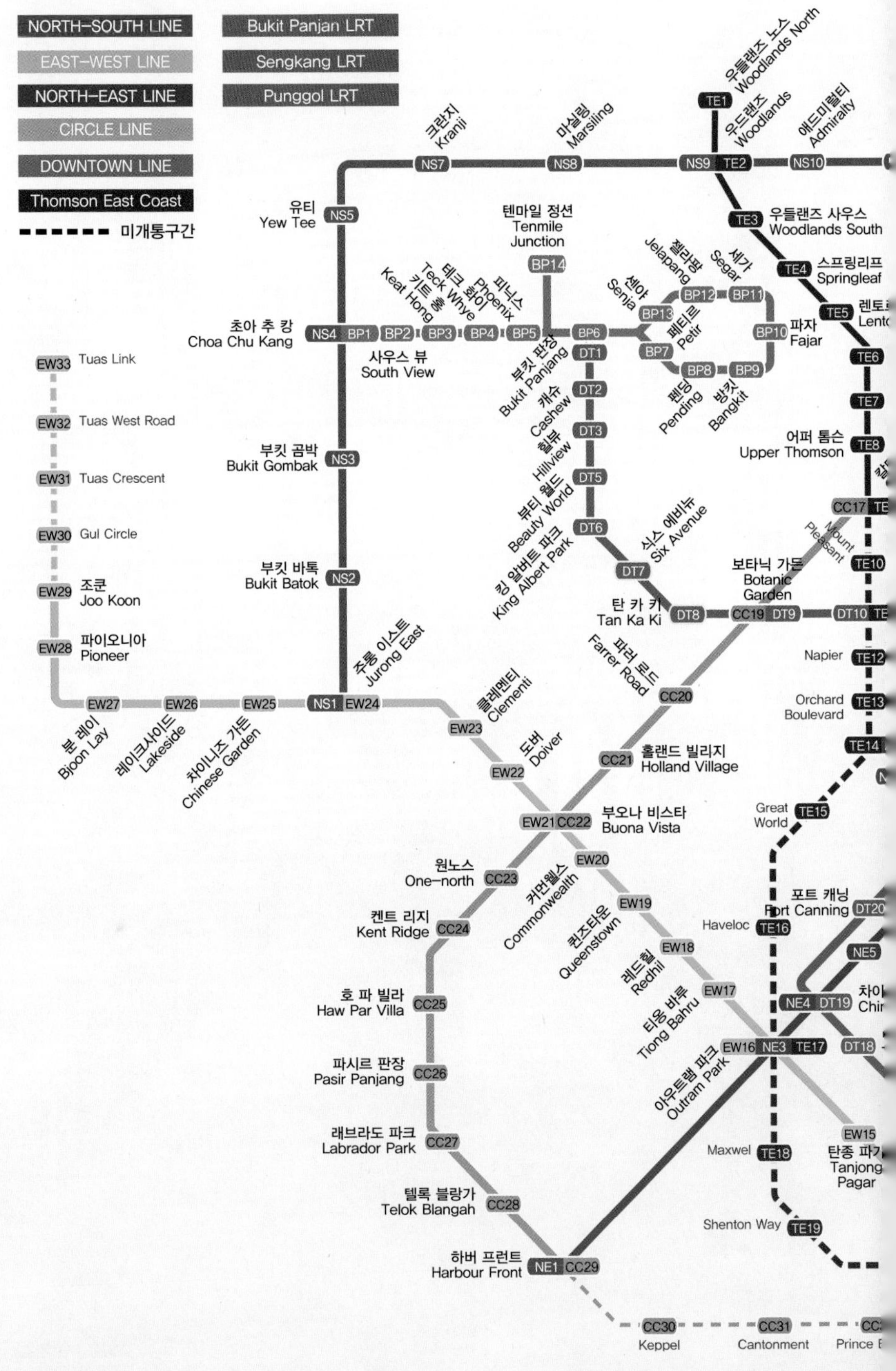

NORTH-SOUTH LINE
EAST-WEST LINE
NORTH-EAST LINE
CIRCLE LINE
DOWNTOWN LINE
Thomson East Coast
미개통구간
Bukit Panjan LRT
Sengkang LRT
Punggol LRT
우들랜즈 노스 Woodlands North
TE1
크란지 Kranji
마실링 Marsiling
우드랜즈 Woodlands
애드미럴티 Admiralty
NS7
NS8
NS9
TE2
NS10
유티 Yew Tee
NS5
텐마일 정션 Tenmile Junction
BP14
우들랜즈 사우스 Woodlands South
TE3
스프링리프 Springleaf
TE4
젤라팡 Jelapang
세가 Segar
센아 Senja
테크 화이 Teck Whye
키트 홍 Keat Hong
피닉스 Phoenix
초아 추 캉 Choa Chu Kang
NS4
BP1
BP2
BP3
BP4
BP5
BP6
BP7
BP8
BP9
BP10
BP11
BP12
BP13
페티르 Petir
파자 Fajar
TE5
TE6
TE7
TE8
사우스 뷰 South View
부킷 판장 Bukit Panjang
DT1
캐슈 Cashew
DT2
펜딩 Pending
방킷 Bangkit
힐뷰 Hillview
DT3
뷰티 월드 Beauty World
DT5
킹 앨버트 파크 King Albert Park
DT6
어퍼 톰슨 Upper Thomson
EW33 Tuas Link
EW32 Tuas West Road
EW31 Tuas Crescent
EW30 Gul Circle
EW29 조쿤 Joo Koon
EW28 파이오니아 Pioneer
부킷 곰박 Bukit Gombak
NS3
부킷 바톡 Bukit Batok
NS2
식스 에비뉴 Six Avenue
DT7
CC17
Mount Pleasant
TE10
보타닉 가든 Botanic Garden
탄 카 키 Tan Ka Ki
DT8
CC19
DT9
DT10
주롱 이스트 Jurong East
파러 로드 Farrer Road
Napier
TE12
Orchard Boulevard
TE13
EW27
EW26
EW25
NS1
EW24
클레멘티 Clementi
CC20
분 레이 Bjoon Lay
레이크사이드 Lakeside
차이니즈 가든 Chinese Garden
EW23
도버 Dover
EW22
CC21
홀랜드 빌리지 Holland Village
TE14
Great World
TE15
EW21
CC22
부오나 비스타 Buona Vista
EW20
원노스 One-north
CC23
커먼웰스 Commonwealth
EW19
포트 캐닝 Fort Canning
DT20
켄트 리지 Kent Ridge
CC24
Haveloc
TE16
퀸즈타운 Queenstown
EW18
NE5
레드힐 Redhill
EW17
호 파 빌라 Haw Par Villa
CC25
NE4
DT19
티옹 바루 Tiong Bahru
EW16
NE3
TE17
DT18
아우트램 파크 Outram Park
파시르 판장 Pasir Panjang
CC26
EW15
탄종 파가 Tanjong Pagar
래브라도 파크 Labrador Park
CC27
Maxwel
TE18
텔록 블랑가 Telok Blangah
CC28
Shenton Way
TE19
하버 프런트 Harbour Front
NE1
CC29
CC30 Keppel
CC31 Cantonment

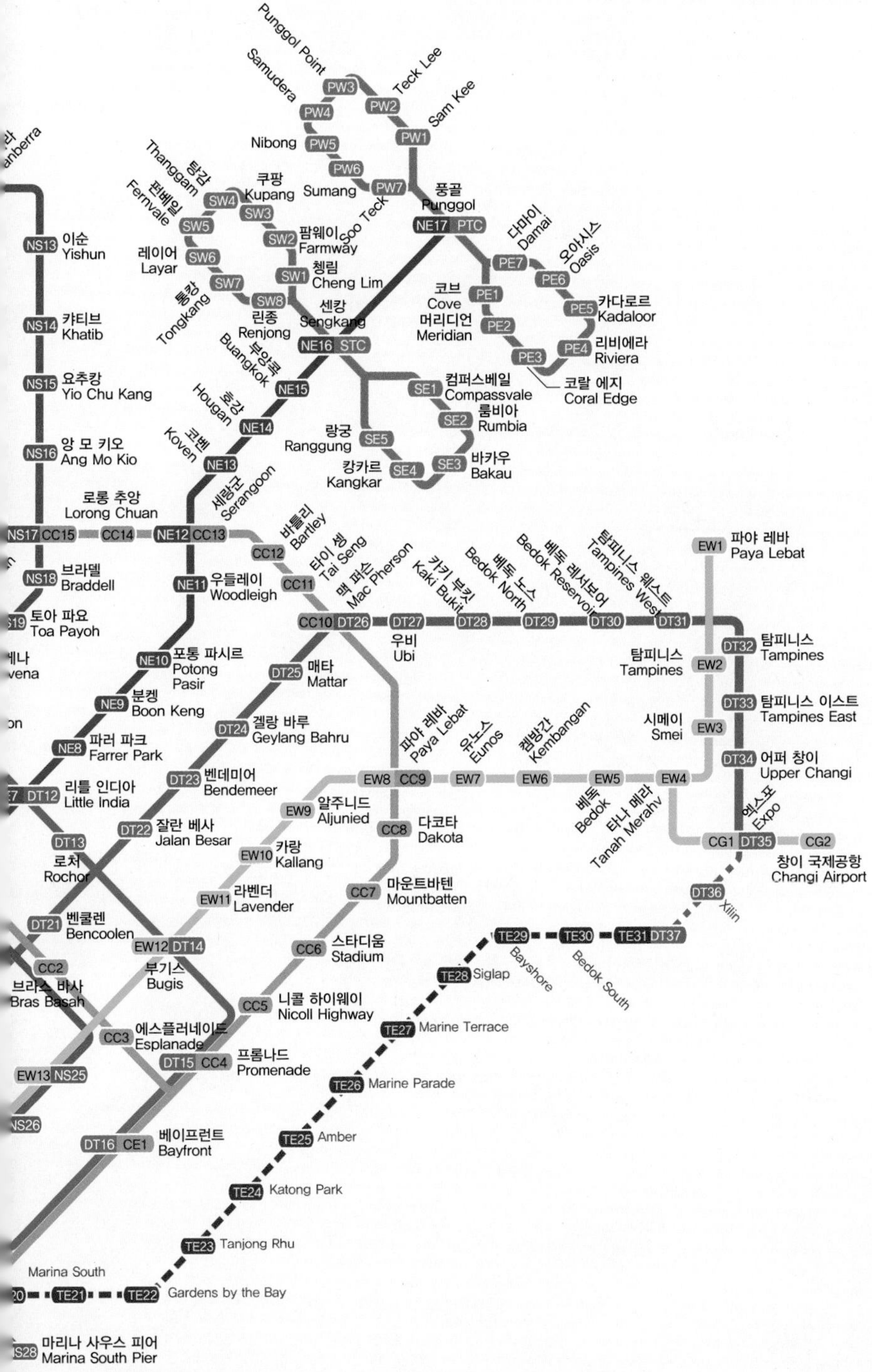

Punggol Point
Samudera
Teck Lee
Sam Kee
PW3
PW4
PW2
PW1
Nibong
PW5
PW6
PW7
Sumang
풍골
Punggol
NE17 PTC
Thanggam
탕감
편베일
Fernvale
쿠팡
Kupang
SW4
SW3
SW5
SW2
SW6
SW7
SW1
SW8
팜웨이
Farmway
Soo Teck
쳉림
Cheng Lim
레이어
Layar
통캉
Tongkang
린종
Renjong
센캉
Sengkang
NE16 STC
부앙콕
Buangkok
NE15
후강
Hougan
NE14
코벤
Koven
NE13
세랑군
Serangoon
다마이
Damai
오아시스
Oasis
PE7
PE6
PE5
카다로르
Kadaloor
PE1
코브
Cove
PE2
머리디언
Meridian
PE4
리비에라
Riviera
PE3
코랄 에지
Coral Edge
SE1
컴퍼스베일
Compassvale
SE2
룸비아
Rumbia
SE5
랑궁
Ranggung
SE4
카카르
Kangkar
SE3
바카우
Bakau
NS13
이순
Yishun
NS14
캬티브
Khatib
NS15
요추캉
Yio Chu Kang
NS16
앙 모 키오
Ang Mo Kio
로롱 추앙
Lorong Chuan
NS17 CC15
CC14
NE12 CC13
CC12
바틀리
Bartley
CC11
타이 셍
Tai Seng
맥 퍼슨
Mac Pherson
카키 부킷
Kaki Bukit
베독 노스
Bedok North
베독 레서보어
Bedok Reservoir
탐피니스 웨스트
Tampines West
NS18
브라델
Braddell
NE11
우들레이
Woodleigh
CC10 DT26
DT27
우비
Ubi
DT28
DT29
DT30
DT31
EW1
파야 레바
Paya Lebat
토아 파요
Toa Payoh
DT32
탐피니스
Tampines
탐피니스
Tampines
EW2
NE10
포통 파시르
Potong Pasir
DT25
매타
Mattar
NE9
분켕
Boon Keng
DT24
겔랑 바루
Geylang Bahru
DT33
탐피니스 이스트
Tampines East
시메이
Smei
EW3
NE8
파러 파크
Farrer Park
파야 레바
Paya Lebat
유노스
Eunos
켐방간
Kembangan
DT34
어퍼 창이
Upper Changi
DT12
리틀 인디아
Little India
DT23
벤데미어
Bendemeer
EW8 CC9
EW7
EW6
EW5
EW4
EW9
알주니드
Aljunied
베독
Bedok
타나 메라
Tanah Merahv
엑스포
Expo
DT13
DT22
잘란 베사
Jalan Besar
CC8
다코타
Dakota
CG1 DT35
CG2
창이 국제공항
Changi Airport
로처
Rochor
EW10
카랑
Kallang
EW11
라벤더
Lavender
CC7
마운트바텐
Mountbatten
DT36
Xilin
DT21
벤쿨렌
Bencoolen
EW12 DT14
CC6
스타디움
Stadium
TE29
Bayshore
TE30
Bedok South
TE31 DT37
CC2
부기스
Bugis
TE28
Siglap
브라스 바사
Bras Basah
CC5
니콜 하이웨이
Nicoll Highway
CC3
에스플러네이드
Esplanade
TE27
Marine Terrace
DT15 CC4
프롬나드
Promenade
EW13 NS25
TE26
Marine Parade
NS26
TE25
Amber
DT16 CE1
베이프런트
Bayfront
TE24
Katong Park
TE23
Tanjong Rhu
Marina South
TE21
TE22
Gardens by the Bay
마리나 사우스 피어
Marina South Pier

싱가포르 전도

PULAU BULOH
CAUSEWAY
WOODLANDS
PULAU SARIMBUN
SERIMBUN RESERVOIR
KRANJI
Seletar Expressway
KRANJI RESERVOIR
싱가포르 동물원
SINGAPORE ZOO
나이트 사파리
NIGHT SAFARI
MURAI RESERVOIR
PULAU PERGAM
LIM CHU KANG
CHOA CHU KANG
Expressway
(KJE)
POY AN RESERVOIR
Kranji
Pan - Island
Pan - Island
JURONG WEST
TENGEH RESERVOIR
Pan - Island Expressway
Ayer
Rajah
Expressway (AYE)
BOON LAY
SNOW CITY
SINGAPORE SCIENCE CENTRE
JURONG
JURONG EAST
BUKIT
싱가포르 사이언스 센터
SINGAPORE SCIENCE CENTRE
CLEMENTI
주롱 새 공원
JURONG BIRDPARK
PANDAN RESERVOIR
WEST COAST
홀랜드 빌
PULAU SAMULUN
PULAU DAMAR LAUT
TUAS
SELAT JURONG
SELAT PESEK
PULAU BUAYA
PASIR PANJANG
PULAU PESEK KECIL
JURONG ISLAND
(JURONG ISLAND) Under Reclamation

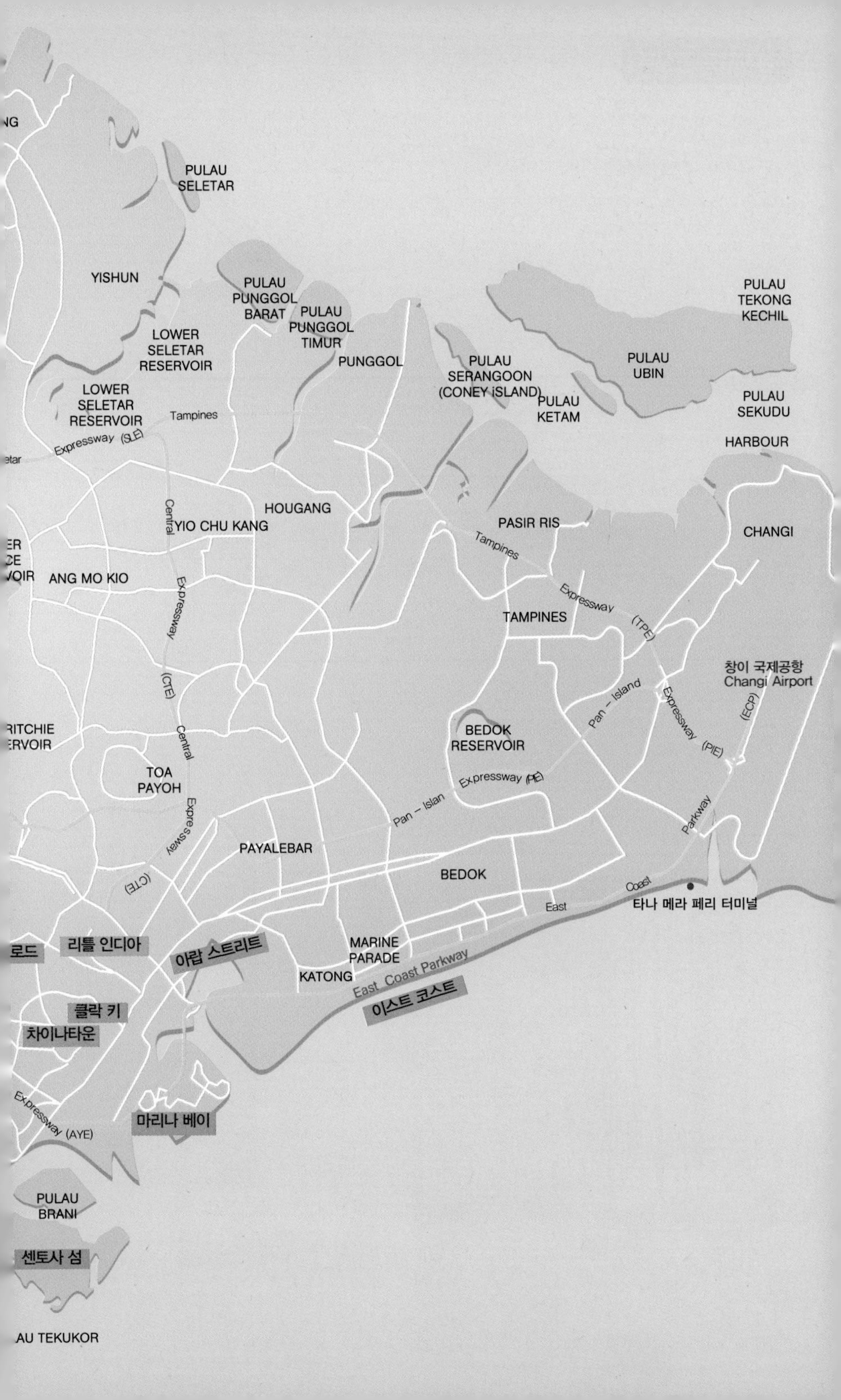

PULAU SELETAR
YISHUN
PULAU PUNGGOL BARAT
PULAU PUNGGOL TIMUR
LOWER SELETAR RESERVOIR
PUNGGOL
PULAU SERANGOON (CONEY iSLAND)
PULAU KETAM
PULAU UBIN
PULAU TEKONG KECHIL
PULAU SEKUDU
HARBOUR
LOWER SELETAR RESERVOIR
Tampines Expressway (SLE)
HOUGANG
YIO CHU KANG
Central Expressway (CTE)
ANG MO KIO
PASIR RIS
Tampines Expressway (TPE)
CHANGI
TAMPINES
창이 국제공항
Changi Airport
(ECP)
Pan - Island Expressway (PIE)
BEDOK RESERVOIR
TOA PAYOH
RITCHIE RESERVOIR
Pan - Islan Expressway (PIE)
Parkway
PAYALEBAR
BEDOK
East Coast
타나 메라 페리 터미널
리틀 인디아
로드
아랍 스트리트
MARINE PARADE
KATONG
East Coast Parkway
이스트 코스트
클락 키
차이나타운
Expressway (AYE)
마리나 베이
PULAU BRANI
센토사 섬
AU TEKUKOR

싱가포르 중심부

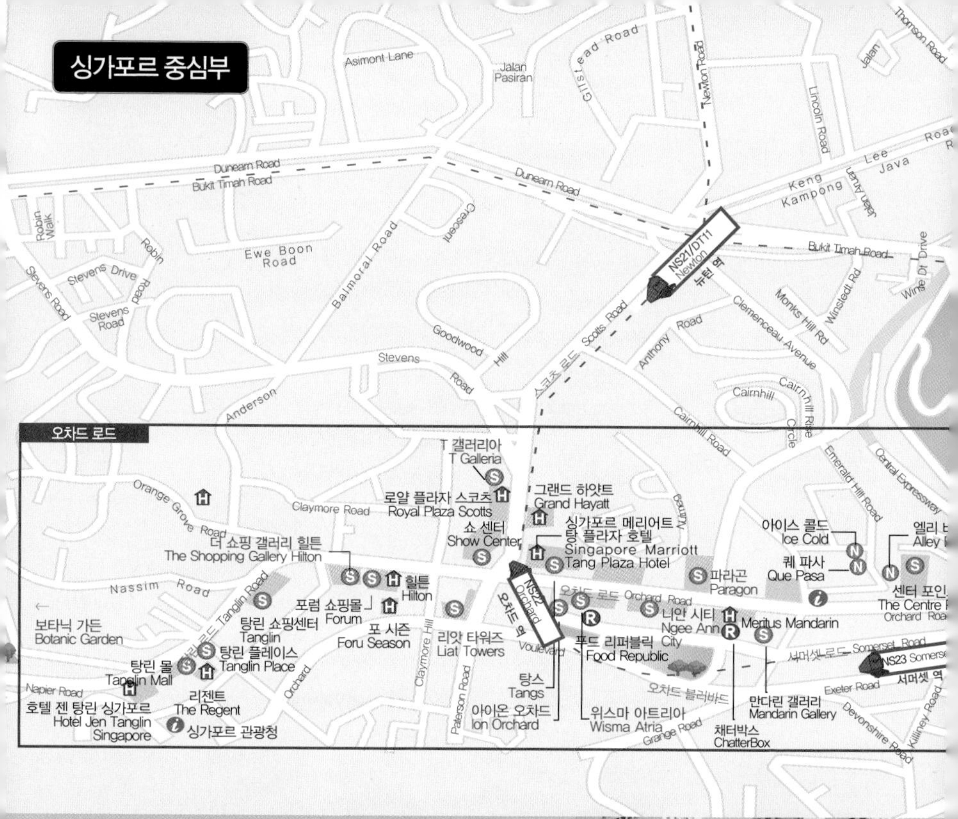

Asimont Lane
Jalan Pasiran
Gilstead Road
Newton Road
Thomson Road
Lincoln Road
Dunearn Road
Bukit Timah Road
Dunearn Road
Keng Lee
Kampong Java
Robin Walk
Stevens Road
Stevens Drive
Robin Road
Stevens Road
Ewe Boon Road
Balmoral Road
Crescent
NS21/DT11 Newton
뉴턴 역
Bukit Timah Road
Winstedt Rd
Monks Hill Rd
Clemenceau Avenue
Anthony Road
Scotts Road
스코츠 로드
Goodwood Hill
Stevens Road
Anderson
Cairnhill
Cairnhill Rise
Cairnhill Circle
Cairnhill Road
Emerald Hill Road
Central Expressway
오차드 로드
T 갤러리아
T Galleria
Orange Grove Road
Claymore Road
로얄 플라자 스코츠
Royal Plaza Scotts
그랜드 하얏트
Grand Hyatt
쇼 센터
Show Center
싱가포르 메리어트
탕 플라자 호텔
Singapore Marriott
Tang Plaza Hotel
더 쇼핑 갤러리 힐튼
The Shopping Gallery Hilton
힐튼
Hilton
아이스 콜드
Ice Cold
퀘 파사
Que Pasa
파라곤
Paragon
엘리 바
Alley B
센터 포인트
The Centre P
Orchard Road
Nassim Road
Tanglin Road
포럼 쇼핑몰
Forum
NS22 Orchard
오차드 역
오차드 로드 Orchard Road
니안 시티
Ngee Ann City
Meritus Mandarin
보타닉 가든
Botanic Garden
탕린 쇼핑센터
Tanglin
포 시즌
Foru Season
리앗 타워즈
Liat Towers
탕린 플레이스
Tanglin Place
Claymore Hill
Orchard Boulevard
푸드 리퍼블릭
Food Republic
서머셋 로드 Somerset Road
NS23 Somerset
서머셋 역
탕린 몰
Tanglin Mall
Napier Road
호텔 젠 탕린 싱가포르
Hotel Jen Tanglin Singapore
리젠트
The Regent
싱가포르 관광청
Orchard
탕스
Tangs
Paterson Road
아이온 오차드
Ion Orchard
위스마 아트리아
Wisma Atria
오차드 블러바드
Grange Road
채터박스
ChatterBox
만다린 갤러리
Mandarin Gallery
Exeter Road
Devonshire Road
Killiney Road

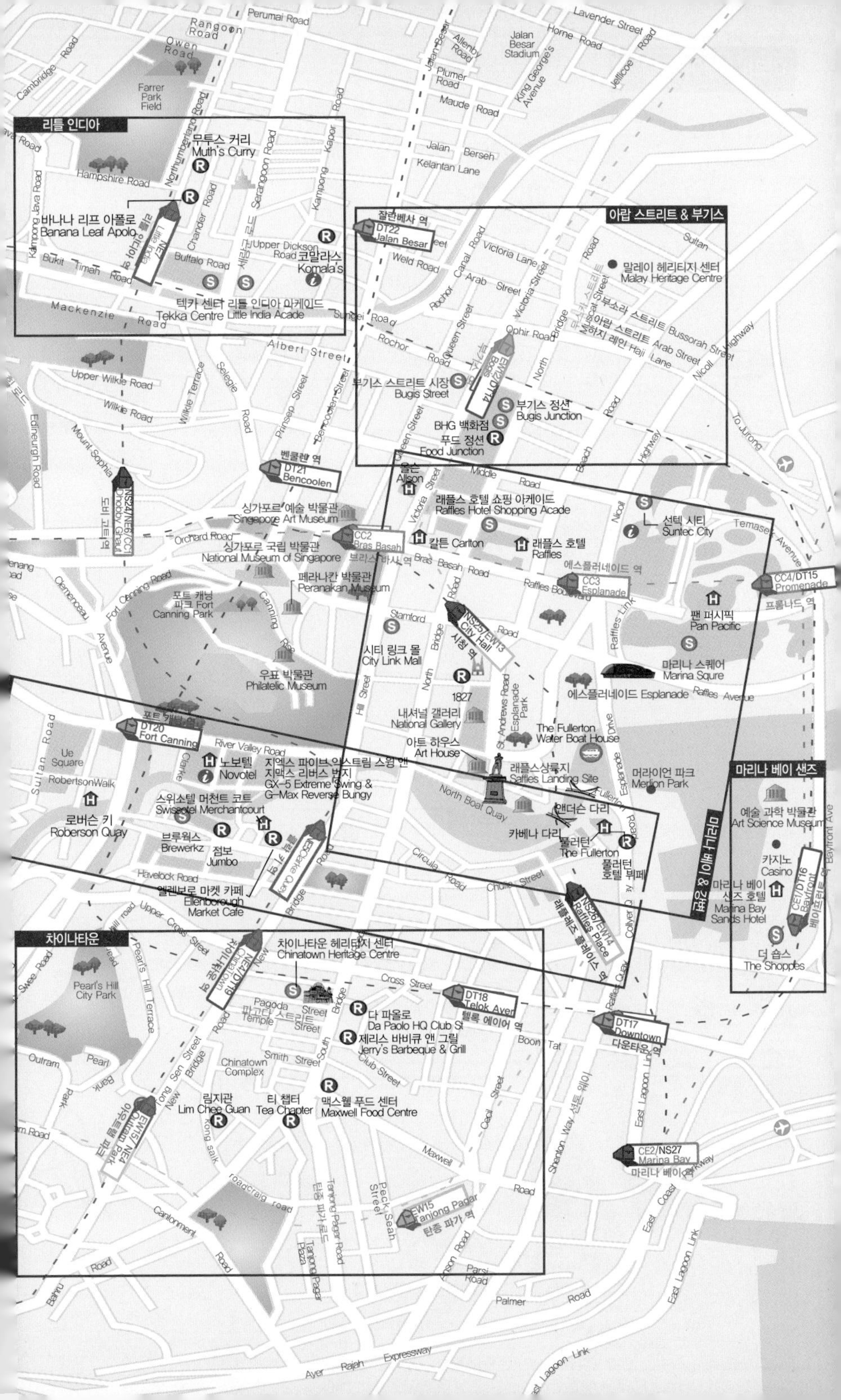

리틀 인디아
무투스 커리
Muth's Curry
바나나 리프 아폴로
Banana Leaf Apolo
리틀 인디아 역
NE7 Little India
텍카 센터 리틀 인디아 아케이드
Tekka Centre Little India Acade
코말라스
Komala's
Upper Dickson Road
Farrer Park Field
Hampshire Road
Buffalo Road
Bukit Timah Road
Mackenzie Road
아랍 스트리트 & 부기스
잘란베사 역
DT22 Jalan Besar
말레이 헤리티지 센터
Malay Heritage Centre
부소라 스트리트 Bussorah Street
아랍 스트리트 Arab Street
하지 레인 Haji Lane
부기스 스트리트 시장
Bugis Street
부기스 역
EW12/DT14 Bugis
부기스 정션
Bugis Junction
BHG 백화점
푸드 정션
Food Junction
벤쿨렌 역
DT21 Bencoolen
올슨
Allson
래플스 호텔 쇼핑 아케이드
Raffles Hotel Shopping Acade
칼튼 Carlton
래플스 호텔
Raffles
선텍 시티
Suntec City
싱가포르 예술 박물관
Singapore Art Museum
CC2 Bras Basah
브라스 바사 역
싱가포르 국립 박물관
National Museum of Singapore
도비 고트 역
NS24/NE6/CC1 Dhoby Ghaut
에스플러네이드 역
CC3 Esplanade
CC4/DT15 Promenade
프롬나드 역
페라나칸 박물관
Peranakan Museum
포트 캐닝 파크 Fort Canning Park
팬 퍼시픽
Pan Pacific
NS25/EW13 City Hall
시청 역
시티 링크 몰
City Link Mall
우표 박물관
Philatelic Museum
1827
마리나 스퀘어
Marina Squre
에스플러네이드 Esplanade
내셔널 갤러리
National Gallery
The Fullerton Water Boat House
포트 캐닝 역
DT20 Fort Canning
아트 하우스
Art House
래플스상륙지
Raffles Landing Site
머라이언 파크
Merlion Park
노보텔
Novotel
지엑스 파이브 익스트림 스윙 앤 지맥스 리버스 번지
GX-5 Extreme Swing & G-Max Reverse Bungy
Ue Square
RobertsonWalk
로버슨 키
Roberson Quay
스위소텔 머천트코트
Swissotel Merchantcourt
브루웍스
Brewerkz
점보
Jumbo
클락 키 역
NE5 Clarke Quay
앤더슨 다리
카베나 다리
풀러턴
The Fullerton
풀러턴 호텔 뷔페
엘렌보로 마켓 카페
Ellenborough Market Cafe
래플스 플레이스 역
NS26/EW14 Raffles Place
리버사이드 & 마리나
마리나 베이 샌즈
예술 과학 박물관
Art Science Museum
카지노
Casino
마리나 베이 샌즈 호텔
Marina Bay Sands Hotel
CE1/DT16 Bayfront
베이프런트 역
더 숍스
The Shoppes
차이나타운
차이나타운 역
NE4/DT19 Chinatown
차이나타운 헤리티지 센터
Chinatown Heritage Centre
Pearl's Hill City Park
파고다 스트리트
Pagoda Street
다 파올로
Da Paolo HQ Club St
제리스 바비큐 앤 그릴
Jerry's Barbeque & Grill
DT18 Telok Ayer
텔록 에이어 역
DT17 Downtown
다운타운 역
Chinatown Complex
림지관
Lim Chee Guan
티 챕터
Tea Chapter
맥스웰 푸드 센터
Maxwell Food Centre
아웃램 파크 역
EW16/NE3 Outram Park
CE2/NS27 Marina Bay
마리나 베이 역
EW15 Tanjong Pagar
탄종 파가 역
탄종 파가 로드
Tanjong Pagar Plaza
Ayer Rajah Expressway
East Coast Parkway
East Lagoon Link
Shenton Way 센톤 웨이
To Jurong

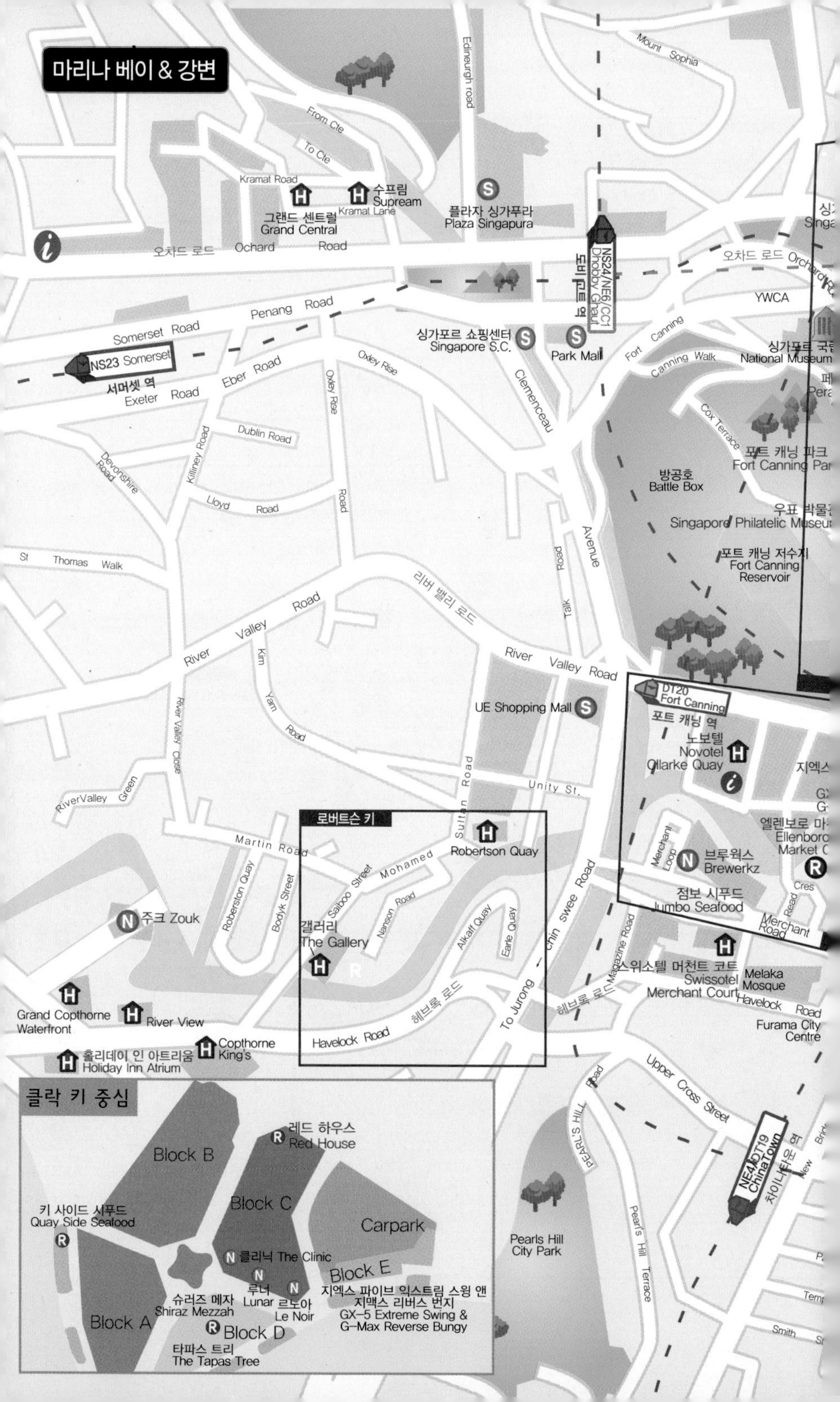
마리나 베이 & 강변
Kramat Road
그랜드 센트럴
Grand Central
수프림
Supream
Kramat Lane
플라자 싱가푸라
Plaza Singapura
From Cte
To Cte
Edinburgh road
Mount Sophia
오차드 로드 Ochard Road
NS24/NE6/CC1 Dhoby Ghaut
도비 고트 역
오차드 로드 Orchard Ro
YWCA
Somerset Road
Penang Road
NS23 Somerset
서머셋 역
Exeter Road
Eber Road
Oxley Rise
싱가포르 쇼핑센터
Singapore S.C.
Park Mall
Fort Canning
Canning Walk
싱가포르 국립
National Museum
Clemenceau Avenue
Dublin Road
Killiney Road
Devonshire Road
Lloyd Road
Oxley Road
Cox Terrace
포트 캐닝 파크
Fort Canning Par
방공호
Battle Box
우표 박물관
Singapore Philatelic Museum
포트 캐닝 저수지
Fort Canning Reservoir
St Thomas Walk
Talk Road
리버 밸리 로드
River Valley Road
Kim Yam Road
UE Shopping Mall
DT20 Fort Canning
포트 캐닝 역
노보텔
Novotel
Clarke Quay
지엑스
엘렌보로 마
Ellenboro
Market
River Valley Close
RiverValley Green
Sultan Road
Unity St.
로버트슨 키
Robertson Quay
Martin Road
Mohamed
Saiboo Street
Nanson Road
Robertson Quay
Bodyk Street
주크 Zouk
갤러리
The Gallery
Alkaff Quay
Earle Quay
Chin swee Road
Merchant Loop
브루웍스
Brewerkz
Cres
Read
점보 시푸드
Jumbo Seafood
Merchant Road
Magazine Road
스위소텔 머천트 코트
Swissotel Merchant Court
Melaka Mosque
헤브록 로드
Havelock Road
To Jurong
Furama City Centre
Grand Copthorne Waterfront
River View
Copthorne King's
홀리데이 인 아트리움
Holiday Inn Atrium
클락 키 중심
Block B
레드 하우스
Red House
Block C
Carpark
키 사이드 시푸드
Quay Side Seafood
클리닉 The Clinic
Block E
슈라즈 메자
Shiraz Mezzah
루너
Lunar
르노아
Le Noir
지엑스 파이브 익스트림 스윙 앤 지맥스 리버스 번지
GX-5 Extreme Swing & G-Max Reverse Bungy
Block A
Block D
타파스 트리
The Tapas Tree
Upper Cross Street
PEARL'S HILL Road
Pearls Hill City Park
Pearl's Hill Terrace
NE4/DT19 ChinaTown
차이나타운 역
New Bridge
Temple
Smith St

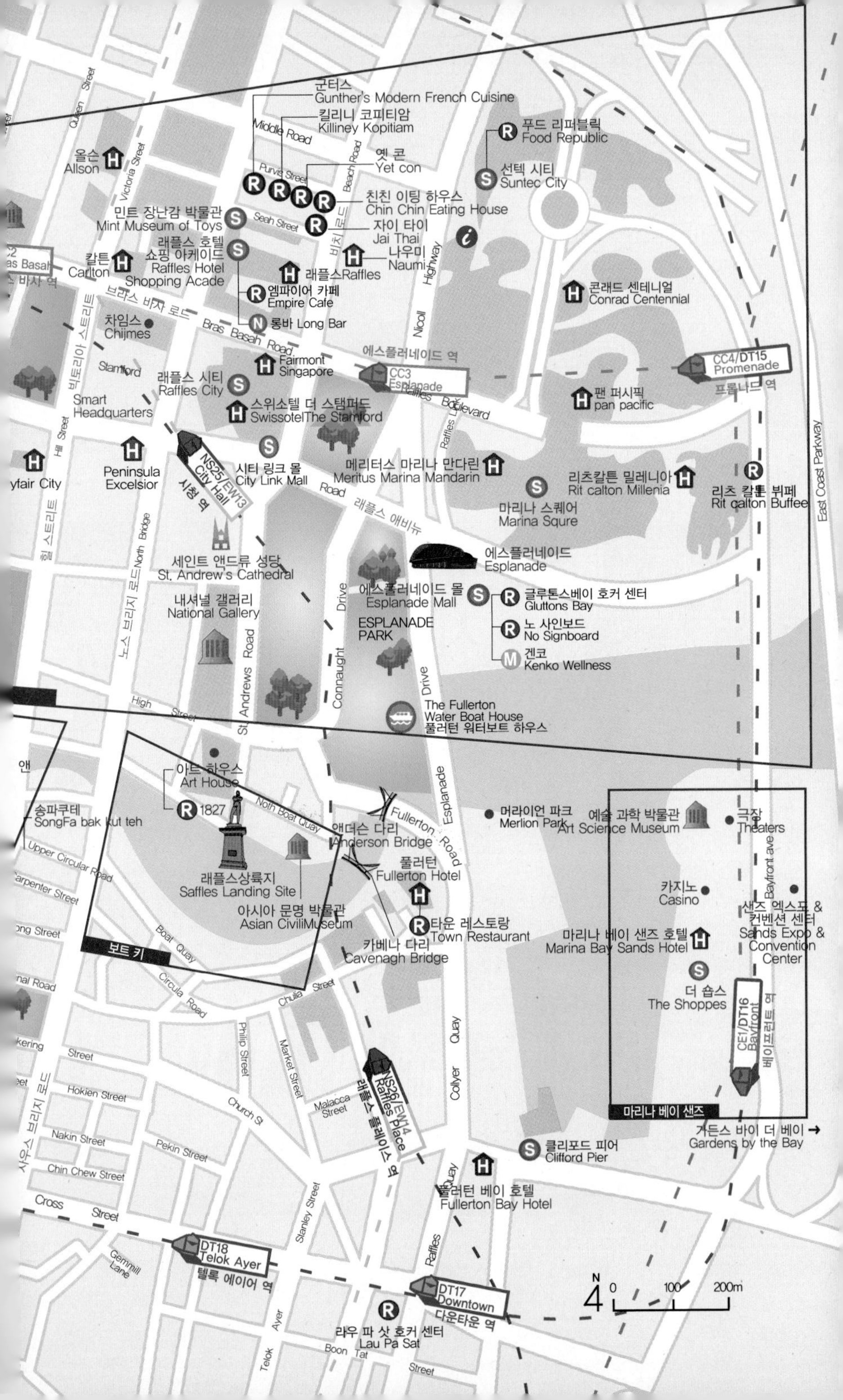

군터스
Gunther's Modern French Cuisine
킬리니 코피티암
Killiney Kopitiam
Middle Road
옛 콘
Yet con
푸드 리퍼블릭
Food Republic
선텍 시티
Suntec City
올슨
Allson
친친 이팅 하우스
Chin Chin Eating House
민트 장난감 박물관
Mint Museum of Toys
자이 타이
Jai Thai
래플스 호텔
쇼핑 아케이드
Raffles Hotel
Shopping Acade
나우미
Naumi
칼튼
Carlton
래플스Raffles
엠파이어 카페
Empire Cafe
콘래드 센테니얼
Conrad Centennial
차임스
Chijmes
롱바 Long Bar
Bras Basah Road
에스플러네이드 역
CC3
Esplanade
CC4/DT15
Promenade
프롬나드 역
Fairmont
Singapore
래플스 시티
Raffles City
스위소텔 더 스탬퍼드
SwissotelThe Stamford
팬 퍼시픽
pan pacific
Smart
Headquarters
Peninsula
Excelsior
시티 링크 몰
City Link Mall
메리터스 마리나 만다린
Meritus Marina Mandarin
리츠칼튼 밀레니아
Rit calton Millenia
리츠 칼튼 뷔페
Rit calton Buffee
NS25/EW13
City Hall
시청 역
래플스 애비뉴
마리나 스퀘어
Marina Squre
세인트 앤드류 성당
St. Andrew's Cathedral
에스플러네이드
Esplanade
에스플러네이드 몰
Esplanade Mall
글루톤스베이 호커 센터
Gluttons Bay
내셔널 갤러리
National Gallery
ESPLANADE
PARK
노 사인보드
No Signboard
겐코
Kenko Wellness
The Fullerton
Water Boat House
풀러턴 워터보트 하우스
아트 하우스
Art House
1827
송파쿠테
SongFa bak kut teh
앤더슨 다리
Anderson Bridge
머라이언 파크
Merlion Park
예술 과학 박물관
Art Science Museum
극장
Theaters
래플스상륙지
Saffles Landing Site
풀러턴
Fullerton Hotel
카지노
Casino
샌즈 엑스포 &
컨벤션 센터
Sands Expo &
Convention
Center
아시아 문명 박물관
Asian CiviliMuseum
타운 레스토랑
Town Restaurant
보트 키
카베나 다리
Cavenagh Bridge
마리나 베이 샌즈 호텔
Marina Bay Sands Hotel
더 숍스
The Shoppes
CE1/DT16
Bayfront
베이프런트 역
NS26/EW14
Raffles Place
래플스 플레이스 역
마리나 베이 샌즈
거든스 바이 더 베이 →
Gardens by the Bay
클리포드 피어
Clifford Pier
풀러턴 베이 호텔
Fullerton Bay Hotel
DT18
Telok Ayer
텔록 에이어 역
DT17
Downtown
다운타운 역
라우 파 삿 호커 센터
Lau Pa Sat
0
100
200m

마리나 베이 &
시티 홀

Marina bay & City Hall

관광, 쇼핑, 레스토랑이 혼합된 멀티 시티

마리나 베이와 시티 홀 주변은 관광거리와 쇼핑, 멋진 레스토랑들이 혼합된 멀티 시티이다.
마리나 베이에는 싱가포르 최고의 건축물로 손꼽히는 에스플러네이드 극장과 머라이언 파크가 있고 대형 쇼핑몰들이 들어서 있다.
시티 홀 주변 지역은 시티 홀뿐 아니라 싱가포르의 역사적 유물들도 집결되어 있다. 아름다운 풀러턴 호텔과 영화 속에나 나올 것 같은 앤더슨 다리 주변은 유럽의 어딘가에 있는 듯한 착각을 불러일으킨다. 예쁜 건물이 많아 주변을 산책하고 사진을 찍으며 시간을 보내기에 좋아서 많은 관광객들이 찾는 곳이다.

Access

싱가포르의 중심지답게 많은 역들이 지나간다. 마리나 베이 & 시티 홀은 MRT 시티 홀 역이나 래플스 플레이스 역에서 내리면 주변 관광지를 쉽게 둘러볼 수 있다.

관광 ★★★★★ 관광하려면 하루가 모자라다.
쇼핑 ★★★★★ 실속 있는 쇼핑몰들의 집결지로 그 수가 엄청나다.
식사 ★★★★ 이름난 곳만 골라 다녀도 하루가 배부르다.
나이트라이프 ★★★★ 싱가포르 최고의 클럽 주크가 있다.

미리 가 보는

마리나 베이 & 시티 홀

마리나 베이와 시티 홀을 걸어서 돌아보는 것은 무리이다. 걸어서 일정 부분을 돌아보고 택시 등의 교통수단으로 이동하면서 구경하는 것이 좋다. 관광이 목적이냐 쇼핑이 목적이냐에 따라 코스 경로가 달라진다.

Best Choice

• 관광이 목적이라면

MRT 시티 홀 역에서 내려 **내셔널 갤러리 → 우표 박물관 → 페라나칸 뮤지엄 → 싱가포르 국립 박물관 → 차임스 → 풀러턴 호텔 → 머라이언 파크** 순으로 돌아보자. 시티 홀 근처는 걸어서 돌아도 충분할 정도로 거리가 가깝고 시청 주변 근방은 산책 코스로는 싱가포르에서 최고라 할 만큼 구경거리가 많다. 시청 부근의 관광이 끝났으면 택시를 타고 래플스 호텔로 이동하여 싱가포르의 최초의 호텔이자 관광지인 래플스 호텔을 구경하고 아케이드에 들른다. 그리고 다시 택시로 에스플러네이드 극장으로 이동해서 구경하면 완벽한 일정이 된다.

• 쇼핑이 목적이라면

쇼핑이 목적이라면 MRT 시티 홀 역에서 내린다. 바로 이어져 있는 래플스 시티 쇼핑센터부터 공략해서 **래플스 시티 쇼핑몰 → 시티 링크 몰 → 마리나 스퀘어 혹은 선텍 시티 몰**로 원 스톱 쇼핑이 가능하다.

마리나 베이 & 시티 홀

DT21 Bencoolen
벤쿨렌 역
Waterloo Street
Queen Street
올슨
Allson
킬리니 코피티암
Killiney Kopitiam
퍼비스 스트리트
군터스
Gunther's Modern French Cuisine
Purvis Street
옛 콘
Yet Con
친친 이팅 하우스
Chin Chin Eating House
자이 타이
Jai Thai
선텍 시티
Suntec City
푸드 리퍼블릭
Food Republic
Beach Road
Nicoll Highway
싱가포르 예술 박물관
Singapore Art Museum
민트 장난감 박물관
Mint Museum of Toys
Seah Street
CC2 Bras Basah
브라스 바사 역
칼튼
Carlton
래플스 호텔 쇼핑 아케이드
Raffles Hotel Shopping Acade
나우미 Naumi
래플스 Raffles
엠파이어 카페
Empire Cafe
롱바 Long Bar
콘래드 센터니얼
Conrad Centennial
플루츠
Flutes
차임스
Chijmes
브라스 바사 로드
Bras Basah Road
Raffles Boulevard
Victoria Street
국립 박물관
Museum
브로젯
Brozeit
Fairmont Singapore
래플스 시티
Raffles City
에스플러네이드 역
CC3 Esplanade
CC4/DT15 Promenade
프롬나드 역
팬 퍼시픽
pan pacific
페라나칸 박물관
Peranakan Museum
Swissotel The Stamford
NS25/EW13 City Hall
시청 역
캐닝 파크
Canning Park
Armenian Street
Mayfair City
Peninsula Excelsior
North Bridge Road
시티 링크 몰
City Link Mall
메리터스 마리나 만다린
Meritus Marina Mandarin
리츠칼튼 밀레니아
Rit calton Millenia
래플스 애비뉴
Raffles Link
마리나 스퀘어
Marina Squre
리츠 칼튼 뷔페
Rit calton Buffee
우표 박물관
Philatelic Museum
Hill Street
세인트 앤드류 성당
St. Andrew's Cathedral
에스플러네이드
Esplanade
에스플러네이드 몰
Esplanade Mall
마칸수트라 글루톤스 베이
Makansutra Gluttons Bay
노 사인보드
No Signboard
ESPLANADE PARK
겐코
Kenko Wellness
St. Andrews Road
Connaught Drive
내셔널 갤러리
National Gallery
High Street
GX-5 Extreme Swing & G-Max Reverse Bungy
The Fullerton Water Boat House
풀러턴 워터보트 하우스
1827
아트 하우스
Art House
아시아 문명 박물관
Asian CiviliMuseum
앤더슨 다리
Anderson Bridge
Fullerton Road
Esplanade Drive
머라이언 파크
Merlion Park
North Boat Quey
NE5 Clarke Quey
클락 키 역
Upper Circular
Carpenter Street
Hongkong Street
래플스 상륙지
Laffles Landing Site
카베나 다리
Cavenagh Bridge
풀러턴
Fullerton Hotel
타운 레스토랑
Town Restaurant
마리나 베이 샌즈
Marina Bay Sands
Bayfront Avenue
풀러턴 베이 호텔
The Fullerton Bay Hotel
랜턴
Lantern
CE1/DT16 Bayfront
베이프런트 역
N
0
100
200m

Best Tour

마리나 베이 & 시티 홀 추천 코스

8~9시간 일정으로 상당한 거리를 걸어야 하는 코스이다.
강철 체력을 가지고 있는 사람에게 제격이다.

래플스 호텔

추천 식당 : 티핀 룸

도보 5분

래플스 시티 쇼핑몰

추천 식당 : 3층 푸드 정션

도보 5분

시티 링크 몰

도보 15~20분

선텍 시티

도보 10분

마리나 스퀘어 쇼핑몰

도보 7분

에스플러네이드

추천 식당 : 노 사인보드, 마칸수트라 글루톤스 베이

머라이언 파크 Merlion Park

싱가포르의 대표 상징물

싱가포르의 전설 속에 등장하는 머라이언은 상반신은 사자, 하반신은 물고기 몸으로 되어 있는 동물로 싱가포르를 상징적으로 표현한다. 머라이언상은 1972년 당시 수상이었던 리콴유의 제안으로 만들어졌으며, 2002년에 지금의 자리로 옮겨 와 공원으로 조성되었다.

머라이언상 주변은 공원으로 조성되어 있지만 다른 볼거리는 없고 커다란 머라이언상이 전부라고 할 수 있다. 하지만 여기서 찍는 사진은 싱가포르의 관광 기념 같은 것이어서 싱가포르에 오면 누구나 한 번은 꼭 들르는 곳이기도 하다.

위치 MRT 래플스 플레이스 역에서 도보로 10분 정도 걸린다. 풀러턴 호텔 뒤편 마리나 베이 쪽이다.

★ 머라이언의 정체를 밝혀라!

싱가포르의 상징인 머라이언은 수마트라의 왕자가 사자와 닮았다하여 붙인 이름이다. 물고기 모양의 몸은 고대 해상 마을에서 발달한 싱가포르의 역사를 나타내는 테마세크(Temasek)와 연관이 있다.

래플스 호텔 Raffles Hotel

싱가포르 최초의 호텔, 최고의 관광거리

래플스 호텔은 싱가포르의 문화 코드이면서 여행자들에게는 손꼽히는 역사적 건물로 기억되는 곳이다.

예약은 최소 한 달 전에 해야 하고, 호텔 내부는 투숙자가 아니면 들어가지 못하는 곳도 많다. 그럼에도 불구하고 래플스 호텔 앞은 구경하러 온 여행자들이 줄을 선다. 그 이유는 첫 번째 콜로니얼 스타일의 아름다운 건축물 때문이고, 두 번째는 호텔 아케이드와 공개된 호텔 내부를 보기 위해서다. 내부에는 호텔의 역사를 모아 놓은 박물관이 있고 서머셋 모옴, 찰리 채플린 등 이곳에서 투숙한 저명인사의 흔적도 찾아볼 수 있다. 1886년 호텔이 문을 열 때부터 사용했다는 태엽 감는 시계와 1900년 초부터 쓰였다는 당구대, 100년도 더 된 테이블과 의자 등을 찾아보는 재미도 쏠쏠하다. 래플스 호텔에 가면 싱가포르가 영국의 식민지였던 100년 전쯤으로 돌아간 듯하다. 약 2년 동안의 대대적인 리노베이션을 마치고 2019년 8월 재개장하였다.

전화 +65 6337 1886 홈페이지 www.raffles.com/singapore/ 위치 MRT 시티 홀 역에서 걸어간다. 브리지 로드와 비치 로드 사이에 있다.

★ 래플스 호텔의 두 가지 명물을 찾아라!

래플스 호텔을 가장 잘 구경하는 방법 중의 하나는 그 유명하다는 티핀 룸에서 애프터눈 티를 즐기고 아케이드를 돌아 쇼핑을 한 후(아케이드에 주목할 만한 숍과 레스토랑이 많다.), 연예인만큼이나 유명한 터번을 두른 키가 큰 도어맨과 기념사진을 한 장 찍는 것이다.

에스플러네이드 Esplanade

싱가포르의 오페라 하우스

에스플러네이드의 별명은 두리안이다. 뾰족뾰족한 지붕이 동남아시아 사람들이 즐겨 먹는 과일인 두리안을 닮았다고 해서 붙여진 이름이다. 복합 문화 공간으로 공연이나 콘서트 등이 개최되고, 라이브 공연이나 전시가 건물 바깥에서 열리기도 한다.
여행자들이 에스플러네이드를 가는 이유는 꼭 이 건축물이나 공연을 보기 위해서는 아니다. 마리나 베이를 마주 보고 있어 주변의 멋진 경관을 가지고 있는 식당가를 찾아가기 위한 경우가 많다. 특히 해산물 전문점으로 유명한 노 사인보드, 바다 전망을 바라볼 수 있는 마칸수트라 글루톤스 베이를 가기 위해 겸사겸사 에스플러네이드를 찾는다.

전화 +65 6828 8377 홈페이지 www.esplanade.com 위치 MRT 시티 홀 역에서 도보로 10분 정도 걸린다.

★ 에스플러네이드에서 쇼핑과 공연 두 마리 토끼를 잡아라!

주변에 대형 쇼핑몰들이 인접해 있어서 쇼핑 일정과 연계해서 가 볼 만하다. 공연을 좋아한다면 홈페이지에서 현재 진행하고 있는 공연을 미리 예약할 수 있다.

풀러턴 호텔 Fullerton Hotel

우체국에서 호텔로의 변신

1829년에 지어진 우체국을 개조해서 만든 것으로 200년이 다 된 건축물이라고는 믿기지 않을 만큼 외관이 출중하다.
호텔의 가운데는 텅 비어 있고, 천장은 유리로 되어 있다. 로비에서 즐길 수 있는 애프터눈 티가 유명하다. 호텔 앞에는 싱가포르에서 가장 아름다운 다리인 앤더슨 브리지와 카베나 다리가 있다. 1층에는 헤리티지 갤러리가 무료로 운영되고 있으니 시간의 여유가 된다면 한번 둘러보는 것도 좋다.

전화 +65 6733 8388 홈페이지 www.fullertonhotel.com 위치 앤더슨 다리 근처로 MRT 래플스 플레이스 역에서 걸어간다.

차임스 Chijmes

로맨틱한 복합 공간

싱가포르는 법률상 건물을 함부로 철거할 수 없다. 덕분에 싱가포르에서는 오래된 건축물이 많고 나름의 역사를 가지고 있는 곳이 많다. 차임스도 그런 곳이다. 차임스는 수도원이었던 건물을 개조한 것으로 레스토랑과 바들이 모여 있는 복합 공간이다. 차임스는 언뜻 보면 교회나 성 같은데 그 안은 커다란 잔디밭으로 이루어져 있다. 그 주변을 빙 둘러서 레스토랑과 바들이 모여 있다. 싱가포르가 워낙 빨리 변하고 새로운 트렌드가 생겨나는 곳이다 보니 차임스가 예전만큼 인기 있지는 않다. 하지만 여전히 이 독특하고 로맨틱한 건축물에는 저녁 시간이 되면 식사를 하거나 술 한잔하러 오는 여행자들로 붐빈다.

전화 +65 6337 7810 홈페이지 www.chijmes.com.sg 위치 MRT 시티 홀 역에서 내리면 바로이다.

★ 차임스를 제대로 보려면

차임스는 낮에 가는 것도 좋지만 해가 질 무렵이 분위기가 가장 좋다. 그렇다고 밤늦게 도착하면 차임스의 매력이 한눈에 들어오지 않으니 해가 어둑해질 때를 공략하자!

싱가포르 국립 박물관 Singapore National Museum

싱가포르의 역사를 보고 느낄 수 있는 곳

싱가포르에서 가장 오래된 박물관으로, 싱가포르의 역시와 문화를 한눈에 볼 수 있다. 박물관은 갤러리 10(Gallery 10)과 글라스 로툰다(Glass Rutunda)로 나누어져 있으며 다양한 자료뿐 아니라 첨단 디지털 기법의 영상물을 통해 싱가포르의 역사와 문화를 이해하기 쉽게 보여 준다. 특별 전시와 이벤트도 있으니 방문 전 웹사이트를 통해 진행되는 전시를 미리 알아보는 것이 좋다.

전화 +65 6332 3659 시간 10:00~19:00 요금 기본 전시 성인 S$ 15, 학생(학생증 소지) S$ 10 / 스페셜 전시 성인 S$ 18, 학생(학생증 소지) S$ 14, 기본+스페셜 전시 S$ 26, 학생(학생증 소지) S$ 19 홈페이지 www.nationalmuseum.sg 위치 MRT 브라스 바사 역 또는 도비 고트 역에서 도보 5분 정도 걸린다.

퍼비스 스트리트 Purvis Street

시티 홀 근처의 숨은 맛집이 모여 있는 거리

로컬 레스토랑과 파인 다이닝 레스토랑이 한데 어우러져 있어 전통과 현대의 조화를 이루는 곳이다. 한쪽에는 인테리어 가구 숍과 상점이, 다른 한쪽으로는 다양한 레스토랑이 거리 곳곳에 자리 잡고 있다. 알록달록한 이국적인 건물들은 차이나타운과 비슷한 분위기를 연출하며 호기심 많은 여행자들의 발길이 끊이지 않는다.

위치 MRT 시티 홀 역에서 노스 브리지 로드 방향으로 걷다 보면 나온다.

내셔널 갤러리 National Gallery

동남아시아에서 가장 많은 근현대 작품이 있는 갤러리

2015년 11월에 오픈한 미술관으로, 싱가포르뿐 아니라 동남아시아에서 가장 많은 근현대 작품을 보유하고 있다. 과거의 대법원 청사와 시청의 건물을 사용하며, 전통적인 헤리티지 분위기는 그대로 살리면서 현대적인 디자인을 가미하여 내셔널 갤러리라는 공간으로 재탄생되었다. 웅장함으로 멀리서도 눈길을 사로잡는 5층 건물은 로비와 우측 건물인 시티홀윙, 좌측 건물인 슈프림코트윙으로 나누어져 있다. 두 건물은 다리를 통해 이동이 가능하며 UBO Southeast Asia 갤러리, DBS Singapores 갤러리, Wu Guanzhong 갤러리 등에서는 19세기와 20세기의 중심의 8,000여 점의 유명 작품들이 현재 전시 중이다. 갤러리뿐 아니라 분위기 좋은 레스토랑, 카페, 바 등이 자리하고 있는 것도 매력적이다. 전시에 대한 자세한 일정 및 내용은 홈페이지에서 확인 가능하다.

전화 +65-6271-7000 시간 토~목요일 10:00~19:00, 금요일 10:00~21:00 요금 스탠다드 티켓 성인 S$ 20, 7~12세 S$ 15, 6세 이하 무료 홈페이지 www.nationalgallery.sg 위치 MRT 시티 홀 역 B번 출구에서 노스 브릿지 로드 방향으로 도보 5분 소요된다.

우표 박물관 Singapore Philatelic Museum

싱가포르의 우표 역사를 한눈에 볼 수 있는 곳

1830년대부터 현재까지 싱가포르 우표의 역사를 보여 주고 있다. 특히 세계 최초의 우표부터 과학, 기술, 역사, 문화 등에 따른 세계 각국의 우표 전시가 흥미롭다. 어린이들이 좋아하는 만화 캐릭터뿐만 아니라 셰익스피어 등에 대한 상시 전시도 열리고 있으니 우표에 관심이 있다면 방문하자. 1층 뮤지엄 숍에서는 다양한 종류의 엽서, 우표를 판매하고 있으며 우편 서비스도 실시하고 있다. 2020년까지 리노베이션으로 임시 휴업 상태이다.

전화 +65 6337 3888 시간 월 13:00~19:00, 화~일요일 09:30~19:00 요금 성인 S$ 6, 3~12세 S$ 4 홈페이지 spm.org.sg 위치 MRT 시티 홀 역 B번 출구에서 도보 5분 소요된다.

페라나칸 박물관 Peranakan Museum

혼합 문화 페라나칸의 모든 것을 담은 박물관

싱가포르에서 절대 빼놓을 수 없는 혼합 문화, 페라나칸에 대해 소개한다. 페라나칸은 말레이어로 '현지 출생'이라는 뜻이며 수세기 전 동남아시아에서 현지 여성과 결혼한 외국 상인들의 후손을 지칭한다. 1912년 건축된 타오난 학교를 개조한 박물관은 9개의 갤러리에서 페라나칸 문화의 기원부터 결혼, 언어, 패션, 종교, 삶, 음식 등에 대해 상세히 보여 준다. 현재 리노베이션으로 임시 휴업 중이다.

전화 +65 6332 7591 시간 토~목요일 10:00~19:00, 금요일 10:00~21:00 요금 성인 S$ 10, 학생 S$ 6 홈페이지 peranakanmuseum.org.sg 위치 MRT 시티 홀 역 B번 출구에서 대각선 방향 스탬포드 로드를 따라 도보로 5분 정도 소요된다.

페라나칸에 대하여

페라나칸은 말레이 어로 '현지에서 태어난 사람'이라는 뜻이다. 말레이 반도로 이주해 온 중국인 남성과 말레이 여성 사이에서 태어난 이들을 페라나칸이라고 하며 남성을 바바 baba, 여성은 논야 nonya라고 부른다. 그 외에도 인도, 인도네시아, 태국, 영국, 포르투갈, 네덜란드 등의 문화가 접목된 싱가포르 문화를 부르는 말이기도 하다.

15세기 무렵, 중국에서 내려온 중국인 남성 이민자들은 대다수가 본국으로 돌아가는 대신 말레이 여성들과 결혼하고 정착을 선택했다. 따라서 가부장적인 중국인 남편의 영향으로 명절 · 예법 · 제사 의례 등은 중국식으로, 음식 · 식기 등은 말레이식으로 하는 독특한 혼합 문화가 생기게 되었다. 중국인 남성 이민자들은 그들의 자녀인 페라나칸을 서양으로 유학을 보내거나 함께 무역업에 종사하는 경우가 많았다. 영어를 일찍 습득하고 개방적인 태도로 서양 문화를 받아들여 자연스럽게 페라나칸 문화와 접목하게 되었다.

무역으로 상당한 부를 축적한 페라나칸들은 제2차 세계 대전 전후 일본군에 의해 집과 재산을 몰수당하는 등 큰 타격을 받았다. 최근 싱가포르 정부는 사라져 가는 페라나칸 문화를 지키고자 오차드 로드, 에메랄드 힐 등 몇 개의 지역을 페라나칸 문화 보호 구역으로 지정하여 관리하고 있다.

싱가포르에서 쉽게 만날 수 있는 락사, 야쿤 카야 토스트, 칠리 크랩, 피시 헤드 커리, 사테 등이 페라나칸 문화의 일부분이다. 페라나칸은 싱가포르 문화의 뿌리인 동시에 싱가포르 문화 전체이다.

아시아 문명 박물관 Asian Civilizations Museum, Empress Place

아시아 문화 유산의 보고

아시아 전역의 문화유산과 예술품들이 전시되어 있는 곳이다. 규모가 상당히 크고 소장한 전시품들도 볼 만한 것이 많아 입장료와 시간이 아깝지 않다. 총 11개의 갤러리로 나누어져 있고 시기와 지역별로 전시품을 구분해 두었다. 동남아시아, 동아시아, 중앙아시아까지 폭넓게 다루고 있어서 쉽게 접하지 못했던 아시아 전역의 역사와 예술을 감상할 수 있다. 싱가포르의 독특한 문화인 페라나칸의 갤러리는 입장료가 따로 계산된다.

가이드 투어가 있는데 홈페이지에 들어가면 가이드 투어 시간을 확인할 수 있다. 아르메니안 스트리트에 있는 같은 이름의 아시아 문명 박물관보다 이곳이 볼거리가 더 많다.

전화 +65 6332 7798 시간 토~목요일 10:00~19:00, 금요일 10:00~21:00 요금 성인 S$ 20, 학생(학생증 지참) 및 60세 이상 S$ 15, 6세 미만 어린이 무료 홈페이지 www.acm.org.sg 위치 MRT 래플스 플레이스 역에서 도보로 5분 걸린다.

싱가포르 예술 박물관 Singapore Art Museum

국제적 규모의 현대 미술관

미술관을 즐겨 다니는 사람이라면 꼭 들를 만한 곳이다. 약자로 'SAM'이라고 불리는 이곳은 내부 전시물도 전시물이지만 건축사적으로 큰 의미를 가진다. 성 요셉이라는 학교를 개조해 만든 이곳은 좌우 대칭적 건물이 아름다워서 내셔널 트러스트에도 지정되었다. 주로 현대 미술품들을 전시하는데 동남아시아에서는 최초로 문을 연 국제적 규모의 현대 미술관이기도 하다. 7,000여 점 이상의 미술품이 전시되어 있고 싱가포르뿐 아니라 동남아시아 전역의 작품들을 감상할 수 있다. 시기별로 상설 전시가 열리며 홈페이지를 들어가면 현재 전시되고 있는 이벤트를 확인할 수 있다. 현재 리노베이션 중이다.

전화 +65 6332 3222 시간 토~목요일 10:00~19:00, 금요일 10:00~21:00 요금 성인 S$ 10, 학생 및 60세 이상 노인 S$ 5, 6세 미만 어린이 무료(매주 금요일 18:00~21:00 무료 입장) 홈페이지 www.singaporeartmuseum.sg 위치 MRT 브라스 바사 역에서 도보로 2분 소요된다.

아트 하우스 Arts House

재판소가 전시 공간으로

싱가포르에서 가장 오래된 정부 건물이었던 재판소를 개조해 만든 복합 문화 공간이다. 200여 년 전인 1826년에 콜로니얼풍 건축 양식으로 지어졌다. 1층에는 전시회나 이벤트를 예약할 수 있는 안내소가 있고 'Timbre'라는 레스토랑이 있다. 아트 하우스는 여행자들에게 크게 어필할 만한 공간은 아니다. 그러나 주변에 오래된 관공서 건물이 많이 모여 있기 때문에 이곳을 돌아볼 때 함께 보면 좋다.

전화 +65 6332 6900 시간 10:00~22:00 요금 무료 홈페이지 www.theartshouse.com.sg 위치 MRT 래플스 플레이스 역에서 도보로 5분 거리이다. 문명 박물관 바로 옆에 위치한다.

세인트 앤드류 성당 St. Andrew's Cathedral

영국식으로 건축된 성당

1830년대에 지어진 오래된 성당이다. 전형적인 영국식 건축물이며 큰 부지에 녹음이 우거져 주변을 천천히 걸으면서 산책하기에 좋다. 하얀색 성당 건물은 아름다워서 구경할 만하다. 밤에는 조명을 비춰 멀리서 봐도 멋지다. 시티 홀과 가깝고 주변에 구경할 만한 곳이 많으므로 워킹 코스를 짜서 돌아보기에 좋다.

전화 +65-6337-6104 시간 09:00~18:00 위치 시티 홀 건물과 가깝다. MRT 시티 홀 역에서 도보로 5분 정도 걸린다.

포트 캐닝 파크 Fort Canning Park

역사적 배경을 간직한 도심 속 공원

보타닉 가든과 함께 싱가포르에서 가장 큰 공원 중의 하나로 조깅을 하거나 산책하는 싱가포르 사람이 많은 곳이다.

공원 안에는 오래전에 군사 목적으로 사용했던 건축물이 곳곳에 남아 있다. 포트 캐닝 공원은 원래 말레이 술탄이 세운 요새 지역이었는데 이후 영국군과 일본군도 이곳을 군사 지역으로 활용했다. 영국 군대가 실제로 사용했던 배틀 박스가 일반인들에게 공개되어 있어 관광 포인트로 활용된다. 키 큰 나무들이 우거져 있어 산림욕을 하는 듯하다. 사진이 예쁘게 나오는 장소가 따로 있다.

홈페이지 www.nparks.gov.sg 위치 MRT 도비 고트 역이나 시티 홀 역에서 도보로10분 정도 걸린다.

래플스 상륙지 Raffles Landing Site

싱가포르 근대 문명의 시초

아시아 문명 박물관 뒤쪽은 180년 전에 래플스 경이 처음 싱가포르에 도착한 장소이다. 싱가포르에서는 래플스 경이 상륙한 이후부터 근대 문명이 시작되었다고 보기 때문에 역사적으로 의미가 깊은 곳이다. 하지만 이곳에 특별한 무언가가 있는 것은 아니다. 래플스 상륙지를 중심으로 근대화의 산물인 여러 관공서와 건물이 모여 있다. 래플스 상륙지를 기념하는 래플스 동상도 있다.

위치 아시아 문명 박물관 뒤쪽에 있다.

민트 장난감 박물관 Mint Museum of Toys

어린 시절 추억에 젖어 드는 곳

전 세계 40개국의 장난감을 수집하여 전시하고 있는 100년 전통의 장난감 박물관이다. 1층 장난감 숍을 비롯하여 5층에 걸쳐 전시된 다양하고도 특별한 장난감을 보다 보면 마치 어린 시절로 돌아간 듯하다. 각 층에서는 서로 다른 테마의 장난감들이 전시되어 있으며 레스토랑과 바도 함께 운영 중이다. 어른 2명과 어린이 2명이 함께 갈 경우 할인된 가격의 가족 패키지 입장권을 구입할 수 있다.

전화 +65 6339 0660 시간 09:30~18:30 요금 성인 S$ 20, 2~12세 어린이 S$ 10 홈페이지 www.emint.com 위치 MRT 시티 홀 역에서 노스 리지 로드 방향으로 걸으면 7분 정도 걸린다.

겐코 Kenko Wellness

가장 유명하고 대중적인 마사지 숍

싱가포르에서 가장 유명하고 대중적인 마사지 숍이다. 여러 개의 분점이 있는데 에스플러네이드에 위치한 겐코가 규모도 가장 크고 스파를 받을 수 있는 시설도 갖추고 있다.

겐코에서는 중국 마사지와 미국 스타일을 결합한 발 마사지를 해 준다. 손끝으로 촘촘히 자극하는 마사지 스타일이라 민감한 사람은 다소 아프게 느껴질 수 있으니 아프다 싶으면 약하게 해 달라고 하자. 주말과 공휴일에는 현지인들로 붐비기 때문에 예약하고 이용하는 것이 좋다. 파라곤, 313@서머셋, 탕린 쇼핑센터, 미리나 스퀘이, 비보 시디 등에도 지점이 있다.

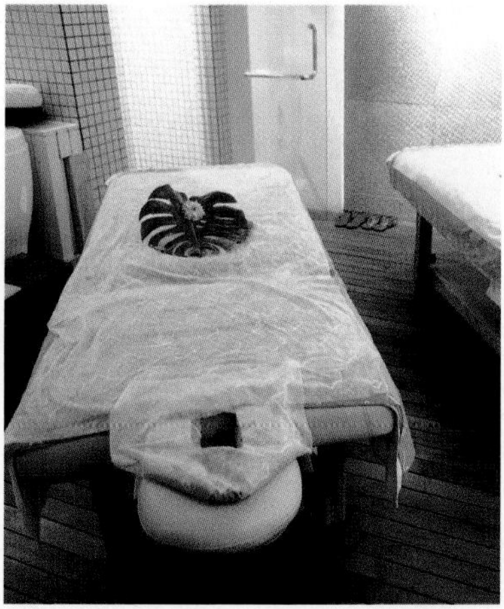

전화 +65 6363 0303 시간 10:00~22:00 홈페이지 www.kenko.com.sg 위치 마리나 스퀘어 1층에 위치해 있다.

싱가포르 리버 크루즈 Singapore River Cruise

싱가포르의 경관을 한눈에 보고 싶다면

싱가포르 강변을 따라 크루즈를 타고 돌면서 싱가포르의 유명한 경관을 한눈에 감상할 수 있는 투어로 싱가포르를 처음 방문하는 여행자들에게 특히 인기가 많다. 마리나 베이 샌즈에서부터 머라이언 파크, 보트 키, 클락 키, 로버트슨 키까지 중간중간 선착장이 위치하고 있으며 운행 시간은 40분이다. 하이라이트는 풀러턴 호텔을 지나 고층 빌딩 숲을 뒤로 하고 머라이언상과 에스플러네이드가 양쪽에 보이는 경관으로, 해가 질 무렵 가장 아름다운 모습을 연출한다. 싱가포르 여행에서 빼놓지 말아야 할 코스이다.

전화 +65 6336 6111 시간 09:00~23:00 요금 성인 S$ 25, 어린이 S$ 15 홈페이지 www.rivercruise.com.sg
탑승 장소 보트 키, 클락 키, 마리나 베이 등

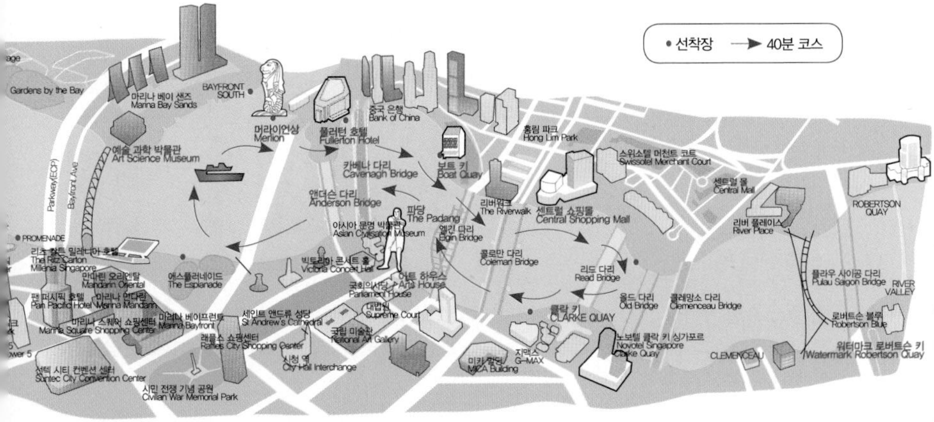

Shopping
마리나 베이 & 시티 홀의 쇼핑

래플스 시티 Raffles City

한국인이 가장 좋아하는 쇼핑몰

한국인이 좋아하는 브랜드들이 대거 입점해 있는 대형 쇼핑몰이다. MRT 시티 홀 역과 바로 이어져 있어 마리나 베이 지역에 쇼핑을 목적으로 온 여행자들이 가장 먼저 찾는 곳이다.

1층부터 3층까지는 로빈슨 백화점이 입점해 있는데, 주로 의류 매장들이 포진해 있다. 래플스 시티의 최대 매력은 한국인이 좋아하는 아디다스 오리지널, 폴로진, 폴로 랄프로렌, 캘빈 클라인, 알도, 나인 웨스트, 타미힐피거, 게스, 리바이스 등의 해외 유명 브랜드가 한곳에 모여 있다는 것이다. 3층 대형 푸드코트인 푸드 정션은 깔끔한 분위기로 현지인도 많이 찾는다. 유명한 레스토랑인 딘 타이 펑도 입점해 있다.

전화 +65-6318-0238 시간 10:00~22:00 홈페이지 www.capitaland.com/sg/malls/rafflescity/en.html 위치 MRT 시티 홀 역과 바로 연결되어 있다.

래플스 호텔 아케이드 Raffles Hotel Arcade

싱가포르에서 즐기는 쇼핑

싱가포르 최초의 호텔로서 싱가포르에서 가장 아름다운 건축물로 꼽힌다. 아케이드에는 호텔이 선택한 부티크 숍이 40여 개 넘게 입점해 있다. 숍의 수로 따지면 대형 쇼핑몰과 비교할 수 없지만 래플스에만 있는 숍들을 구경하는 재미가 있다. 래플스 호텔 숍은 래플스 호텔을 기념하는 다양한 기념품을 비롯해 실용적인 물건이 많아 구경할 만하다.

전화 +65 6337 1886 시간 매장마다 다르다. 홈페이지 www.rafflesarcade.com.sg 위치 MRT 시티 홀 역에서 내려 걸어가면 된다. 브리지 로드와 비치 로드 사이에 위치한다.

★ 래플스 호텔 가이드

쇼핑만 하는 것이 아니라 래플스 호텔을 둘러보고 롱 바에서 싱가포르 슬링을 한 잔 마셔 보자. 기회가 된다면 저녁 식사까지 코스로 짜도 된다.

선텍 시티 Suntec City

대형 컨벤션과 쇼핑몰이 있는 복합 시설

선텍 시티는 규모가 어마어마해서 잘못 들어갔다가는 헤매기 일쑤이다. 이 건물의 일부가 쇼핑몰인데 규모가 상당히 크다.

선텍 시티에서는 쇼핑몰의 지도와 디렉토리를 잘 보고 움직여야 한다. 네 개의 존으로 나뉘어 있는데 이 건물들을 상공에서 보면 하늘을 향해 벌린 손바닥처럼 보인다. 가운데 있는 '부의 분수'는 손바닥에 놓여 있는 금반지 모양을 하고 있는데, 금과 물의 조화가 성공을 부른다는 믿음에서 만들어졌다고 한다. 1층 쇼핑 공간을 갤러리아라고 하며, 이곳에는 한국인에게 인기 있는 망고, 에스프리, 톱숍, 폴로, 로얄 스포팅 하우스(스포츠 브랜드 아웃렛) 등 유명한 브랜드가 많이 모여 있다. '부의 분수' 주변의 파운데이션 테라스에서 다양한 식사를 즐길 수 있는 레스토랑이 있으며 매일 오전 10시~12시, 오후 2시~4시, 오후 6시~7시 30분 이 세 번의 터치 워터 시간에는 부의 분수에 입장이 가능하며 물에 손을 담그고 소원을 빌 수 있다. 까루푸, 토이즈 알 어스, 독일계 전자 제품 판매점 하비 노먼도 입점해 있다.

전화 +65 6266 1502 시간 10:00~22:00(매장마다 차이가 있다.) 홈페이지 www.sunteccity.com.sg 위치 MRT 에스플러네이드 역에서 바로 연결된다.

★ 선텍 시티 이용하기

덕 투어(Duck Tour)와 히포 투어(Hippo Tour)를 예약할 수 있는 투어 데스크와 싱가포르 관광 안내 센터가 갤러리아 존에 있다.

시티 링크 몰 City Link Mall

MRT 역을 연계하는 쇼핑 상가

시티 링크 몰은 쇼핑몰이라기보다는 우리나라의 지하 상가처럼 래플스 시티와 선텍 시티, 마리나 스퀘어 그리고 MRT 역을 연계하는 통로의 쇼핑 상가이다.

마리나 지역에 오면 대부분 이곳의 대표 쇼핑몰인 래플스 시티와 마리나 스퀘어를 둘러보는데 이 두 쇼핑몰을 잇는 통로가 바로 시티 링크 몰이다. 시티 링크 몰에는 식당도 많이 있으며 의류와 일용 잡화 등을 파는 숍들이 줄지어 있다. 주말에는 쇼핑몰로 이동하는 사람들 때문에 교통 체증이 발생하는 경우도 종종 있다.

전화 +65 6339 9913 시간 06:00~24:00(가게마다 다르다.) 홈페이지 www.citylink.com.sg/ 위치 MRT 에스플러네이드 역과 연결된다.

마리나 스퀘어 Marina Square

대중적 브랜드가 가득한 초대형 쇼핑몰

대대적인 리노베이션을 거쳐 현대적인 쇼핑몰로 변신했다. 명품 숍보다는 중급의 대중적 브랜드 위주로 입점해 있다. 주로 2, 3층에 쇼핑몰이 집중되어 있고 4층에는 푸드코트가 있다. 주변에 대형 호텔이 많고 에스플러네이드와도 가까워서 위치상 둘러보기 편하다. 1층에 있는 안내 데스크에서 여권을 제시하면 10~15% 할인되는 투어 리스트 프리빌리지 카드를 발급받을 수 있다. 이 카드는 할인에 참여하는 브랜드가 많고, 추가로 주어지는 혜택도 많아 쇼핑을 하는 사람이라면 꼭 발급받는 것이 좋다.

전화 +65 6399 8787 시간 10:00~22:00 홈페이지 www.marinasquare.com.sg 위치 MRT 에스플러네이드 역과 지하를 통해 연결된다.

Restaurant & Cafe

마리나 베이 & 시티 홀의 식당과 카페

마칸수트라 글루톤스 베이 Makansutra Gluttons Bay

바다가 보이는 호커 센터

뒤로는 에스플러네이드의 아름다운 건축물이 있고 앞으로는 마리나 베이의 바다를 앞에 두고 있는 전망 좋은 호커 센터로 바닷바람을 맞으며 식사를 할 수 있는 것이 특징이다.

이곳에 입점해 있는 식당의 수는 그리 많지 않지만 〈마칸 수트라〉라는 싱가포르의 레스토랑 잡지에서 선정한 유명한 곳들만 모여 있어서 어느 집에서 어느 것을 주문해도 실패가 없다. 오픈 시간은 오후 5시이며 에스플러네이드를 구경하고 바닷바람을 맞으며 저녁 식사를 하면 일석이조다. 최근 리노베이션을 통해 훨씬 깔끔한 모습으로 단장했다.

전화 +65 6438 4038 시간 월~목요일 17:00~02:00, 금~토요일 17:00~03:00, 일요일 16:00~01:00 홈페이지 www.makansutra.com/ 위치 에스플러네이드 바로 옆에 있다.

라우 파 삿 호커 센터 Lau Pa Sat

싱가포르 최초, 최고의 호커 센터

호커 센터는 노천 푸드코트를 일컫는 말로 보통 서민들이 즐겨 찾는 저렴한 식당이 모여 있는 경우가 많다. 라우 파 삿은 싱가포르에서 가장 오래된 호커 센터 중의 하나로 큰 규모를 자랑한다. 대형 지붕의 외관도 뛰어나 관광거리가 될 만큼 유명하다. 싱가포르의 대표적인 호커 센터이므로 근처에 있으면 들러 볼 만한 가치가 있다. 특히 저녁마다 문을 여는 사테 포장마차가 인기이다.

시간 24시간 위치 MRT 래플스 플레이스 역에서 도보로 7분 정도 걸린다. 래플스 키에 자리 잡고 있다.

내셔널 키친 바이 바이올렛 운 National Kitchen by Violet Oon

싱가포르 전통 음식을 즐길 수 있는 맛집

내셔널 갤러리 2층에 있는 레스토랑이다. 이곳에 가기 위해 내셔널 갤러리를 찾는 사람들이 있을 정도로 꽤 유명한 맛집이다. 셰프이자 요리 비평가인 바이올렛이 집에서 먹던 레시피를 연구하여 전통적인 페리나칸 요리를 대중적이면서도 고급스럽게 선보이고 있다. 드라이 락사(Dry Laksa), 하이나니즈 치킨라이스(Hainanese Chicken Rice) 등으로 메인 식사를 하고 로티 자라(Roti Jala With Gula Melaka and Banana Sauce)를 디저트로 곁들인다면 완벽한 한끼가 될 것이다. 아이온오차드, 클락 키, 부킷티마에도 지점이 있지만 분위기와 메뉴는 조금씩 다르다. 예약은 필수다.

전화 +65 9834 9935 시간 런치 12:00~14:30 / 티 15:00~17:00(마지막 주문 16:30) / 저녁 18:00~22:30(마지막 주문 21:30) 홈페이지 www.violetoon.com 위치 내셔널 갤러리 시티홀윙 2층.

노 사인보드 No Signboard Seafood

매콤한 칠리 크랩이 유명한 곳

싱가포르에서 꼭 먹어 봐야 할 음식인 칠리 크랩으로 유명한 식당이다. 특히 소스가 한국인의 입맛에 맞아 인기가 많다. 여러 지점이 있지만 에스플러네이드에 있는 지점이 시내와의 접근성이 좋고 배경이 멋있어 인기가 많다. 통유리 너머로 바로 바다가 보이고 고급식당처럼 깔끔하게 꾸며져 있는 것이 장점이다. 두 명 기준으로 게 1kg을 시키고 스팀 라이스나 번을 함께 시켜 먹으면 적당하다. 페퍼 크랩과 칠리 크랩 둘 다 유명한데 소스가 걸쭉한 칠리 크랩이 더 인기 있다.

전화 +65 6336 9959 시간 월~금요일 11:00~14:30, 17:30~22:30 / 토~일요일, 공휴일 11:00~22:30 홈페이지 www.nosignboardseafood.com 위치 에스플러네이드에서 마리나 베이 쪽을 바라보고 있다.

군터스 Gunther's Modern French Cuisine

추천

맛, 서비스, 분위기가 조화를 이루는 레스토랑

레자미 출신의 셰프 군터스가 이름을 내걸고 시작한 파인 다이닝 레스토랑이다. 조명과 인테리어가 어두운 편이며 세심한 서비스를 자랑한다. 오늘의 메뉴에 들어가는 재료의 원산지와 효능, 요리 방식 등을 알려 주는데, 취향에 따라 자유롭게 재료를 선택하여 주문할 수 있다. 전통적인 프렌치 쿠킹 스타일을 유지하면서 세계 각국의 신선한 재료를 사용한다. 음식에 따라 그릇의 온도가 다른데 이것은 그릇의 온도에 따라 음식의 맛이 달라진다는 점에서 기인한 것이다. 런치 메뉴는 매주 바뀌며 스타터와 메인 요리, 디저트의 3코스를 합리적인 가

격에 즐길 수 있다. 가볍게 식사하고 싶다면 풍부한 재료의 맛이 고스란히 느껴지는 콜드 엔젤 헤어 파스타를 추천한다.

전화 +65 6338 8955 시간 월~금요일 점심 12:00~14:30, 저녁 18:30~22:30 / 토요일 저녁 18:30~22:30 / 일요일 휴무 홈페이지 www.gunthers.com.sg 위치 퍼비스 스트리트에 위치한다.

플루츠 Flutes

싱가포르 국립 박물관을 더욱 빛나게 해 주는 레스토랑

2013년 아시아 최고 레스토랑 101에 뽑힐 정도로 최고의 맛을 자랑하는 파인 다이닝 레스토랑으로 싱가포르 국립 박물관 내에 위치해 있다. 분위기, 서비스, 맛의 세 박자를 모두 갖춘 곳으로 평가받고 있다. 과하지 않으면서도 고급스러운 인테리어로 세련된 분위기가 느껴지며 음식은 전체적으로 군더더기 없이 깔끔하다. 평일에는 꽤 괜찮은 가격에 2코스와 3코스 중 선택할 수 있는 런치 세트 메뉴를 맛볼 수 있으며 주말 브런치 또한 가격, 맛 모두 훌륭한 편이다. 저녁에는 6코스의 세트 메뉴와 단품 요리를 모두 즐길 수 있다. 재료 본연의 식감과 풍미를 살린 유러피안 스타일의 요리는 사람들의 눈과 입을 즐겁게 해 준다. 레스토랑 안쪽으로는 간단한 음료와 식사를 즐길 수 있는 바와 카페가 있다.

전화 +65 6338 8770 시간 평일 점심 11:30~14:00, 주말 브런치 10:30~14:30(일요일은 16:00까지), 월~토요일 저녁 18:30~22:00(토요일은 22:30까지) 홈페이지 www.flutes.com.sg 위치 싱가포르 국립 박물관 1층에 위치한다.

옛 콘 Yet Con

추천

현지인들에게 인기 있는 최고의 치킨 라이스

1940년에 지어진 오래된 치킨 라이스 식당이다. 전통적인 하이난식 치킨 라이스를 맛볼 수 있는 곳으로 관광객보다는 현지인에게 더 인기 있다. 가게 앞에 작은 주방이 있어 주문을 하면 즉석에서 닭을 잘라 준다. 닭 육수로 지어 고소한 맛이 나는 밥과 부드러우면서도 쫄깃한 닭고기가 나오는 치킨 라이스는 이곳의 대표 메뉴로 두 사람이 먹어도 좋을 정도로 양이 푸짐하다.

고기와 채소 등을 육수에 데쳐 먹는 요리인 스팀 보트는 이곳의 또 다른 인기 메뉴이다. 메뉴판에 가격이 적혀 있지 않기 때문에 나갈 때 어떤 음식을 먹었는지를 체크하는 것이 좋다. 주인이 영어가 서툴고 불친절하기 때문에 의사 소통에 문제가 있을 수 있다. 오래된 가게이기 때문에 가끔 정전이 되기도 한다.

전화 +65 6337 6819 시간 평일 11:30~18:00, 주말 11:30~18:30 위치 퍼비스 스트리트에 위치한다.

킬리니 코피티암 Killiney Kopitiam

합리적인 가격으로 즐기는 맛있는 한 끼 식사

1919년에 생겨 오랜 전통을 가지고 있는 식당이다. 옛날 거리의 이름을 따서 가게 이름을 지었다고 한다. 합리적인 가격에 간단히 요기를 하기 좋은 곳이다. 숯불로 구운 카야 토스트에서부터 싱가포르 음식인 락사, 미시암, 치킨 커리까지 종류가 다양하다. 이곳의 카야 토스트는 야쿤 카야 토스트보다 빵이 두껍고 버터 맛이 진한 편이며 커피는 연유가 많이 들어가 우리나라 다방 커피처럼 달짝지근하다. 넓은 공간에 하얀 테이블과 나무 의자가 갖춰져 있으며 한쪽 벽에 그려진 그림이 무척이나 멋스럽다. 오차드 로드, 창이 국제공항 등에서도 지점을 만날 수 있다.

시간 매일 07:00~19:00 홈페이지 www.killiney-kopitiam.com 위치 퍼비스 스트리트에 자리 잡고 있다.

친친 이팅 하우스 Chin Chin Eating House

전통있는 치킨 라이스 전문점

1935년부터 시작하여 오랜 전통을 가지고 있는 치킨 라이스 전문점이다. 이곳의 인기 비결은 바로 쫄깃하고 부드러운 닭고기에 있는데 이것은 생강, 마늘 등의 따뜻한 육수로 먼저 끓여낸 다음 찬물에 담그기 때문이다. 담백하고 촉촉한 치킨 라이스로 현지인들에게 특히 인기가 많다. 그 밖에 피시 헤드 커리와 양고기 수프도 추천할 만하다.

전화 +65 6337 4640 시간 월~목요일 11:00~21:00, 금~일요일 11:30~21:00 위치 퍼비스 스트리트에 위치한다.

자이 타이 Jai Thai

합리적인 가격의 태국 음식점

태국에서 시작하여 현재는 싱가포르에 4개의 분점을 가지게 된 타이 레스토랑이다. 식사 시간이 되면 내부와 외부에 빈 테이블이 하나도 없을 정도로 많은 사람들로 가득한데 이것은 바로 가격과 맛 때문이다. 모든 접시 하나하나 마음과 정성을 들여 요리를 선보인다는 주인의 철학이 담긴 똠얌꿍, 팟타이 등의 모든 음식이 평균 이상으로 맛이 좋다. 또한 물가가 비싼 싱가포르에서 합리적인 가격으로 태국 음식을 맛볼 수 있으니 이보다 더 좋은 선택은 없을 것이다.

전화 +65 6336 6908 시간 11:30~15:00, 18:00~22:00(마지막 주문 21:30) 홈페이지 www.jai-thai.com 위치 퍼비스 스트리트에 위치한다.

브로젯 Brozeit

싱가포르에서 마시는 독일 맥주

제대로 된 독일 맥주를 마실 수 있는 곳으로 저녁뿐 아니라 낮에도 가볍게 맥주를 즐기는 사람들로 가득하다. 대표적인 맥주인 오리지널 뮌헨 라거를 비롯하여 오리지널 뮌헨 라거 둔켈, 바이스비어, 바이스비어 둔켈까지 4가지의 독일 맥주를 판매한다. 배를 채울 수 있는 안주로는 그릴드 포크 소시지와 포크 치즈 소시지가 있다. 비보 시티와 313@서머셋 등에 4개의 분점이 더 있다.

전화 +65 6883 1534 시간 월~목요일 11:30~24:00, 금요일 11:30~01:00, 토요일 10:00~01:00, 일요일 10:00~02:00 홈페이지 brotzeit.co 위치 래플스 시티 쇼핑센터 1층 야외에 있다.

푸드 리퍼블릭 Food Republic

싱가포르에서 최고를 자랑하는 푸드코트

선텍 시티 지하 1층에 있는 대형 푸드코트인 푸드 리퍼블릭은 싱가포르 최고 수준의 규모를 자랑한다. 규모가 크기 때문에 한 바퀴 돌아보는 것만으로도 오랜 시간이 걸린다. 인기 있는 집은 식사 시간에 가면 줄을 길게 서기도 한다.

다양한 메뉴가 준비되어 있어 음식 선택의 폭이 넓다. 마리나 스퀘어에는 로프트라는 푸드코트가 있고 래플스 시티 3층에는 푸드 정션이 있다. 쇼핑 도중에 간단한 식사를 할 때 이용하면 후회하지 않을 것이다.

전화 +65 6338 2848 시간 매일 10:00~22:00 홈페이지 foodrepublic.com.sg 위치 선텍 시티 지하 1층에 자리 잡고 있다. MRT 시티 홀 역에 내려서 역과 이어진 시티 링크를 따라 도보로 10분 정도 걸린다.

퀴신보 Kuishin-bo

저렴한 가격의 일식 뷔페

퀴신보는 현지인뿐만 아니라 여행객도 많이 찾는 일식 뷔페 식당이다. 캘리포니아롤, 초밥, 튀김, 회, 우동, 디저트 등의 메뉴가 있다. 해산물이 싱싱하고 무엇보다도 저렴한 가격에 일식을 마음껏 먹을 수 있어서 좋다. 데판야키는 즉석으로 만들어 주고, 우동과 국물 요리는 개별 버너에서 끓여 주기도 한다. 대게 코너는 인기가 가장 많아서 줄을 서서 기다릴 정도이다. 주중 점심

이 저렴하고 한적해서 이용하기에 편리하다.

전화 +65 6341 9200 시간 11:30~15:00, 17:30~22:00 홈페이지 www.kuishinbo.com.sg 위치 선텍 시티 North Wing 3층에 위치한다.

타운 레스토랑 Town Restaurant

아름다운 전망을 자랑하는 대표 레스토랑

풀러턴 호텔의 타운 레스토랑은 조식을 제공하는 메인 레스토랑이면서 점심과 저녁에 뷔페를 오픈하는 풀러턴 호텔의 대표 레스토랑이다. 점심 뷔페에는 스시와 사시미 메뉴가 잘 나오고 해산물과 디저트 코너도 좋다. 일요일 점심의 선데이 샴페인 브런치는 와인과 샴페인이 무제한으로 제공되고, 해산물이 주메뉴로 나오기 때문에 인기가 많다. 저녁 뷔페는 요일에 따라 조금씩 달라지며 단품 요리 및 특별 메뉴는 홈페이지에서 확인 가능하다. 뷔페의 수준이 높고 음식도 훌륭한 데다 아름다운 전망까지 볼 수 있어 많은 사람의 사랑을 받는다. 점심

이든 저녁이든 예약을 하고 가는 게 좋다.

전화 +65 6877 8911~8912 시간 06:30~23:00 홈페이지 www.fullertonhotel.com 위치 앤더슨 다리 근처로 MRT 래플스 플레이스 역에서 내려 걸어가면 된다.

Nightlife
마리나 베이 & 시티 홀의 나이트라이프

롱 바 Long Bar

래플스 호텔의 유명 칵테일 바

래플스 호텔을 찾는 여행자들이 코스로 들르는 곳으로 낮이든 밤이든 사람들로 꽉 찬다. 유명한 칵테일 중 하나인 싱가포르 슬링이 태어난 곳이기도 하다. 1920년대에 지어진 건물을 그대로 이용하고 있는데 고풍스러운 분위기가 딱 1920년대 모습을 옮겨 놓은 것 같다. 롱 바의 또 다른 특징은 땅콩인데, 각 테이블 위에 놓여 있는 땅콩은 껍질을 그대로 바닥에 버리는 게 이곳의 원칙이다. 주말 저녁에는 라이브를 하는 밴드도 있다.

전화 +65 6412 1816 시간 일~목요일, 공휴일 11:00~24:00 / 금~토요일, 공휴일 전날 11:00~01:00 홈페이지 www.raffles.com 위치 MRT 시티 홀 역에서 내려 래플스 호텔 내에 위치한다.

랜턴 Lantern

풀러턴 베이 호텔에 있는 분위기 있는 바

아름다운 야경을 감상하며 로맨틱한 시간을 보내기에 좋다. 입구에 들어서면 가운데에 길게 뻗은 수영장이 있고 수영장 양쪽에는 넓은 좌석이 배치되어 있다. 가장 인기 있는 좌석은 마리나 베이 샌즈 호텔과 싱가포르 플라이어가 보이는 둥근 모양의 베드 의자로 예약은 필수이다. 예약 시 원하는 좌석으로 자리 지정을 할 수 있다.

전화 +65 6877 8911~8912 시간 월~목요일 10:00~01:00 / 금~토요일, 공휴일 전날 10:00~02:00 홈페이지 www.fullertonhotels.com 위치 풀러턴 베이 호텔의 맨 위층에 위치한다.

바 루즈 싱가포르 Bar Rouge Singapore

마리나 베이를 보며 와인을 즐기는 특별한 시간

상하이 최고의 인기 바, 루즈(Bar Rouge)가 싱가포르에 새둥지를 틀었다. 스위소텔 스탬포드 71층에 있어 마리나 베이 전경을 한눈에 내려다볼 수 있다. 저녁 시간에만 오픈을 하며 화려한 조명과 세련된 인테리어는 싱가포르에서의 특별하면서도 잊을 수 없는 밤을 선사한다. 가볍게 와인이나 보드카를 즐기기 좋은 이곳의 창가 좌석은 인기가 좋아 미리 예약할 것을 권한다. 매일 다른 이벤트가 열리니 방문 전에 홈페이지를 통해 확인하는 것이 좋겠다.

전화 +65 9177 7307 시간 화요일 18:00~01:00, 수~목요일 18:00~03:00, 금~토요일 18:00~06:00, 일~월요일 프라이빗 이벤트만 예약 가능 홈페이지 www.swissotel.com/hotels/singapore-stamford/bars/bar-rouge-singapore 위치 스위소텔 스탬퍼드 호텔 71층, 72층에 위치한다.

Hotel

마리나 베이 & 시티 홀의 숙소

풀러턴 The Fullerton Hotel

오래된 우체국에서 호텔로 대변신

1928년 2층 규모의 우체국으로 세워졌으나 1996년부터 2001년까지 약 5년간의 공사를 통해서 풀러턴 호텔로 변신했다. 외관은 예전의 우체국 건물을 그대로 살렸고, 내부만 고급 호텔로 개조했기 때문에 고풍스러우면서도 현대적인 아름다움을 그대로 지니고 있다.

마리나 베이와 싱가포르 강이 만나는 곳에 위치하고 있어 리버 뷰, 시티 뷰, 마리나 베이 뷰 등 다양한 전망을 자랑한다. 천장이 유리로 되어 있는 로비는 햇살이 그대로 들어와 따듯하고 웅장한 느낌이 든다. 객실은 고풍스러운 창문과 모던한 가구가 잘 어우러져 있다. 싱가포르 강과 보트 키가 한눈에 들어오는 직사각형의 수영장이 이 호텔의 하이라이트인데 마치 싱가포르 강을 따라 수영하고 있는 듯한 착각이 든다.

전화 +65 6733 8388 홈페이지 www.fullertonhotels.com 위치 앤더슨 다리 근처로 MRT 래플스 플레이스 역에서 내리면 된다.

풀러턴 베이 호텔 The Fullerton Bay Hotel

스타일리시한 분위기의 5성급 호텔

풀러턴 호텔 맞은편에 있는 5성급 호텔로, 풀러턴 호텔이 전통적이고 우아한 느낌이라면 풀러턴 베이 호텔은 모던하면서도 스타일리시한 분위기가 난다. 100개의 객실은 베이뷰 룸, 디럭스 룸, 프리미어 룸 등으로 나누어져 있으며 360도로 다양한 모습의 마리나 베이와 싱가포르 스카이라인을 감상할 수 있다. 1층에 있는 클리프포드 피어(Cliffford pier)와 랜딩 포인트(Landing Point)에서는 간단한 음식과 애프터눈 티를 즐기기 좋으며 예약은 필수다.

전화 +65 6333 8388 홈페이지 www.fullertonhotels.com/the-fullerton-bay-hotel 위치 MRT 래플스 플레이스 역에서 도보로 5분 걸리며 풀러턴 호텔 맞은편에 위치한다.

나우미 Naumi

여성을 타깃으로 한 아름다운 호텔

나우미는 2007년 9월에 오픈한 부티크 호텔이다. 장미 넝쿨을 연상케 하는 철제 구조물로 덮여 있는 건물 외관에서부터 여성을 타깃으로 한 호텔임을 알 수 있다. 실제로 여성만 투숙할 수 있는 층도 있다. 나우미 호텔에서 가장 멋진 공간은 호텔 옥상에 있는 루프트톱 수영장이다. 빌딩 숲 한가운데 있는 옥상 수영장은 싱가포르의 스카이라인을 전망하며 수영을 할 수 있는 로맨틱한 장소이다. 호텔 전체에서 사용 가능한 무선 인터넷과 매일 종류를 바꾸어 채워 주는 미니 바, 비스킷과 쿠키가 모두 무료이다.

전화 +65 6403 6000 홈페이지 www.naumihotels.com/Singapore 위치 MRT 시티 홀 역에서 도보로 10분 정도 걸린다. 시아 스트리트에 위치한다.

래플스 호텔 Raffles Hotel

싱가포르 최초의 호텔

1887년 싱가포르에서 호텔로는 최초로 문을 연 래플스 호텔은 그저 허름한 방갈로에 지나지 않았다. 하지만 지금은 하루 머무는 가격이 싱가포르에서 가장 비싼 고급 호텔이 되었다. 래플스 호텔이 유명해진 데에는 여러 이유가 있지만 세계적으로 유명한 거장들이 오랫동안 묵으면서 자연스럽게 호텔의 이름이 알려졌다. 서머셋 모옴이나 찰리 채플린, 마이클 잭슨 같은 유명인들이 래플스 호텔에 묵었다. 지금의 래플스는 싱가포르의 문화이자 역사의 한 부분이 되어 호텔 그 이상의 상징적인 의미를 가진다. 최근 리노베이션을 마치고 재개장하였으며 객실은 103개에서 115개로 늘어났다. 모든 객실이 스위트룸으로 구성되어 있다.

전화 +65 6337 1886 홈페이지 www.raffles.com/singapore 위치 MRT 시티 홀 역에서 걸어가면 된다. 브리지 로드와 비치 로드 사이에 위치한다.

리츠 칼튼 밀레니아 Ritz-Carlton Millenia

욕조에 누워서 즐기는 싱가포르 야경

래플스, 풀러턴과 함께 싱가포르 '6 Star' 호텔로 인정받고 있으며, 전 세계에 있는 리츠 칼튼 호텔 중에서도 규모가 가장 크다. 욕실의 팔각 창을 통해 펼쳐지는 마리나 베이의 전망이 상당히 멋지다. 욕조에 누워서 싱가포르의 야경을 즐기노라면 리츠 칼튼의 비싼 숙박료가 아깝지 않다. 객실 전면이 통유리로 되어 있어 침대에서도 마리나 베이 전망을 볼 수 있다. 정원에 둘러싸인 직사각형 모양의 수영장은 규모가 큰 편으로 조용한 분위기에서 시간을 보내기에 손색이 없다.

전화 +65 6337 8888 홈페이지 www.ritzcarlton.com
위치 MRT 시티 홀 역에서 도보로 10분 정도 걸린다.

만다린 오리엔탈 싱가포르 Mandarin Oriental Singapore

여행자의 사랑을 한몸에 받는 곳

2005년 리노베이션을 통해 고전적인 분위기였던 객실이 모던한 분위기로 바뀌고 한층 밝아졌다. 마리나 베이가 내려다보이는 수영장의 전경이 멋지고, 조식이 잘 나온다. 여행객들 사이에서 서비스가 좋기로 유명하여 여러 면에서 높은 점수를 받고 있다.

전화 +65 6338 0066 홈페이지 www.mandarinoriental.com/singapore/marina-bay/luxury-hotel 위치 MRT 시티 홀 역에서 도보로 10분 정도 걸린다.

스위소텔 더 스탬퍼드 Swissotel The Stamford

싱가포르 최고의 전망을 감상할 수 있는 곳

MRT 시티 홀 역 위로 우뚝 솟은 73층의 스탬퍼드 호텔은 동남아시아에서 최고 높이의 호텔로 기네스북에 올랐던 기록을 가지고 있다. 주요 쇼핑몰이 바로 연결되어 있어 위치로는 최상이라고 할 수 있다. 57~60층에 있는 이그제큐티브 룸은 객실에서 바라보는 전망이 아름다워 인기가 높다. 객실은 단정하고 깔끔해 편안하게 숙박할 수 있다.

전화 +65 6338 8585 홈페이지 www.swissotel.com/hotels/singapore-stamford 위치 MRT 시티 홀 역과 바로 연결된다.

칼튼 호텔 Carlton Hotel

비즈니스형 호텔

비즈니스 성격이 강한 호텔이나 객실이 넓고 밝은 분위기여서 여성 및 가족 여행객들이 이용하기에 좋다. MRT 시티 홀 역, 차임스, 래플스 시티, 래플스 호텔 등이 바로 근처라서 여행객에게 편리하다. 모든 객실에서 싱가포르 시내의 야경을 즐길 수 있다.

전화 +65 6338 8333 홈페이지 www.carltonhotel.sg 위치 MRT 시티 홀 역에서 도보로 5분 정도 걸린다. 차임스와도 가깝다.

콘래드 센테니얼 The Conrad Centennial

유명 쇼핑몰 근처에 자리 잡은 곳

호텔 외관에서 볼 수 있는 '13'이라는 숫자는 번영의 의미를 지니고 있다. 선텍 시티와 밀레니아 워크 사이에 자리 잡은 고급 호텔로 지척에 유명한 쇼핑몰들이 있는 것이 가장 큰 장점이다. 객실에서 마리나 베이의 전망을 즐길 수 있다. 객실은 모던한 분위기로 도시에 있는 호텔치고는 넓은 편이다.

전화 +65 6334 8888 홈페이지 www.hilton.com/en/hotels/sincici-conrad-centennial-singapore 위치 MRT 시티 홀 역에서 도보로 10분, 선텍 시티에서 도보로 5분 정도 걸린다.

팬 퍼시픽 Pan Pacific Hotel

세련되고 현대적인 호텔

마리나 베이에 위치한 삼각형 모양의 건물로, 1층부터 35층까지 뚫린 아트리움은 동남아시아 최대 규모이다. 콘래드 센테니얼 호텔과 마주 보고 있으며 마리나 스퀘어, 에스플러네이드, 선텍 시티가 가까운 거리에 있다. 총 778개의 객실은 깔끔하며 전체적으로 세련되고 현대적인 느낌이다.

전화 +65 6336 8111 홈페이지 www.panpacific.com/singapore 위치 MRT 프로미나드(Promenade) 역에서 도보로 5분 정도 걸린다. 대형 쇼핑몰인 마리나 스퀘어와 이어져 있다.

클락 키 & 보트 키 & 로버트슨 키

Clarke Quay & Boat Quay & Robertson Quay

싱가포르 최고의 로맨틱 코스

마리나 베이와 싱가포르 강이 만나는 경계 부분을 넘어 싱가포르 강 쪽의 지역을 보트 키, 클락 키, 로버트슨 키라고 한다. 마리나 베이와 가깝게 붙어 있는 지역이 보트 키, 더 안쪽으로 들어간 지역이 클락 키이다. 로버트슨 키는 클락 키보다 더 안쪽으로 들어가 있다. 클락 키와 보트 키, 로버트슨 키는 강변을 따라 레스토랑과 클럽, 카페가 늘어서 있는 지역으로 저녁 시간이 되면 뿔뿔이 흩어져 있던 여행자들이 하나둘 모여 이곳에서 식사하고 클럽이나 바에서 나이트라이프를 즐긴다.
강을 따라 걷다 보면 중간중간 범보트를 타고 강변을 따라 돌아볼 수 있는 작은 선착장이 있는데 이 주변을 멋지게 돌아보고 싶다면 리버 보트 투어를 꼭 체험해 보자.

Access

MRT 클락 키 역에서 내려서 걸어가면 클락 키와 이어지고, 보트 키는 MRT 래플스 플레이스 역에서 걸어서 도보로 5분 거리이다. 보트 키와 클락 키는 서로 걸어서 갈 수 있는 거리로 끝에서 끝까지의 거리가 1km 정도 된다. 로버트슨 키는 택시로 이동하는 것이 편리하다.

관광 ★★★ 강변을 걸으며 싱가포르의 로맨틱 코스를 만날 수 있다.
쇼핑 ★ 쇼핑을 하려면 다른 곳으로 가야 한다.
식사 ★★★★ 강변을 따라 줄줄이 레스토랑이 이어진다.
나이트라이프 ★★★★ 싱가포르 최고의 나이트라이프 스폿.

미리 가 보는

클락 키 & 보트 키 & 로버트슨 키

세 곳을 다 합쳐도 그 길이가 2km 정도일 만큼 짧은 거리이기 때문에 강변을 따라 산책하는 기분으로 걸으면 금방 돌아볼 수 있는 곳이다. 클락 키와 보트 키는 끝에서 끝까지 걷는데 30~40분 정도 되는 규모의 강변 주변 지역으로 강변을 따라 쭉 걷다 보면 서로 만나게 된다. 싱가포르에서 여행자에게 가장 추천할 만한 곳 중 하나이다.

Best Choice

• 식사가 목적이라면

보트 키는 식당가라고 할 수 있는데 클락 키와 비교하면 좀 더 관광객의 입맛에 맞는 음식을 파는 식당들이 늘어서 있다. 이곳은 **싱가포르에 여행 온 단체 여행자들이 많이 찾는 곳**으로 호객 행위를 하는 레스토랑 직원들을 쉽게 볼 수 있다. 조용하고 고급스러운 분위기에서 식사를 하고 싶다면 로버트슨 키를 선택해 보자.

• 유흥이 목적이라면

클락 키는 좀 더 젊고 세련된 레스토랑과 바, 클럽들이 밀집되어 있다. **최근 싱가포르의 가장 핫한 클럽과 바들이 가장 많이 모여 있는 곳**이기도 하다.

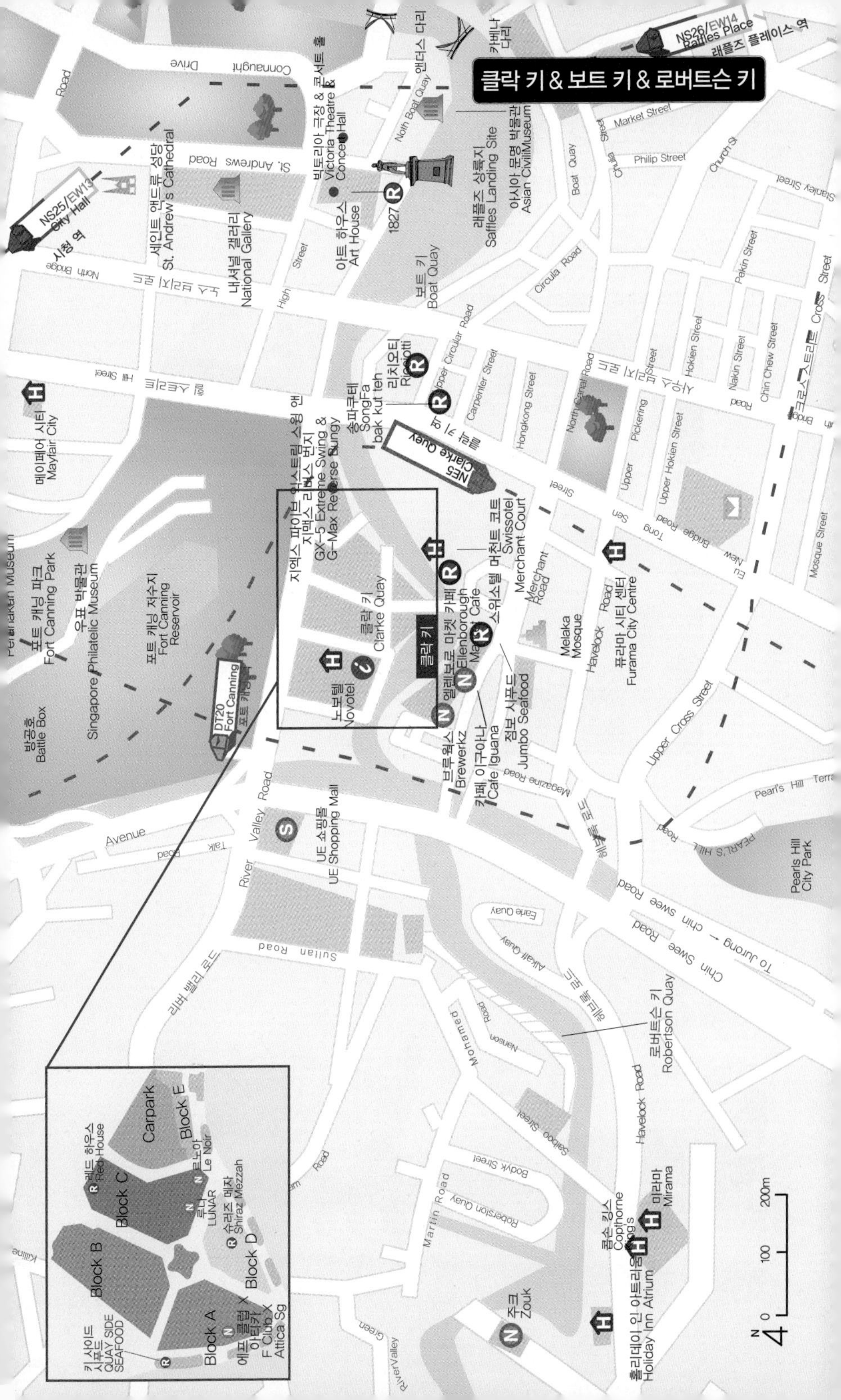

클락 키& 보트 키& 로버트슨 키
NS26/EW14 Raffles Place
래플즈 플레이스 역
NS25/EW13 City Hall
시청 역
Connaught Drive
St. Andrews Road
세인트 앤드류 성당
St. Andrew's Cathedral
내셔널 갤러리
National Gallery
빅토리아 극장 & 콘서트 홀
Victoria Theatre & Concert Hall
아트 하우스
Art House
1827
앤더스 다리
카버나 다리
Noth Boat Quay
래플즈 상륙지
Saffles Landing Site
아시아 문명 박물관
Asian CivillMuseum
보트 키
Boat Quay
Market Street
Philip Street
Church St
Stanley Street
Boat Quay
Chulia Street
Circula Road
North Bridge
노스 브리지 로드
High Street
Pekin Street
Hokien Street
Nakin Street
Chin Chew Street
Cross Street
크로스 스트리트
Bridge Road
사우스 브리지 로드
North Canal Road
Upper Circular Road
Carpenter Street
Hongkong Street
리치오티
Ricciotti
송파쿠테
SongFa
bak kut teh
NE5 Clarke Quay
클락 키 역
Pickering
Upper Hokien Street
Upper
Street
Sen
Tong
Bridge Road
New
Eu
Mosque Street
힐 스트리트
Hill Street
메이페어 시티
Mayfair City
페라나칸 뮤지엄
Peranakan Museum
포트 캐닝 파크
Fort Canning Park
우표 박물관
Singapore Philatelic Museum
포트 캐닝 저수지
Fort Canning Reservoir
방공호
Battle Box
DT20 Fort Canning
포트 캐닝 역
지엑스 파이브 익스트림 스윙 앤 지맥스 리버스 번지
GX-5 Extreme Swing & G-Max Reverse Bungy
노보텔
Novotel
클락 키
Clarke Quay
클락 키
스위소텔 머천트 코트
Swissotel Merchant Court
엘렌보로 마켓 카페
Ellenborough Market Cafe
브루웍스
Brewerkz
카페 이구아나
Cafe Iguana
점보 시푸드
Jumbo Seafood
Merchant Road
Melaka Mosque
Havelock Road
퓨라마 시티 센터
Furama City Centre
Upper Cross Street
Pearl's Hill Terrace
Pearl's Hill Road
Pearls Hill City Park
Magazine Road
헤브록 로드
UE 쇼핑몰
UE Shopping Mall
River Valley Road
Avenue
Talk Road
Sultan Road
리버 밸리 로드
Earle Quay
Alkaff Quay
Chin Swee Road
To Jurong → Chin Swee Road
Nanson Road
Mohamed Road
로버트슨 키
Robertson Quay
Havelock Road
Saiboo Street
Bodyk Street
Robertson Quay
Martin Road
콥손 킹스
Copthorne Kings
미라마
Mirama
홀리데이 인 아트리움
Holiday Inn Atrium
주크
Zouk
Green
River Valley
Killiney
Carpark
Block E
레드 하우스
Red House
Block C
르 노아
Le Noir
루나
LUNAR
슈라즈 메자
Shiraz Mezzah
Block D
Block B
Block A
에프 클럽 X 아티카
F Club X Attica Sg
키 사이드 시푸드
QUAY SIDE SEAFOOD
0 100 200m
N

Best Tour

클락 키 & 보트 키 & 로버트슨 키 추천 코스

세련된 도시 문화와 로맨틱한 강변을 함께 돌아보는 코스이다.

보트 키에서 식사

추천 식당 : 키 사이드 시푸드, 점보, 슈러즈 메자

도보 10분

센트럴 쇼핑몰

추천 식당 : 지하 1층 푸드코트, 2~4층 식당가

도보 10분

클락키 (2시간)

추천 식당 : 레드 하우스

도보 20분

로버트슨 키 (1시간)

클락 키 Clarke Quay

가장 매력적인 나이트라이프 스폿

클락 키는 낭만적인 레스토랑을 찾는 사람도, 핫한 클럽과 바를 찾는 사람도, 강바람을 맞으며 산책을 하고 싶은 사람도 모두 가 볼 만한 곳이다. 보트 키가 저녁 식사를 하기 위해 들르기 좋은 곳이라면, 클락 키는 저녁 식사를 하고 산책하듯 걸어와 마음에 드는 클럽에 가기 좋은 곳이다.

좋은 레스토랑도 많아서 이곳에서만 저녁 시간을 보낸다고 해도 아쉽지 않다. 클락 키의 하이라이트는 돔으로 이루어진 천장이 있는 분수대 주변 공간이다. 이 주변에 괜찮은 바가 가장 많이 모여 있다. 세련된 분위기에서 도시의 밤을 즐기고 싶다면 클락 키를 추천한다.

위치 MRT 클락 키 역에서 내려서 도보로 3분 거리다.

보트 키 Boat Quay

강변 앞 레스토랑 스트리트

보트 키는 클락 키처럼 싱가포르 강변 앞에 조성된 레스토랑가를 말한다. 마리나 베이에서 싱가포르 강이 시작되는 지점까지를 보트 키라고 부른다. 강변을 따라 레스토랑이 있어 이국적이고 로맨틱한 분위기가 난다. 클락 키와 비교한다면 좀 더 대중적인 분위기라고 할 수 있는데, 서양 단체 여행객도 많이 찾아오고 한국인 여행자들도 빠지지 않고 방문하는 곳이라 언제나 북적거린다.

싱가포르의 대표적인 건축 스타일인 숍하우스들이 이어져 있고 강변에는 여행자들을 태운 나무배들이 떠다녀 이국적이고 아름다운 전경을 연출한다.

위치 MRT 래플스 플레이스 역에서 도보로 3분.

로버트슨 키 Robertson Quay

강 주변에서 여유로운 시간을 보내고 싶다면

외국인들이 거주하는 빌라와 아파트가 있으며 강 주변으로는 많은 레스토랑과 바가 몰려 있다. 많은 관광객으로 발 디딜 틈이 없는 클락 키와 달리 조용하고 깨끗한 느낌이 든다. 아침에는 조깅을 하거나 산책을 하는 사람들로, 저녁에는 시원한 강바람을 맞으며 로맨틱한 분위기를 즐기는 사람들로 가득하다.

위치 클락 키에서 도보로 10분 정도 소요된다.

지엑스 파이브 익스트림 스윙 앤 지맥스 리버스 번지 GX-5 Extreme Swing & G-Max Reverse Bungy

하늘로 오르는 아찔한 놀이 기구

클락 키에 있는 작은 놀이 시설이다. 하늘로 튀어 올라 그 반동으로 아래로 계속해서 흔들리는 기구이다. 최고 60m까지 올라갔다가 시속 200km로 움직인다. 아찔하고 스릴 넘치는 놀이 기구를 좋아하는 사람에게 추천할 만하다. 이 기구는 10년 동안 무사고 경력을 가지고 있다. 단, 키가 120cm 이하인 어린이는 탈 수 없다.

전화 +65 6338 1766 시간 매일 16:30~23:30 요금 지엑스 파이브 익스트림 스윙 성인 S$ 45, 학생 S$ 35 / 트램폴린 번지 S$ 15 홈페이지 www.gmaxgx5.sg 위치 클락 키에서 보트 키 쪽으로 가다 보면 리버 보트 타는 곳에 있다. 클락 키 초입이다.

Restaurant & Cafe

클락 키 & 보트 키 & 로버트슨 키의 식당과 카페

점보 Jumbo

칠리 크랩으로 가장 유명한 레스토랑

싱가포르에서 가장 먼저 먹어 봐야 할 음식 1순위는 바로 칠리 크랩이다. 칠리 크랩으로 가장 유명한 식당이 바로 점보이다. 여러 개의 체인점이 있지만, 여행자들이 오기 편리한 위치 때문에 강변 지점이 가장 인기가 높다. 강변 쪽에는 리버 사이드 포인트 지점과 리버 워크 지점이 있는데 리버 사이드 포인트 지점이 더 붐빈다. 이곳은 열흘 전에 예약을 해도 원하는 시간에 식사를 할 수 없을 정도로 인기가 많다. 맛이 특별히 좋기 때문은 아니고 클락 키를 바라보며 먹을 수 있는 야외 강변 쪽 자리가 인기 있기 때문이다. 두 명이 방문할 경우 칠리 크랩 1kg과 소스에 찍어 먹는 번을 여러 개 시키면 된다. 홈페이지에서 간단히 예약을 하고 갈 수 있지만 예약된 시간에 오지 않으면 15분 후 자동 취소된다.

전화 **리버 사이드 포인트 지점** +65 6532 3435 **리버워크 지점** +65 6534 3435 시간 12:00~15:00, 18:00~24:00 홈페이지 www.jumboseafood.com.sg 위치 MRT 클락 키 역에서 강변을 따라 도보 5분 정도 걸린다. 클락 키 쪽 강 건너편에 자리 잡고 있다.

엘렌보로 마켓 카페 Ellenborough Market Cafe

합리적인 가격의 뷔페 레스토랑

스위소텔 머천트 코트에 위치한 뷔페 식당으로 여행자와 현지인 모두에게 인기 있다. 호텔이 한국인들에게 인기 있기 때문에 한국 여행자들도 눈에 띈다. 푸짐한 뷔페를 저렴한 가격에 먹을 수 있다는 것이 장점이다. 음식은 여행자보다는 현지인들의 입맛에 맞춰 치킨 라이스, 락사 등 싱가포르 현지인들이 많이 먹는 메뉴들이 주를 이룬다. 강변 바로 앞에 있어서 멋진 전망을 자랑한다. 주말 하이티 뷔페 때에는 싱가포르 사람들로 자리가 없을 정도이다.

전화 +65 6239 1847~1848 시간 06:30~10:30, 12:00~22:00 홈페이지 www.swissotel.com/singapore-merchantcourt 위치 스위소텔 머천트 코트 호텔 1층에 위치한다.

칠리 크랩의 모든 것

칠리 크랩은 말 그대로 칠리소스로 양념한 게 요리이다. 커다란 튀김용 팬에 마늘과 고추, 게를 넣고 볶다가 달걀과 칠리소스를 넣고 버무린 음식이다. 조리 방법도 간단할 뿐만 아니라 주재료인 게와 칠리소스만 있으면 만들 수 있는 요리이다. 자잘한 게가 아니라 집게발이 두툼하게 크고 살이 투실투실한 게를 이용한다. 보통 먹기 좋게 집게발과 몸통을 자르는데 껍질을 잘게 부수면서 먹으면 된다. 칠리 크랩이 인기가 많은 것은 싱싱하고 살이 많은 게를 저렴한 가격에 맛볼 수 있다는 데 있다. 가격도 가격이지만 싱싱한 해산물을 푸짐하게 차려 놓고 먹을 수 있다는 것도 이유 중의 하나이다. 게를 먹으려면 자연스럽게 손으로 잡고 먹을 수밖에 없는데 양손에 커다란 집게발을 잡고 게살을 쏙쏙 빼 먹다 보면 행복지수가 올라간다.

칠리 크랩 잘 먹는 방법

칠리 크랩은 2인 기준으로 1kg 정도 주문하면 적당한데 좀 더 푸짐하게 먹고 싶다면 2인이 1.5kg을 시키면 된다. 칠리 크랩은 달걀과 칠리소스로 맛을 낸 소스가 듬뿍 나오는데 이 소스를 먹는 방법이 있다. 싱가포르 사람들은 만주 혹은 번이라고 하는 빵을 소스에 찍어 먹는다. 번은 중국식 찐빵과 비슷한데 겉은 바삭하고 속은 부드럽다. 번은 그냥 먹으면 약간 단맛이 나므로 소스에 찍어 먹으면 소스에 달콤한 맛이 배어 궁합이 잘 맞는다. 칠리 크랩과 번만으로 부족하다고 생각되면 스팀 라이스를 주문하여 소스에 비벼 먹어도 된다. 우리나라에서 간장 게장 게딱지에 밥을 비벼 먹는 것처럼 싱가포르 사람들도 비슷한 방식으로 소스에 밥을 비벼 먹는다.

페퍼 크랩 VS 칠리 크랩

페퍼 크랩 역시 칠리 크랩과 같은 게 요리인데 칠리소스 대신 검은 후추로 맛을 냈다. 매콤한 맛과 특유의 향 때문에 페퍼 크랩도 인기이다. 하지만 여전히 칠리 크랩이 인기 순위로는 한 수 위인데 그것은 칠리 크랩의 걸쭉한 소스에 밥을 비벼 먹거나 빵을 찍어 먹는 맛이 별미이기 때문이다.

칠리 크랩을 먹으려면 어디로?

점보 Jumbo

싱가포르에 가장 많은 지점을 가지고 있는 초대형 해산물 식당으로 칠리 크랩 하면 가장 먼저 떠오르는 곳이기도 하다.

노 사인보드 No Singboard

노 사인보드는 싱가포르에서 가장 유명한 해산물 식당 '점보'와 쌍두마차를 이루는 곳이다. 마리나 베이의 전망을 바라보며 식사를 할 수 있는 에스플러네이드점이 가장 인기 있다.

레드 하우스 Red House

모던하면서도 편안한 분위기와 깔끔한 요리로 현지인들의 사랑을 듬뿍 받는 곳이다.

이스트 코스트 해산물 골목

이곳 식당들의 주메뉴는 역시 칠리 크랩이다. 제대로 된 해산물을 먹고 식사 후에 바닷가 산책을 하면서 시간을 보내고 싶다면 이스트 코스트로 가면 된다.

키 사이드 시푸드 Quay Side Seafood

강변 옆 시푸드 레스토랑

전형적인 시푸드 레스토랑으로 내부 좌석은 없고 클락 키 한쪽 강변 옆으로만 테이블이 늘어서 있다. 메뉴도 다양하고 음식도 웬만한 것은 다 맛있어서 클락 키에서 어디로 갈지 정하지 못했다면 선택할 만하다. 랍스터나 새우, 게 등 해산물을 살아 있는 채로 전시하고 있다. 칠리 크랩이나 페퍼 크랩도 있다. 레스토랑 바로 옆에 보트 선착장이 있어서 여행자들의 이동이 많은 편이다. 흡연석과 금연석으로 나뉘는데 분위기는 금연석 쪽이 낫다.

전화 65 6336 8059 시간 일~목요일 15:00~24:00, 금~토요일 15:00~01:00 홈페이지 www.quaysidedining.com 위치 클락 키 블록 3A에 있다.

슈러즈 메자 Shiraz Mezzah

많은 사람의 사랑을 받는 중동 음식 전문점

클락 키에서 가장 인기 있는 레스토랑 중의 하나인 중동 음식 전문점이다. 근방의 레스토랑 중 이곳이 가장 손님을 많이 끌어모으는 까닭은 바로 앞에서 바비큐로 굽는 케밥 때문이다. 치킨과 양고기 등을 큼직하게 썰어 꼬치에 끼워 놓는데 원하는 것을 고르면 바로 숯불에 구워 준다. 냄새도 솔솔 나고 직접 굽는 모습을 볼 수 있어서 식욕이 돋는다.

전화 +65 6334 2282 시간 일~화요일 18:30~02:00, 수요일 18:30~03:00, 목요일 18:30~02:00, 금~토요일 18:30~04:00 위치 클락 키 3D에 위치해 있다.

리치오티 Ricciotti

편안한 분위기의 이탈리아 음식점

편안한 분위기 속에서 맛있는 이탈리안 음식을 맛볼 수 있는 곳이다. 따뜻함, 편안함, 스타일리시함, 이 세 가지의 콘셉트로 가족, 친구 등과 함께 즐길 수 있는 훌륭한 가정식 요리를 선보이고 있다. 샐러드부터 파니니, 파스타, 피자, 스테이크까지 다양한 메뉴가 있어서 입맛에 맞게 골라 먹을 수 있다. 매일 합리적인 가격으로 프로모션 메뉴가 제공되니 부담 없이 한 끼 식사를 즐기고 싶은 여행자라면 절대 놓치지 말자.

전화 +65 6533 9060 시간 매일 11:30~23:00 홈페이지 www.ricciotti.co 위치 MRT 클락 키 역에서 도보 3분 거리에 있다.

센트럴 쇼핑몰 식당가 Central Shoppingmall Foodcourt

대중적인 레스토랑 체인이 모여 있는 곳

센트럴은 보트 키와 클락 키 맞은편에 새로 생긴 대형 쇼핑몰이다. 센트럴은 쇼핑몰뿐 아니라 식당가로서도 의미가 크다. 인기 있는 체인 레스토랑에서 식사를 하고 바로 쇼핑을 하고자 하는 여행자들에게 안성맞춤이다. 센트럴은 쇼핑몰보다 식당가가 더 크다. 입점해 있는 식당의 수도 많고 또 인기 있는 레스토랑 체인이 대거 입점해 있다.

식당가는 매 층마다 있는데 지하 1층에는 대형 푸드코트와 슈퍼마켓이, 1층에는 일본, 웨스턴 음식점이, 2층에는 중국 음식점이, 3층에는 일식당과 카페가 들어와 있다. 일식당이 유난히 많은 것이 특징인데 10개가 넘는다.

시간 레스토랑가 11:00~22:00 위치 MRT 클락 키 역과 연결되어 있다.

송파 바쿠테 Song Fa bak kut teh

우리나라 갈비탕과 비슷한 바쿠테가 맛있는 곳

클락 키 최고의 맛집이다. 1969년에 오픈하여 현재까지 꾸준한 사랑을 받아 온 곳이다. 식사 시간뿐만 아니라 언제나 많은 사람들로 북적인다. 바쿠테는 국물이 있는 돼지 갈비탕으로 우리나라 갈비탕과 비슷한 맛이 나는데 여기에 약간의 칼칼한 맛이 곁들어져 한국 여행자들 입맛에 잘 맞는다. 여기에 밥과 청경채 볶음 같은 야채를 주문하면 든든한 한 끼 식사로 충분하다. 바로 옆집에 분점이 들어서 있으며 센터 포인트, 차이나타운 등 총 11개의 지점이 싱가포르에 있다.

전화 +65 6533 6128 시간 화~일요일 09:00~21:15 / 월요일 휴무 홈페이지 www.songfa.com.sg 위치 MRT 클락 키 역 E번 출구에서 뉴브리지 로드 쪽에 있다.

레드 하우스 Red House

추천

현지인들이 사랑하는 크랩 전문점

빨간 색감의 인테리어가 마치 중국의 레스토랑을 연상시키는 시푸드 레스토랑이다. 모던하면서도 편안한 분위기와 깔끔한 요리들로 현지인들의 사랑을 듬뿍 받는 곳이다.

대표 메뉴는 크랩 요리로 칠리 크랩, 페퍼 크랩, 커리 크랩이 있다. 현지인들에게는 매콤한 커리 크랩이, 관광객들에게는 달콤한 칠리 크랩이 인기 있다. 크랩은 1kg를 주문하면 두 사람이 먹기 좋으며 튀긴 꽃빵인 크리스피 번과 볶은 채소인 삼발 캉콩을 함께 곁들이면 더욱 풍성한 식사를 할 수 있다.

전화 +65 6442 3112 시간 매일 12:00~14:30(마지막 주문 14:00), 17:00~22:00(마지막 주문 21:30) 홈페이지 www.redhouseseafood.com 위치 클락키 3C에 위치한다.

커먼 맨 커피 로스터스 Common Man Coffee Roasters

싱가포르에서 가장 힙한 핫플레이스

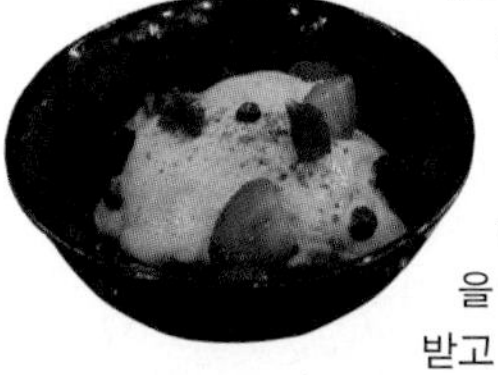

로버트슨 키에서 아니 싱가포르에서 가장 핫플레이스라고 해도 과언이 아닐 정도로 힙한 카페다. 2013년 문을 연 이래로 꾸준히 사랑받고 있으며, 특히 주말에는 줄을 서야 할 정도로 많은 사람들이 브런치와 식사를 즐기기 위해 이곳을 찾는다. 가벼운 건강식 아침을 먹고 싶다면 그릭 요거트에 각종 과일이 토핑된 그레놀라를, 푸짐한 식사를 원한다면 달걀, 베이컨, 소시지, 토스트 등이 나오는 CMCR 풀 브렉퍼스트(CMCR Full breakfast)를 주문하면 좋다. 메뉴에 글루텐프리, 베지테리언 등도 잘 표시되어 있다.

전화 +65 6836 4695 시간 월~금요일 07:30~17:00 / 토~일요일 07:30~18:00(마지막 주문 17:30) 홈페이지 commonmancoffeeroasters.com 위치 MRT 클락키 역에서 도보로 15~20분 걸린다.

슈퍼 로코 Super Loco

다양한 정통 멕시칸 요리

2012년 차이나타운 근처의 루차 로코로 시작해 마리나 베이의 커스텀 하우스 등으로 그 사업을 확장하고 있는 로코 그룹에서 2014년 로버트슨 키에 오픈한 멕시칸 레스토랑이다. 정통 멕시칸 요리를 고수하고 있지만 누구나 좋아할 만한 다양한 종류의 멕시칸 음식을 선보이고 있다. 점심에는 퀘사디아, 아사이볼, 타코 등의 가벼운 브런치를, 저녁에는 강을 바라보며 여유로운 식사를 즐기기 위해 많은 사람들이 이곳을 찾는다. 내부는 화려하면서도 편안한 느낌을 주는 인테리어로 꾸며져 있다.

전화 +65 6235 8900 시간 월~화요일 17:00~22:00, 수~목요일 17:00~23:00, 금요일 17:00~24:00, 토요일 10:00~24:00, 일요일 10:00~22:00 홈페이지 www.super-loco.com/robertsonquay 위치 로버트슨 키에 위치하며 클락키 역에서 도보로 약 20분 걸린다.

Nightlife
클락 키 & 보트 키 & 로버트슨 키의 나이트라이프

주크 Zouk

싱가포르의 대표 클럽

주크는 명실상부한 싱가포르의 대표 클럽이다. R&B부터 월드 팝, 재즈까지 한곳에서 들을 수 있다. 주크, 퓨처, 벨벳 언더그라운드, 와인 바까지 총 4구역을 통틀어 주크라고 하는데, 그중 주크는 가장 큰 공간을 자랑하고 플로어 중앙에는 돌아가는 원형 무대가 있다. 10대 후반에서 20대 초반의 젊은 층에게 특히 인기 있다. 매주 수요일은 Lady's Night로 여성은 입장료가 무료이다. 여행 기간 내에 수요일이 포함되어 있다면 무조건 주크로 달려가 보자. 밤 12시가 피크 타임이다.

전화 +65 6738 2988 시간 수요일 22:00~03:00, 목요일 10:00~02:00, 금요일 10:00~03:00, 토요일 10:00~04:00 홈페이지 www.zoukclub.com 위치 헤브록 지역 콥톤 워터 프론트 호텔 옆이다.

에프 클럽 X 아티카 F Club X Attica Sg

싱가포르 최고의 클럽

주크와 더불어 싱가포르 최고의 인기 클럽 중 하나다. 최근에 에프 클럽과 합치면서 새롭게 리뉴얼했다. 파티 공간은 두 곳으로 나누어지는데 루비 클럽에서는 힙합, 알앤비, 최신 차트 음악이 나오고 화이트 라운지에서는 하우스 음악이 흘러 나온다. 밤 10시부터 디제잉이 시작되지만, 자정 전에는 썰렁한 편이다. 최고로 분위기가 달아오르는 피크 타임은 새벽 1시경이다. 세계 각국에서 초청된 DJ를 보기 위해 싱가포르 현지인뿐 아니라 외국인들도 이곳을 찾는다.

전화 +65 6338 3158 시간 수요일 22:00~04:30, 목요일 휴무, 금요일 22:00~04:30, 토요일 10:00~04:00, 일~화요일 휴무 홈페이지 www.f-club.sg/index.php 위치 클락 키 3A에 위치한다.

르노아 Le Noir

활기찬 분위기의 바

에프 클럽 X 아티카에서 새로 오픈한 바로 음료를 만드는 바가 밖에 나와 있어 바텐더가 주문을 직접 받는 것이 특징이다. 그래서인지 오고가다 편하게 한잔하기에 좋다.

사람이 북적거리기 때문에 활기찬 분위기를 자랑하며, 전체적으로 고급스럽고 화려한 분위기를 풍긴다.

전화 +65 6688 7308, 6333 9973, 8817 6229 시간 매일 17:00~03:00 홈페이지 www.barlenoir.com 위치 클락 키 3C에 위치해 있다.

카페 이구아나 Café Iguana

아름다운 강가에 위치한 멕시칸 레스토랑

도마뱀 모양의 로고가 인상적인 멕시칸 레스토랑 & 바이다. 나초를 비롯하여 토르티야, 화이타 등 다양한 종류의 멕시칸 음식을 판매할 뿐 아니라 100가지가 넘는 테킬라를 보유하고 있다. 합리적인 가격에 다양하고도 맛있는 음식을 맛볼 수 있어 항상 사람들로 붐빈다. 특히 주말에는 예약을 하지 않으면 안 될 정도로 인기가 많다. 예약은 전화와 인터넷을 통해 가능하다.

전화 +65 6236 1275 시간 월~목요일 16:00~24:00, 금요일 16:00~01:00, 토요일 12:00~01:00, 일요일 12:00~24:00 홈페이지 www.cafeiguana.com 위치 브루웍스와 점보 시푸드 레스토랑의 중간에 위치한다.

브루웍스 Brewerkz

아시아 최고의 하우스 메이킹 비어

밤낮을 가리지 않고 맥주를 마시는 사람들로 붐빈다. 내부에는 커다란 맥주 제조기가 있고 바에서는 직원들이 끊임없이 맥주를 잔에 따른다. 내부는 스포츠 바 분위기로 꾸며져 있고 손님들에게 축구 경기를 틀어 준다.

강변을 바라보고 마실 수 있는 야외 좌석은 인기가 많으므로 서둘러야 한다. 오후 4시까지는 하우스 맥주가 거의 반값에 판매된다.

전화 +65 6438 7438 시간 월~목요일, 일요일 12:00~24:00 / 금~토요일 12:00~01:00 홈페이지 www.brewerkz.com 위치 클락 키 강 맞은편 점보 시푸드 레스토랑 옆이다.

아 삼 콜드 드링크 스톨 Ah Sam's Cold Drink Stall

로컬 칵테일과 수준급 식사

2013년 보트 키에 오픈한 칵테일 바로 로컬 푸드에서 영감을 받아 이름 지은 마일로 다이노서(Milo Dinosaur)와 락사(Laksa) 로컬 칵테일이 인기다. 음료뿐 아니라 간단한 스낵부터 한끼 식사까지 다양한 음식도 판매하고 있으며, 그중 칵테일과 찰떡궁합인 호키엔 미와 오이스터 오믈렛이 수준급의 맛을 자랑한다.

전화 +65 6535 0838 시간 월~목요일 14:30~24:00, 금~토요일 14:30~02:00 홈페이지 www.ahsamcolddrinkstall.com 위치 보트 키에 위치한다.

Hotel
클락 키 & 보트 키 & 로버트슨 키의 숙소

스위소텔 머천트 코트 Swissotel Merchant Court

한국인에게 인기 있는 숙소

리조트형 수영장이 있어 가족 여행자들에게 인기 있는 호텔이다. 센트럴 쇼핑몰도 가깝고 밤에는 클락 키의 야경을 한눈에 내려다볼 수 있는 것도 장점이다. 어린이를 위한 미끄럼틀이 있고 규모가 큰 수영장은 아이를 동반한 여행자들에게 인기가 높다. 한국인에게 가장 인기가 많은 숙소이다.

전화 +65 6337 2288 홈페이지 www.swissotel.com/hotels/singapore-merchant-court 위치 MRT 클락 키 역에서 도보로 3분 걸린다. 머천트 로드에 위치한다.

홀리데이 인 아트리움 Holiday Inn Atrium

저렴한 숙소를 원한다면

주변에 그랜드 콥톤, 푸라마, 미라마 등 중급 호텔이 모여 있다. 시내 중심부가 아니라서 여행자들에게 그리 좋은 위치는 아니다. 그 때문에 가격은 좋은 위치의 동급 숙소보다는 다소 낮다. 객실은 중급 호텔의 전형적인 모습으로 꽤 넓은 편이다.

전화 +65 6733 0188 홈페이지 www.ihg.com/holidayinn/hotels/kr/ko/singapore/sinhi/hoteldetail 위치 싱가포르 강변 쪽에 있다. MRT 클락 키 역까지는 도보로 20분 정도 걸린다.

스튜디오 엠 호텔 Studio M Hotel

복층 구조의 부티크 호텔

이탈리아 건축 스타일로 디자인된 부티크 호텔이다. 모든 객실이 복층으로 되어 있어 편안함과 실용성 두 마리 토끼를 모두 잡았다. 3개의 레스토랑뿐 아니라 수영장, 피트니스 센터 등의 부대시설도 잘 갖추어져 있어 숙박객들에게 최고의 즐거움과 만족감을 선사한다. 주변 쇼핑몰까지 무료 셔틀 서비스도 제공한다.

전화 +65 6808 8888 홈페이지 www.millenniumhotels.com/en/singapore/studio-m-hotel 위치 MRT 클락 키 역에서 도보로 13~15분 걸린다.

마리나 베이 샌즈

Marina Bay Sand

싱가포르 최고의 핫 플레이스

이 지역은 마리나 베이 샌즈 호텔이 생기면서 새로 생겨난 싱가포르 최대의 핫 플레이스이다. 마리나 베이 샌즈 호텔 주변에는 쇼핑몰, 예술 과학 박물관, 카지노, 컨벤션 센터 등이 들어서 있는데 하나하나가 거대한 덩어리로 결합된 콤플렉스라고 할 수 있다. 최근 싱가포르를 여행하는 사람들의 목적이 달라질 정도로 이곳의 인기는 상당하다. 높이만 200m에 달하는 57층짜리 초대형 호텔 3개 동을 이어 놓은 호텔 빌딩을 중심으로 그 일대를 돌아보며 구경하는 일정을 잡을 수 있다. 규모가 상당하기 때문에 둘러보는 데 시간이 꽤 소요되고, 방향 감각을 잃기도 쉬워서 가기 전에 지도로 위치를 익히고 시작하는 게 좋다.

Access

가장 가깝게 연결되는 역은 MRT 베이프런트 역이다. 예전에는 MRT 베이프런트 역이 준공 중이어서 MRT 마리나 베이 역 또는 프롬나드 역에서 택시를 타고 이동했으나 MRT 베이프런트 역이 완공되면서 바로 이동이 가능해졌다.

관광 ★★★★★ 이곳을 보기 위해 싱가포르로 간다고 할 정도이다.
쇼핑 ★★★★★ 실속 있는 쇼핑몰들의 집결지로 그 수가 엄청나다.
식사 ★★★★ 푸드코트부터 미슐랭 스타 레스토랑까지 다양하다.
나이트라이프 ★★★★ 싱가포르의 최고의 야경을 만날 수 있다.

미리 가 보는

마리나 베이 샌즈

마리나 베이 샌즈 호텔까지 갔다면 그 주변은 걸어서 구경할 수 있다. 호텔과 붙어 있는 쇼핑 플레이스인 더 숍스를 돌아보고 초대형 호텔 빌딩과 카지노, 예술 과학 박물관 등을 돌아보며 반나절 코스로 즐긴다.

Best Choice

• 관광이 목적이라면

걸어다닐 수 있는 정도의 거리이고, 관광 포인트가 많지 않아 일정이 단순하다. **일단 마리나 베이 샌즈 호텔 57층에 위치한 전망대를 둘러보고 예술 과학 박물관과 카지노 등을 돌아본다. 예술 과학 박물관 옆에는 리버 보트 투어 정거장이 있어서 이곳을 리버 보트 투어의 시작 포인트로 잡아도 좋다.** 마리나 베이 샌즈 호텔의 전망대는 입장료가 비싼 편이지만 57층에 위치한 식당이나 바를 이용하는 손님들에게는 입장료를 받지 않는다. 입장료의 비용이나 바에서 음료를 마시는 비용이 크게 다르지 않기 때문에 이왕이면 57층에 위치한 세라비에서 전망대를 둘러보는 편이 좋다. 쇼핑몰인 더 숍스에는 유명 셰프들이 오픈한 레스토랑이 여러 개 있어 식도락 여행에 관심 있는 여행자라면 한 곳 정도 미리 봐 두고, 멋진 식사를 계획해 보는 것도 마리나 베이 샌즈를 잘 여행하는 방법 중 하나이다.

마리나 베이 샌즈

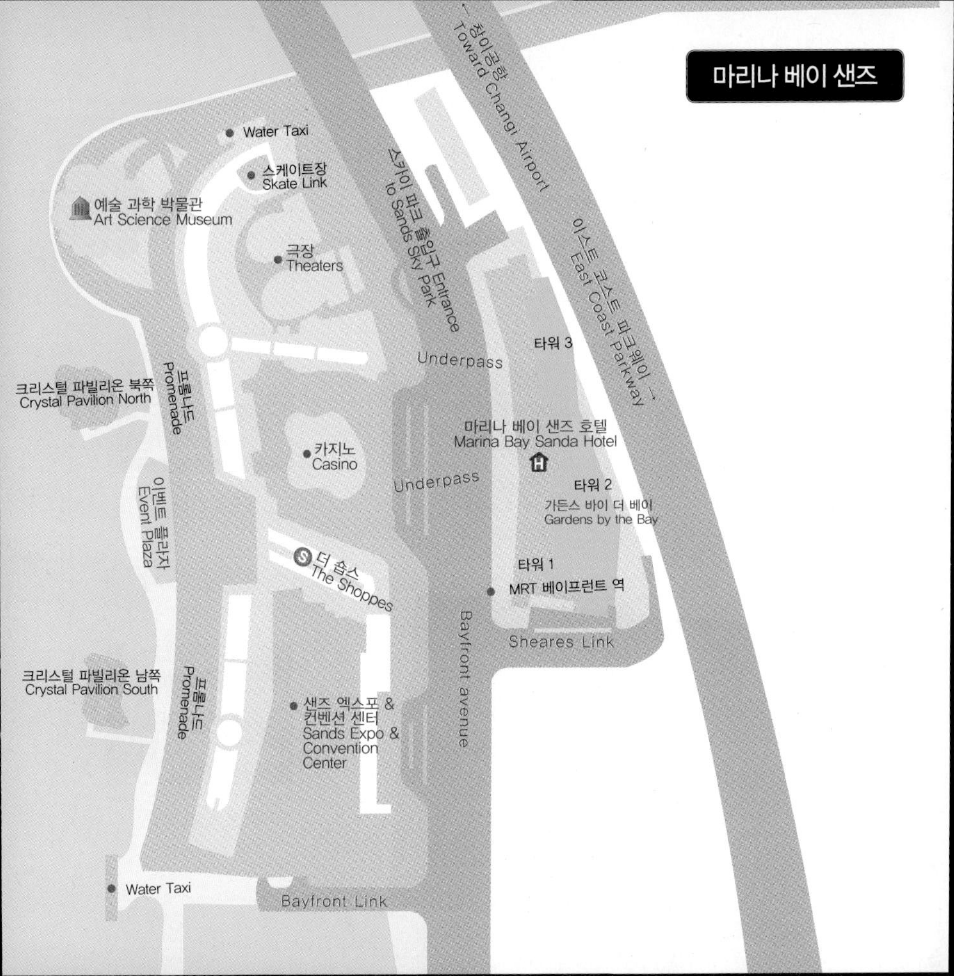

← 창이공항 Toward Changi Airport
Water Taxi
스케이트장 Skate Link
예술 과학 박물관 Art Science Museum
극장 Theaters
스카이 파크 출입구 Entrance to Sands Sky Park
이스트 코스트 파크웨이 East Coast Parkway →
타워 3
Underpass
크리스털 파빌리온 북쪽 Crystal Pavilion North
프롬나드 Promenade
마리나 베이 샌즈 호텔 Marina Bay Sanda Hotel
카지노 Casino
Underpass
타워 2
가든스 바이 더 베이 Gardens by the Bay
이벤트 플라자 Event Plaza
더 숍스 The Shoppes
타워 1
MRT 베이프런트 역
Sheares Link
Bayfront avenue
크리스털 파빌리온 남쪽 Crystal Pavilion South
프롬나드 Promenade
샌즈 엑스포 & 컨벤션 센터 Sands Expo & Convention Center
Water Taxi
Bayfront Link

Best Tour

마리나 베이 샌즈 추천 코스

가든스 바이 더 베이, 예술 과학 박물관 등을 둘러보고 더 숍스에서 식사를 하고 마지막은 57층에 위치한 세라비에서 야경을 바라보는 코스이다.

가든스 바이 더 베이

도보 3분

예술 과학 박물관

도보 5분

싱가포르 리버 크루즈

도보 5분

더 숍스 내 식당

추천 식당 : 커트, 라사푸라 마스터즈(푸드코트)

도보 3분

야경 감상(세라비)

마리나 베이 샌즈 호텔 Marina Bay Sands Hotel

싱가포르 최고의 핫 플레이스

싱가포르에서 가장 핫한 호텔이라고 해도 과언이 아닐 정도로 전 세계적으로 관심을 받는 곳이다. 21세기 건축의 기적이라 불릴 정도로 세계 건축가들의 경외와 찬사를 한 몸에 받고 있다. 이스라엘 디자이너 모셰 샤프디가 설계한 이곳은 최고 52도에 이르는 경사를 자랑할 뿐 아니라 23층에 직선 다리가 연결되어 55층의 건물을 형성한다. 세 개의 타워를 빼곡히 차지하고 있는 2,561개의 객실은 모두 전망이 다를 뿐 아니라 싱가포르 도심의 스카이라인을 한눈에 감상할 수 있다. 호텔 곳곳에 자리하고 있는 예술 작품과 지상 57층에 위치한 도심 속의 하늘 정원 스카이 파크, 하늘과 맞닿아 있는 인피니티 풀 등이 가득하다. 싱가포르의 랜드마크가 될 만큼 세계 최고의 호텔로 부상하게 된 이곳을 완벽하게 구

현시킨 곳이 바로 한국의 쌍용 건설이라는 사실 역시 이곳을 절대 그냥 지나칠 수 없는 이유이다.

전화 +65 6688 8888(예약) 홈페이지 www.marinabaysands.com 위치 MRT 베이프론트 역에서 바로 연결된다.

스카이 파크 Sky Park

마리나 베이 샌즈 호텔의 열대 오아시스

상공 200m 높이에 있는 타워 3의 꼭대기 층에 위치한 곳이다. 도심 속의 하늘 정원으로 불리며 낮에는 하늘과 가장 가깝고, 밤에는 싱가포르 최고의 야경을 감상할 수 있다.

싱가포르 최대의 규모를 자랑하는 스카이파크는 전망대, 정원, 레스토랑, 인피니티 풀을 모두 갖춘 완벽한 공간이다. 약 3,900명 정도의 인원을 수용할 수 있는 전망대에는 싱가포르의 스카이라인을 360도로 감상할 수 있으며 정원에는 250여 개가 넘는 나무가 있어 마치 열대 오아시스와 같은 분위기를 자아낸다. 하늘과 맞닿아 있는 인피니티 풀과 세라비 바 등은 오직 이곳에서만 누릴 수 있다. 단, 이곳에 있는 인피니티 풀은 호텔 투숙객만 이용할 수 있으니 전망대 관람객들은 눈으로 그 즐거움을 만끽하자. 전망대를 가기 위해서는 입장료를 내야 하지만 레스토랑이나 바를 이용하면 입장료를 낼 필요가 없다.

시간 월~목요일 09:30~22:00, 금~일요일 09:30~23:00 요금 성인 S$ 26, 만 2~12세 어린이 S$ 20, 만 65세 이상 S$ 23 위치 마리나 베이 샌즈 호텔 타워 3에서 스카이 파크 엘리베이터를 타고 이동한다.

예술 과학 박물관 Art Science Museum

외관이 눈에 띄는 박물관

연꽃 모양을 연상시키는 독특한 외관이 눈길을 사로잡는 이곳 역시 마리나 베이 샌즈 호텔을 설계한 모셰 샤프디가 디자인한 곳이다. 손가락 모양을 닮은 외관은 싱가포르로 오는 것을 환영한다는 의미를 내포한다.

내부 공간 역시 외부에 뒤지지 않을 만큼 흥미롭다. 박물관 지붕에서 아래층으로 흐르는 빗물은 마치 폭포를 연상시키는데 모인 빗물은 박물관 화장실에서 재활용된다. 전시의 내용 역시 세계적인 수준에 이르며 싱가포르에서 최고의 박물관 중 하나로 평가받고 있다. 호기심, 영감, 표현이라는 테마로 이루어진 세 개의 전시관에서는 예술, 과학, 미디어, 건축을 망라한 다양한 작품을 감상할 수 있다. 따로 시간을 내서라도 반드시 들러 볼 만한 가치가 있는 곳이다.

시간 10:00~19:00(마지막 입장 18:00) 위치 마리나 베이 쪽에 위치한다.

카지노 Casino

마리나 베이 샌즈 호텔의 즐거움

마리나 베이 샌즈 호텔에서 절대 지나칠 수 없는 곳이다. 총 4층 규모의 이곳은 2,300여 대의 슬롯머신을 보유하고 있으며 룰렛, 블랙잭, 바카라, 포커 등 600여 개가 넘는 다양한 테이블 게임을 즐길 수 있다. 외국인들은 여권 제시 후 무료입장이 가능하다. 이곳의 드레스 코드는 스마트 캐주얼로 민소매 셔츠와 반바지는 입장이 허용되지 않는다. 21세 미만은 입장이 불가능하다. 굳이 게임을 즐기지 않더라도 화려한 볼거리만으로도 충분히 방문할 가치가 있는 곳이다.

시간 24시간 요금 외국인 무료, 내국인(싱가포르인) S$ 150

샌즈 엑스포 & 컨벤션 센터 Sands Expo & Convention Center

아시아 최대 규모의 컨벤션 공간

마리나 베이 샌즈 호텔은 아시아 최고의 MICE 호텔(MICE : Meeting, Incentive, Convention, Exhibition)로 선정될 만큼 싱가포르에서 최대 규모의 전시 & 회의 공간을 자랑한다. 5층 규모의 공간에 약 2,000개의 전시 부스와 약 250개의 회의실을 갖추었고, 최대 45,000여 명의 인원을 수용할 수 있다. 최신식 시설을 자랑할 뿐 아니라 다양한 엔터테인먼트 시설을 제공해 비즈니스맨들에게 완벽한 공간을 선사한다.

전화 +65 6688 3000 위치 타워 2에서 에스컬레이터를 통해 이동이 가능하며 지하 2층, 1층, 3~5층에 걸쳐 자리한다.

가든스 바이 더 베이 Gardens By The Bay

싱가포르에서 가장 큰 공원

2012년 6월에 새롭게 오픈한 싱가포르 최대 규모의 공원이다. 가든스 바이 더 베이는 도심 속의 자연이라는 콘셉트에 맞게 깨끗한 초록색 녹지와 형형색색의 아름다운 꽃들로 잘 조성되어 있다. 크게 야외 정원과 실내 온실로 구분되며 세부적으로는 플라워 돔(Flower Dome), 수퍼트리 그로브(Supertree Grove), 월드 오브 플랜츠(World of Plants), 베이 이스트 가든(Bay East Garden), 클라우드 포레스트(Cloud Forest), 헤리티지 가든스(Heritage Gardens), 드래곤플라이 & 킹피셔 레이크스(Dragonfly & Kingfisher Lakes)로 나뉜다. 최근 수퍼트리 전망대(Supertree Observatory)가 새롭게 개장했다.

전화 +65 6420 6848 시간 플라워 돔, OCBC 스카이웨이, 클라우드 포레스트 09:00~21:00 / 슈퍼트리 그로브, 월드 오브 플랜츠, 헤리티지 가든스, 드래곤플라이 & 킹피셔 레이크스 05:00~02:00 / 베이 이스트 가든 24시간 요금 야외 정원 무료 / 플라워 돔 & 클라우드 포레스트 S$ 28(어린이 S$ 15) / OCBC 스카이웨이 S$ 8(어린이 S$ 5) / 수퍼트리 전망대 S$ 14(3~12세 어린이 S$ 10) 홈페이지 www.gardensbythebay.com.sg 위치 MRT 베이프론트 역 B 출구에서 연결, 도보로 5~10분 걸린다(마리나 베이 샌즈 호텔과도 연결된다.).

클라우드 포레스트 Cloud Forest

인공 폭포가 멋진 실내 식물원

둥근 돔 안에 조성된 실내 식물원으로, 이곳에 들어선 순간 촉촉한 물안개가 뿌려지는 모습을 볼 수 있으며 상쾌한 공기를 마실 수 있다. 열대 산악 지역의 시원하고도 습한 기후에서 자라는 신비로운 식물을 만날 수 있다. 세계에서 가장 높은 실내 인공 폭포는 멋진 장관을 보여 줄 뿐 아니라 이곳의 식물들을 보호하는 역할을 하기도 한다.

수퍼트리 그로브 Supertree Grove

거대한 나무 조형물로 꾸며진 야외 정원

최고 16층 높이의 수직 야외 정원으로 가든스 바이 더 베이의 상징적 역할을 하는 곳이다. 보행자 도로가 있어 산책이 가능하며 야외 전망대에서는 환상적인 마리나 베이의 전망을 감상할 수 있다. 특히 밤에는 아름다운 조명과 불빛이 켜져 이곳을 더욱 매력적으로 만들어 준다. 매일 밤 7시 45분과 8시 45분에 진행되는 라이트 & 사운드 쇼는 이곳 최고의 볼거리니 절대 놓치지 말자.

플라워 돔 Flower Dome

각양각색의 꽃이 만발한 실내 정원

이름에서 짐작할 수 있듯이 아름다운 꽃들로 가득한 실내 정원이다. 지중해 및 스페인, 이탈리아 등의 유럽에서 느낄 수 있는 시원하고도 건조한 기후를 재현하며 세계 각국의 다양한 종류의 식물과 꽃이 잘 자랄 수 있는 환경을 제공한다.

극장 Theater

다양한 공연 문화의 메카

최고의 시설을 갖춘 엔터테인먼트 공간이다. 샌즈 시어터와 그랜드 시어터라는 두 개의 대형 극장이 함께 있는데 샌즈 시어터에서는 전 세계적으로 인기를 끌고 있는 브로드웨이 뮤지컬 〈라이온 킹〉을 상영하기도 했다. 그랜드 시어터는 유명 공연과 이벤트가 주로 열리는 곳으로 2,155명의 관객을 수용할 수 있고 최첨단 음향 시설을 갖추고 있어 아티스트와 관객을 모두 만족시킨다. 공연 스케줄은 홈페이지를 통해 확인하면 된다.

전화 +65 6688 8826 시간 공연 작품마다 다르다. 홈페이지 www.marinabaysands.com/Singapore-Entertainment 위치 더 숍스 지하 1층에 위치한다.

스펙트라 Spectra – A Light & Water Show

환상적인 빛과 물의 향연

과거 원더풀 쇼가 스펙트라 쇼로 새롭게 재탄생되었다. 다문화 사회라는 싱가포르의 과거와 현재, 미래의 모습을 빛과 물을 통해 하나의 스토리로 만들었다. 박진감 넘치는 오케스트라 사운드는 무대 전체를 압도하기에 충분하며 LED 수중 조명과 프리즘을 사용해 만들어 낸 비주얼 아트와 피라미드형, 회전형, 안개 효과 등을 보여 주는 환상적인 분수 기술은 온몸에 전율이 느껴질 정도로 감동적이다. 약 15분 동안 이어지는 흥미진진한 워터 쇼는 마리나 베이 샌즈 건너편인 에스플러네이드 쪽에서도 감상할 수 있다.

전화 +65 6688 8868 시간 일~목요일 20:00~20:15, 21:00~21:15 / 금~토요일 20:00~20:15, 21:00~21:15, 22:00~22:15 홈페이지 www.marinabaysands.com/attractions/spectra.html 위치 야외 워터프론트 프로미나드 이벤트 플라자 앞

©shutterstock / martinho Smart

레드닷 디자인 뮤지엄 Red Dot Design Museum

300여 개의 레드닷 어워드 수상작

차이나타운에 자리하고 있던 레드닷 디자인 뮤지엄이 마리나 베이로 이전했다. 1층과 2층에 걸쳐 레드닷 어워드에서 수상한 작품들이 300여 개 넘게 전시되어 있다. 다소 실험적이지만 이제까지 보지 못했던 작품들을 보다 보면 시간 가는 줄 모를 정도다. 전시 일정은 상시로 바뀌니 방문 전 홈페이지를 참고하자. 전시관뿐 아니라 가벼운 스낵과 음료를 즐길 수 있는 카페와 바, 예쁜 디자인의 문구를 구입할 수 있는 기프트 숍 등에서도 다양한 작품들을 만나 볼 수 있다.

전화 +65 6514 0111 시간 매일 10:00~20:00 요금 성인 S$ 11.80, 만 7~12세 어린이 S$ 6.40, 만 6세 이하 무료 홈페이지 www.museum.red-dot.sg 위치 워터프론트 프로미나드에 위치한다.

마리나 베라지 Marina Barrage

액티비티도 즐기고 전시도 감상하고

싱가포르 친환경 정책의 일환으로 싱가포르 주민들에게 물을 공급하고 홍수를 막기 위해 만들어진 곳이지만 쉼을 위한 공간으로서의 역할도 톡톡히 하고 있다. 마리나 저수지에서는 카약 등의 액티비티를 즐길 수 있으며, 서스테이너블 싱가포르 갤러리(Sustainable Singapore Gallery)에서는 지속 가능한 싱가포르를 만들기 위한 여러 노력들을 전시를 통해 볼 수 있다.

전화 +65 6514 5959 시간 24시간 홈페이지 www.pub.gov.sg/marinabarrage 위치 사테 바이 더 베이 근처에 위치하며, MRT 베이 프론트 역에서 도보로 약 25분 걸린다.

Shopping
마리나 베이 샌즈의 쇼핑

더 숍스 The Shoppes

명품 브랜드를 총망라한 럭셔리 쇼핑 공간

싱가포르 최고의 쇼핑 공간으로 약 2만 평의 규모에 걸쳐 300개가 넘는 매장과 레스토랑이 존재하는 대규모 쇼핑센터이다. 전체가 통유리로 되어 있는 외관은 실내 공간을 더욱 밝게 만들며 사람들의 발길을 끌고 있다. 샤넬, 루이비통, 카르티에, 페라가모, 구치, 막스마라, 프라다 등의 명품 브랜드를 비롯하여 다양한 콘셉트의 브랜드가 입점해 있다. 또한 쇼핑몰 내부에는 베네치아를 연상시키는 곤돌라와 아이들을 위한 아이스링크가 있어 즐거움을 선사한다.

시간 일~목요일, 공휴일 10:30~23:00 / 금~토요일, 공휴일 전날 10:30~23:30 위치 마리나 베이 샌즈 호텔과 가든 베이 브리지를 통해 연결된다.

Restaurant & Cafe

마리나 베이 샌즈의 식당과 카페

티더블유지 티 온 더 베이 TWG Tea on The Bay

싱가포르 최고의 티 브랜드

고급스러운 느낌이 물씬 풍기는 싱가포르의 차 브랜드인 TWG 티를 마실 수 있고 구입도 가능한 카페 겸 상점이다. 약 800가지가 넘는 차를 보유하고 있으며 다양한 종류의 차 컬렉션과 선물 세트, 차 케이스 등을 판매한다. 어떠한 종류의 차를 선택해야 할지 모르겠다면 이곳에 있는 티 마스터에게 상담해 보자. 취향에 맞는 차를 고를 수 있도록 도와줄 뿐 아니라 선택한 차를 저울을 이용해 무게를 잰 다음 정성스레 포장해 준다. 차 세팅에서부터 서비스까지 모든 것이 완벽하다. 이곳의 대표 메뉴로는 1837 블랙 티, 화이트 티, 그린 티가 있으며 부드러운 맛과 감미로운 향으로 많은 사랑을 받고 있다.

전화 +65 6535 1837 시간 일~목요일 10:00~22:30, 금~토요일, 공휴일 전날 10:00~24:00 홈페이지 www.twgtea.com/index.php 위치 더 숍스 지하 1층에 위치한다.

라사푸라 마스터즈(푸드코트) Rasapora Masters

다양한 음식을 맛보고 싶다면

마리나 베이 샌즈 더 숍스에 위치한 깔끔한 느낌의 현대식 푸드코트다. 실내가 밝고 좌석이 많을 뿐 아니라 음식 맛도 좋아 부담 없이 식사를 즐길 수 있다. 말레이시아, 필리핀, 태국, 베트남 등의 아시아 음식을 비롯하여 전 세계 음식이 한자리에 모여 있어 취향에 맞게 선택할 수 있다. 싱가포르 음식에 질렸다면 푸드코트 입구 쪽에 위치한 향토골이라는 한국 음식점으로 가 보자. 가격은 조금 비싸지만 음식의 맛과 양은 그 값을 할 정도로 훌륭하다. 식사 시간에는 빈자리가 없을 정도로 복잡하니 자리를 먼저 맡아 놓고 음식을 주문하러 가는 것이 좋다.

시간 24시간 위치 더 숍스 지하 2층에 위치하고 있다.

라보 Lavo Italian Restaurant & Rooftop Bar

환상적인 전망과 라보만의 시그니처 메뉴

2018년 문을 연 마리나 베이 샌즈 호텔 57층에 위치한 이탈리안 레스토랑이다. 정통 이탈리안 음식보다는 아메리칸 스타일을 접목한 이탈리안 아메리칸 요리를 선보인다. 57층 높이에서 싱가포르 전경을 180도로 볼 수 있는 환상적인 전망뿐 아니라 밤이 되면 DJ가 신나는 분위기를 연출한다. 신선한 와규와 이탈리안 소시지 위에 리코타 치즈가 둘러져 있는 더 미트볼(The Meatball)은 라보에서만 맛볼 수 있는 시그니처 메뉴다. 완벽한 정장까지는 아니지만 스마트 캐주얼의 드레스코드가 있으며, 반바지와 탱크 톱 등 노출이 심한 옷과 슬리퍼는 입장이 허용되지 않는다.

전화 +65 6688 8591 시간 월~토요일 10:30~02:00, 일요일 12:00~02:00 홈페이지 lavosingapore.com/ 위치 호텔 타워 1 57층에 있다.

디비 비스트로 앤 오이스터 바 DB Bistro & Oyster Bar

우아한 분위기에서 즐기는 버거

프랑스 출신 스타 셰프 다니엘 불뤼의 레스토랑으로 모던하면서도 편안한 분위기 속에서 완벽한 한 끼 식사를 즐길 수 있는 곳이다. 버거를 차별화하여 예술의 경지로 끌어 올렸다는 평가를 받고 있다. 시그니처 메뉴인 오리지널 디비 버거는 재료 본연의 맛을 살려 깔끔하고 담백하다. 버거를 좋아한다면 꼭 한 번 들러 볼 만하다.

전화 +65 6688 8525 시간 런치 월~금요일 12:00~17:30 / 주말 브런치 토~일요일 11:00~17:30 / 저녁 일~월요일 17:30~22:00, 화~토요일 17:30~23:00 위치 갤러리아층 B1-48에 위치한다.

커트 Cut

울프강 퍽의 감각적이고 모던한 레스토랑

미국의 3대 스테이크 하우스 중 하나인 미슐랭 스타 셰프 울프강 퍽의 아시아 첫 진출 레스토랑이다. 엄선된 재료를 선택한 최고의 스테이크 요리와 800가지가 넘는 와인을 선보이며 미식가들의 사랑을 받고 있다. 고급스러우면서 편안한 인테리어와 흠잡을 데 없는 섬세한 서비스를 자랑한다.

전화 +65 6688 8517 시간 일~목요일 17:30~22:00(레스토랑), 17:30~24:00(바&라운지) / 금~토요일 17:30~23:00(레스토랑), 17:30~24:00(바&라운지) 위치 갤러리아층 B1-71에 위치한다.

폴른 Pollen

신선한 재료의 맛을 살린 건강식

가든스 바이 더 베이에서 잊지 못할 식사를 하고 싶다면 모던 프랑스 지중해식 요리를 선보이는 폴런으로 향하자. 런던 고든 램지 레스토랑 출신의 스티븐 앨런 셰프가 진두지휘하는 이곳은 신선한 재료를 사용해 재료 본연의 맛을 지킨, 몸에 좋은 음식을 선보이고 있다. 메뉴는 단품 요리와 점심 세트, 저녁 메뉴 등으로 구성되어 있으며 메인 다이닝 공간인 1층에서는 식사를 하는 동안 마리나 베이의 멋진 스카인 라인과 워터 프론트의 전망을 감상할 수 있다. 2층 테라스에서는 올데이 다이닝 메뉴와 애프터눈 세트 등을 즐길 수 있다.

전화 +65 6604 9988 시간 점심 12:00~15:00(마지막 주문 14:30), 저녁 18:00~22:00(마지막 주문 21:30), 화요일 휴무 홈페이지 www.pollen.com.sg 위치 가든스 바이 더 베이 플라워 돔에 위치하며, MRT 베이 프론트 역에서 도보로 약 15분 걸린다.

사테 바이 더 베이 Satay by The Bay

전통 꼬치요리와 시원한 맥주

가든스 바이 더 베이 안에 자리하고 있는 사테 바이 더 베이는 양념한 고기를 꼬치에 꽂아 구운 전통 꼬치요리 사테 노점이 모여 있는 곳이다. 마리나 베라지 근처에 있어 가든스 바이 더 베이에서 꽤 걸어 들어가야 하지만 저렴한 한끼를 즐기기에 최적의 장소이다. 이곳에서는 맥주 안주로 최고인 사테가 대부분을 차지하기 때문에 특히 저녁에는 항상 많은 사람들로 북적인다. 사테 외에 카야토스트, 호키엔 미, 바쿠테, 칠리 크랩 등 싱가포르에서 꼭 먹어야 할 다양한 음식도 있다.

전화 +65 6538 9956 시간 매일 11:00~22:00 홈페이지 www.sataybythebay.com.sg 위치 마리나 가든 드라이브에 위치하며, MRT 베이 프론트 역에서 도보로 약 20분 걸린다.

Nightlife
마리나 베이 샌즈의 나이트라이프

세라비 Ce la vi

싱가포르 최고의 야경을 볼 수 있는 곳

마리나 베이 샌즈 호텔 57층에 위치하며 360도의 파노라마 전경을 비롯하여 싱가포르의 아름다운 야경을 감상할 수 있는 곳이다. 감각적인 인테리어가 돋보이는 세라비는 레스토랑과 바, 클럽 라운지, 전망대를 갖추고 있다. 레스토랑에서는 우아한 파인 다이닝을 즐길 수 있으며 스카이 바와 클럽 라운지에서는 칵테일 등의 음료를 맛볼 수 있다.
식사가 부담스럽다면 칵테일 한잔으로 분위기를 만끽해 보자. 잊지 못할 여행의 추억을 만들 수 있을 것이다. 드레스코드는 스마트 캐주얼로 편안하지만, 격식을 잃지 않도록 신경 쓰는 것이 좋겠다.

전화 +65 6508 2188 시간 **레스토랑** 점심 12:00~15:00, 저녁 18:00~22:30 / **클럽 라운지** 월~금요일 12:00~22:00, 토~일요일 11:00~22:00 / **나이트 라운지** 22:00~밤늦게 / **스카이 바** 12:00~밤늦게 가격 입장 시 S$ 23을 내야 하며 1인당 S$ 30의 커버 차지를 지불해야 한다. 홈페이지 www.celavi.com/en/singapore 위치 North Sky Park 57층에 위치, 타워 3에서 엘리베이터를 타고 이동 가능하다.

클럽 55 Club 55

샴페인과 함께 즐기는 싱가포르의 낭만

매일 오전 6시30분부터 오후 7시까지는 투숙객 전용의 라운지로 이용되지만, 밤에는 일반 고객들도 입장할 수 있는 멋진 바(bar)로 변신한다. 샴페인, 와인, 맥주 등의 음료와 함께 세 가지 스몰 바이트 스낵을 취향에 맞게 즐길 수 있다. 마리나 베이 샌즈 호텔에서 숙박하지 않아도 클럽 55에서 싱가포르의 스카이라인을 감상하며 잊지 못할 밤을 보낼 수 있다.

전화 +65 6688 8858 시간 월~목요일 20:00~자정, 금~일요일 20:30~자정 위치 호텔 타워 2 55층에 있다.

오차드 로드

Orchard Road

싱가포르 최고의 쇼핑 스트리트

오차드 로드는 싱가포르에서 '쇼핑'하면 가장 먼저 떠오르는 최고의 쇼핑 거리이다. 오차드 로드는 길의 시작에서 끝이 약 3km 정도 되는 거리의 이름으로 이 거리의 양쪽을 쇼핑몰과 호텔들이 가득 메우고 있다.
싱가포르의 가장 대표적인 쇼핑몰 중 하나라고 할 수 있는 파라곤과 니안 시티가 오차드 로드의 중심에 있고, 그 외에도 10여 개가 넘는 대형 쇼핑몰이 이 길에 몰려 있어 쇼핑 스트리트의 거대한 규모를 짐작할 수 있다.
오차드 로드에서 본격적인 쇼핑을 원한다면 각 쇼핑몰의 특징을 먼저 파악하고, 사고자 하는 쇼핑 품목이 많은 쇼핑몰 몇 개를 골라서 방문하는 것이 효율적으로 시간을 보낼 수 있는 방법이다.

Access

MRT 오차드 역에서 내려 양쪽으로 이어진 쇼핑몰로 이동한다. 그리고 MRT 서머셋 역 또한 쇼핑몰과 연결되어 있으니 자신이 찾는 쇼핑몰을 확인한 후 이동하자.

관광 ★ 보타닉 가든이 전부이다.
쇼핑 ★★★★★ '오차드 로드 = 쇼핑'이라고 해도 과언이 아니다.
식사 ★★★ 쇼핑몰 푸드코트를 이용한다. 군데군데 맛집이 있다.
나이트라이프 ★★ 에메랄드 힐의 분위기 좋은 바가 전부이다.

미리 가 보는 오차드 로드

오차드 로드는 길이가 3km나 되는 긴 길이지만 일자로 쭉 뻗어 있어 구경하면서 돌아다니기 쉽다. 앞뒤로 쭉 뻗은 길을 따라 계속 걷다 보면 어느덧 오차드 로드 끝에 닿을 수 있다. 오차드 로드를 꼼꼼하게 둘러보고 싶다면 니안 시티 쇼핑몰을 중심으로 서부와 동부로 코스를 나누어 계획을 세워 보자!

Best Choice

• 오차드 로드 서부

오차드 로드의 서부는 탕린 쇼핑센터부터 시작해서 니안 시티까지 10여 개의 쇼핑몰이 줄줄이 들어서 있다. 오차드 로드와 중간에 만나는 스코츠 로드에도 쇼핑몰들이 이어져 있다. 오차드 로드의 중간에 MRT 오차드 역이 있어서 양쪽으로 이동하기에도 편리하다.

대표 쇼핑 리스트 _ 명품 숍, 전자랜드, 영 플라자

• 오차드 로드 동부

오차드 로드의 동부도 서부와 마찬가지로 쇼핑몰들이 들어서 있는데 쇼핑몰의 수나 그 집중력에서 서부보다는 떨어진다. 오차드 로드 동부의 끝에 MRT 서머셋 역이 있어 이곳에 내려서 구경을 시작해도 된다. 서쪽부터 시작해서 동부의 센터 포인트 쇼핑몰까지 왔다면 오차드 로드를 다 돌아본 것이다.

대표 쇼핑 리스트 _ 커리어 캐주얼, 이지 캐주얼, 포멀 룩

CTE (SLE)

오차드 로드

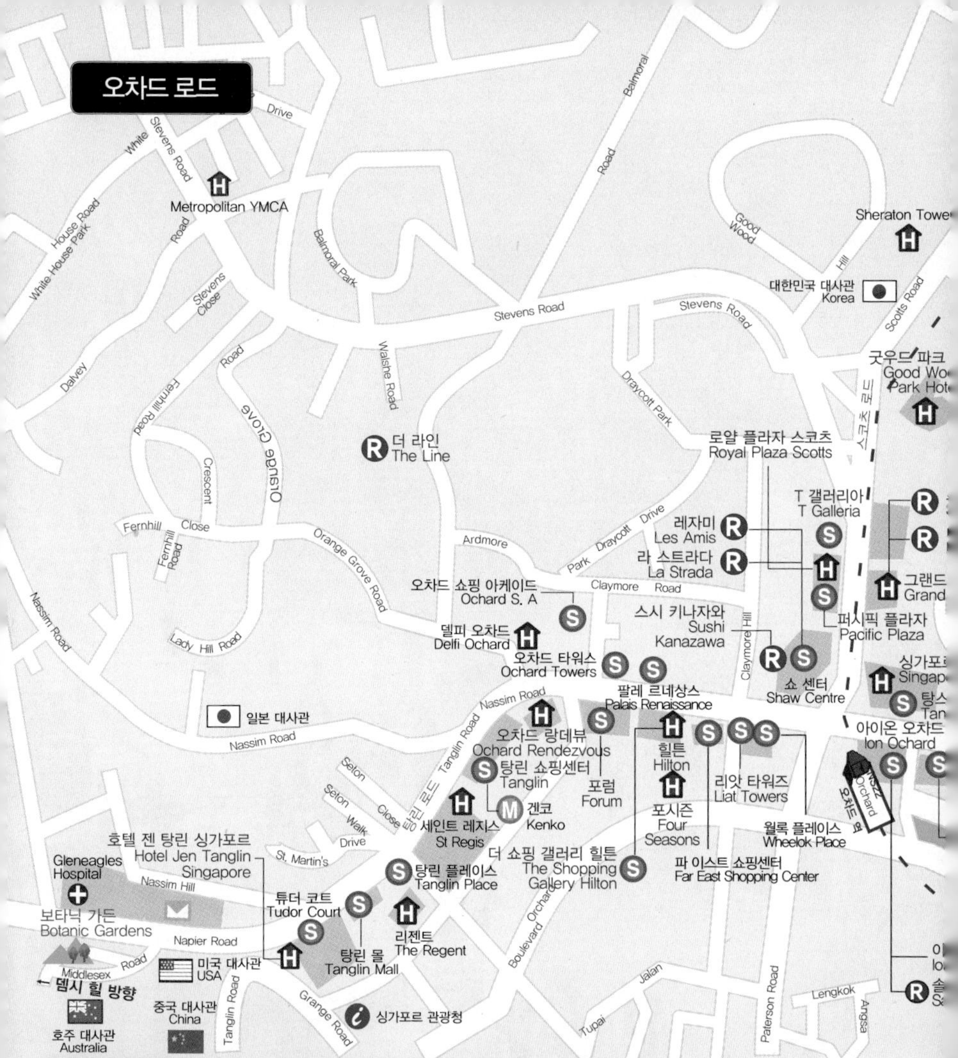

Metropolitan YMCA
더 라인
The Line
대한민국 대사관
Korea
Sheraton Towe
굿우드 파크
Good Wo
Park Hot
로얄 플라자 스코츠
Royal Plaza Scotts
T 갤러리아
T Galleria
레자미
Les Amis
라 스트라다
La Strada
그랜드
Grand
오차드 쇼핑 아케이드
Ochard S. A
델피 오차드
Delfi Ochard
스시 키나자와
Sushi
Kanazawa
퍼시픽 플라자
Pacific Plaza
오차드 타워스
Ochard Towers
쇼 센터
Shaw Centre
싱가포
Singap
팔레 르네상스
Palais Renaissance
일본 대사관
오차드 랑데뷰
Ochard Rendezvous
힐튼
Hilton
탕린 쇼핑센터
Tanglin
포럼
Forum
리앗 타워즈
Liat Towers
아이온 오차드
Ion Ochard
겐코
Kenko
세인트 레지스
St Regis
포시즌
Four
Seasons
윌록 플레이스
Wheelok Place
호텔 젠 탕린 싱가포르
Hotel Jen Tanglin
Singapore
더 쇼핑 갤러리 힐튼
The Shopping
Gallery Hilton
파 이스트 쇼핑센터
Far East Shopping Center
Gleneagles
Hospital
탕린 플레이스
Tanglin Place
보타닉 가든
Botanic Gardens
튜더 코트
Tudor Court
리젠트
The Regent
탕린 몰
Tanglin Mall
미국 대사관
USA
뎀시 힐 방향
중국 대사관
China
싱가포르 관광청
호주 대사관
Australia
Stevens Road
Balmoral Road
Orange Grove Road
Nassim Road
Tanglin Road
탕린 로드
스코츠 로드
Scotts Road
오차드 로드
Orchard
Paterson Road
Claymore Road
Napier Road

뎀시 힐

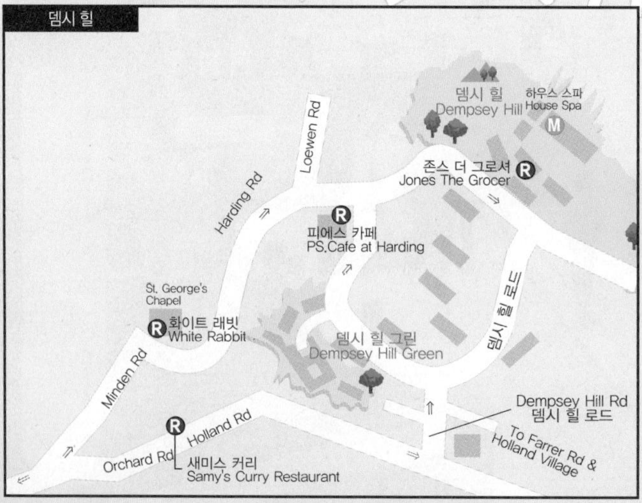

뎀시 힐
Dempsey Hill
하우스 스파
House Spa
존스 더 그로서
Jones The Grocer
피에스 카페
PS.Cafe at Harding
St. George's
Chapel
화이트 래빗
White Rabbit
뎀시 힐 그린
Dempsey Hill Green
Dempsey Hill Rd
뎀시 힐 로드
To Farrer Rd &
Holland Village
Orchard Rd
Holland Rd
새미스 커리
Samy's Curry Restaurant
Harding Rd
Loewen Rd
Minden Rd
뎀시 힐 로드

NS21/DT11 Newton
뉴턴 역
Hay Road
Cavenagh
뉴턴 호커 센터
Newton Hawker Centre
Clemenceau Avenue
Road
Monks Hill Rd
Winstedt Rd
Winstedt Drive
Bukit Timah Road
Bukit Timah Road
NE7/DT12 Little India
리틀 인디아 역
Mackenzie Road
Peck
대통령 관저
Istana
Cairnhill Rise
Cairnhill Circle
Cairnhill Circle
Emerald Hill
Central Expressway
Edinburgh road
Emerald Hill Road
딘 타이 펑
Din Tai Fung
심바시 소바
Simbashi Soba
Saunders
에메랄드 힐 로드
커페이지 테라스
Cuppage Terrace
The Cuppage
Cairnhill Road
Bideford Road
Hullet Road
To Cte
From Cte
Holiday Inn Park View
그랜드 센트럴
Grand Central
플라자 싱가푸라
Plaza Singapura
아이스 콜드 Ice Cold
퀘 파사 Que Pasa
센터 포인트
The Centre Point
오차드 플라자
Ochard Plaza
Kramat Road
슈프림
Supream
Kramat Lane
싱가포르 비지터 센터
앨리 바
Alley Bar
Koek Road
메리디앙 쇼핑센터
Meridien S.C
오차드 로드
니안 시티
Ngee Ann City
만다린 오차드 싱가포르
Mandarin Orchard Singapore
오차드 센트럴
Orchard Central
O.G 오차드 포인트
O.G Ochard Point
NS24/NE6/CC1 Dhobby Ghaut
도비 고트 역
Somerset Road
오차드 쇼핑센터
Ochard S.C
313@서머셋
313@Somerset
Grange road
오차드 빌딩
Ochard Bd
Penang
싱가포르 쇼핑센터
Singapore S.C
채터 박스
Chatter Box
만다린 갤러리
Mandarin Gallery
NS23 Somerset
서머셋 역
Eber Road
Exeter Road
Clemenceau
오차드 블러바드
Oxley Road
Dublin Road
미드 포인트 오차드
Midpoint Ochard
The SHA Villa
Devonshire Road
Killiney Road
Lloyd Road
Grange road
Leonie Hill Road
St Thomas Walk
River Valley Grove
River Valley Road
River Valley Road
River Valley Road
Kim Yam Road
River Valley Close
River Valley Green
Chin Swee Road
Martin Road
Mohamed Road
Saiboo Street
Nanson Road
Road
그레이트 월드 시티
Great World City
N
0
100
200m

Best Tour

오차드 로드 추천 코스

오차드 로드에 있는 주요 쇼핑몰을 한 번에 돌아보는 10시간 일정이다. 쇼핑 중간중간에 적당히 쉬어야 지치지 않고 돌아볼 수 있다.

아이온 오차드

도보 3분

니안시티 쇼핑몰 & 다카시마야 백화점

도보 5분

위스마아트리아 쇼핑몰

추천 식당 : 4층 푸드 리퍼블릭, 2층 딘 타이 펑

도보 5분

탕스

도보 3분

파라곤

도보 10분

에메랄드 힐

추천 식당 & 바 : 퀘 파사, 아이스 콜드 비어

©shutterstock / Chatchawat Prasertsom

오차드 로드 Orchard Road

싱가포르의 가장 큰 번화가

오차드 로드는 싱가포르에서 쇼핑몰이 가장 많이 몰려 있는 거리의 이름이다. 오차드 로드를 중심으로 스코츠 로드와 탕린 로드가 이어지는데 넓은 의미로 이 두 거리까지 포함하여 오차드 로드 지역이라고 할 수 있다. 오차드 로드에만 수십 개의 쇼핑몰이 모여 있어 명실공히 싱가포르의 가장 큰 번화가라고 할 수 있는 곳이다. 오차드 로드는 그 중심에 아이온 오차드 쇼핑몰을 놓고 동서 방향으로 나뉘는데, 최근에는 아이온 오차드 주변과 동쪽이 서쪽보다 더 발전되었다. 오차드 로드는 쇼핑을 목적으로 여행 온 사람이 한 번쯤은 꼭 들르게 되는 곳이다.

아이온 스카이 Ion Sky

오차드 로드를 한눈에 담다

오차드 로드에서 가장 인기 있는 쇼핑몰이라고 할 수 있는 아이온 오차드 쇼핑몰의 가장 꼭대기인 56층에 위치한 전망대이다. 높이 200m가 넘는 전망대는 360도 방향으로 경치를 감상할 수 있고, 망원경으로 들여다보면 본인이 보고 있는 곳이 어디인지 쉽게 알 수 있어 싱가포르 시내 구석구석을 구경하는 재미가 쏠쏠하다. 아쉬운 점이라면 강변 쪽의 화려한 전망보다는 도심가와 주택가가 보인다는 것이다. 지상 4층의 아이온 아트 갤러리에 아이온 스카이로 올라가는 직통 엘리베이터가 있다. 티켓을 받기 위해서는 아이온 오차드에서 S$ 20 이상(1인당) 구매한 영수증이 필요하다. 아이온 오차드 어플을 통해 미리 예약하거나 당일 방문을 원할 시에는 아이온 스카이 컨시어지에서 구매 영수증을 제시하면 입장 가능 여부를 알 수 있다.

전화 +65 6238 8228 시간 14:00~20:30 홈페이지 www.ionorchard.com/ion-sky 위치 아이온 오차드 쇼핑몰은 MRT 오차드 역과 바로 연결된다.

라이브러리 앳 오차드 Library@Orchard

다양한 책이 있는 쇼핑몰 속 도서관

쇼핑몰에 도서관이 있다고? 라이브러리 앳 오차드는 우리나라 코엑스에 있는 별마당 도서관과 비슷한 콘셉트지만 오차드 게이트웨이 쇼핑몰 내 오픈 공간이 아닌 단독 공간으로 꾸며져 있다. 책을 읽거나 빌리는 것뿐 아니라 아트 관련 워크숍도 열려 현지인들에게 사랑받는 곳으로 문학, 실용서는 물론 아트, 디자인, 건축, 라이프 스타일 관련 다양한 서적을 보유하고 있다. 신분증 없이도 누구나 무료로 입장할 수 있다.

전화 +65-6332-3255 시간 월~일요일 11:00~21:00(크리스마스이브는 17:00에 닫는다.) 홈페이지 www.nlb.gov.sg/VisitUs/BranchDetails/tabid/140/bid/337/Default.aspx?branch=library%40orchard 위치 오차드 게이트웨이 쇼핑몰 3~4층에 위치한다.

뎀시 힐 Dempsey Hill

현지인의 세련된 라이프 스타일을 볼 수 있는 곳

뎀시 힐은 싱가포르 사람들의 라이프 스타일을 단편적으로 보여 주는 공간으로 특히 싱가포르 중산층의 삶을 엿보고 체험하기에 좋다. 공원 전체가 나무와 잔디로 둘러싸여 있어 싱그러운 녹음으로 가득하다. 고급 식당들이 모여 있고 인테리어 소품이나 가구 매장이 있어 쇼핑이 가능하며, 싱가포르 최대 규모로 손꼽히는 스파도 있다.

뎀시 힐에서는 산책과 쇼핑을 하다가 식사를 하고 나오는 반나절 코스 일정을 짜는 게 좋다. 좋은 레스토랑이 많이 모여 있으니 마음에 드는 레스토랑을 골라 식사 한 끼 정도 하고 오는 게 좋다. 이곳에서는 대중교통을 이용하기가 쉽지 않기 때문에 택시를 불러 달라고 하면 레스토랑이든 상점이든 콜택시를 불러 준다.

홈페이지 www.dempseyhill.com 위치 오차드 로드 서쪽에 위치하고 있으며 홀랜드 빌리지로 가는 길 쪽이다. 대중교통이 잘 연결되지 않아 택시로 이동하는 것이 편리하다.

보타닉 가든 Botanic Gardens

싱가포르의 대표적인 자연 숲

보타닉 가든은 강아지와 산책 나온 사람, 조깅하는 사람, 데이트하는 연인들로 가득한 곳이다. 빌딩 숲만 있을 것 같은 싱가포르에 이런 공간이 있다는 사실을 여행자들은 잘 모른다. 보타닉 가든은 도시 국가에 사는 싱가포르 사람들에게 공원 이상의 큰 의미를 지닌다. 싱가포르의 허파라고 해도 과언이 아닌데 울창한 나무와 초원같이 넓은 언덕에는 쉬어 갈 만한 벤치도 많다. 이곳은 걸어서 다 둘러보려고 하면 얼마 만큼의 시간이 걸릴지 모를 정도로 규모가 크다. 싱가포르 사람들은 자전거를 타고 산책을 하거나 조깅 코스를 짜서 운동을 하기도 한다.

보타닉 가든 안에는 장미 정원, 난초 정원 등 테마별로 정원이 꾸며져 있다. 이곳의 하이라이트이자 여행자들에게 가장 인기 있는 난초 공원인 내셔널 오키드 가든은 1,000여 종이 넘는 난초들이 있어 볼거리가 많다. 유명인이 방문하면 그 이름을 딴 난을 전시하기도 하는데, 노무현 전 대통령과 배용준의 이름을 딴 난도 있다.

전화 +65 1800 471 7300 시간 05:00~24:00(오키드 가든 08:30~19:00) 요금 무료(오키드 가든 - 어른 S$ 5, 학생 S$ 1, 12세 이하 어린이 무료) 홈페이지 www.nparks.gov.sg/sbg 위치 택시로 이동하는 것이 편하다. 비지터 센터가 있는 입구로 들어가려면 부킷 티마 로드 쪽에서 내리면 된다.

Shopping
오차드 로드의 쇼핑

아이온 오차드 Ion Orchard

추천

싱가포르를 대표하는 쇼핑몰

싱가포르의 쇼핑몰을 대표한다 해도 과언이 아닐 만큼 아이온 오차드의 위용은 대단하다. 오차드 로드에서 가장 눈에 띄는 건축물로 그 앞에서 기념사진을 찍는 관광객을 쉽게 볼 수 있다. 안으로 들어가면 300여 개가 넘는 숍이 있는데 명품 숍은 물론 하이 스트리트 패션과 라이프스타일 스토어를 두루 갖추고 있다. 지하 4층부터 지상 4층까지 있는데, 지하 매장은 MRT 오차드 역과 바로 연결되어 있어 바로 쇼핑이 가능하다. 지하 2~3층 매장은 주로 젊은 쇼퍼들에게 어필하는 브랜드들이 입점하고 있고, 지하 4층에는 푸드코트와 여러 개의 레스토랑이 몰려 있다. 지상 1~3층에는 주로 럭셔리 브랜드가 위치하고 있다.

1층에 있는 화장품 멀티숍 세포라 앞 인포메이션 센터에서는 쇼핑몰 지도와 프리빌리지 카드를 발급한다. 프리빌리지 카드가 있으면 다양한 할인 혜택이 가능하니, 미리 홈페이지에서 내역을 확인하고 가는 것이 좋다.

전화 +65 6238 8228 시간 10:00~22:00 홈페이지 www.ionorchard.com 위치 오차드 로드 중앙에 위치해 있다.

니안 시티 Ngee Ann City

추천

거대한 규모를 자랑하는 복합 쇼핑몰

오차드 로드의 랜드마크로 가장 큰 규모를 자랑하는 복합 쇼핑몰이다. 다카시마야라고 부르기도 하는데 다카시마야는 그 안에 입점한 백화점을 말한다. 루이비통, 샤넬, 크리스티앙 디오르 등 해외 명품 브랜드부터 게스, 휴고보스, 자라, 망고, 폴로와 같은 캐주얼 브랜드까지 싱가포르의 패션 브랜드는 거의 다 들어와 있다. 니안 시티의 식당가도 그 규모만큼이나 잘 꾸며져 있어 쇼핑몰 안에서 쇼핑과 식사가 모두 가능하다. 3층에는 싱가포르 최대 서점인 키노쿠니야가 입점해 있으니 영문 서적을 구입하고자 하는 사람은 한 번 들러 보자. 싱가포르에 입점한 일반적인 쇼핑몰과 달리 이곳의 캐주얼 및 스포츠 브랜드는 대부분 지하 1, 2층에 모여 있는데, 지하 매장은 오차드 로드 쪽 별도의 입구에서 에스컬레이터를 통해 바로 내려갈 수 있다. 지하 2층에 있는 크리스털 제이드 키친, 푸드코트는 일부러 찾아가게 될 만큼 음식의 퀄리티가 높다. 1층 입구의 안내 데스크에서 지도를 받으면 헤매지 않고 쇼핑할 수 있다. 2층 고객 센터에서는 외국인 여행자들에게 할인 쿠폰과 GST 택스 리펀드 폼을 나누어 준다. 택시 정류장은 2층 건물 뒤편에 있다.

전화 +65 6506 0461~2 시간 10:00~21:30(식당가 10:00~23:00) 홈페이지 www.takashimaya-sin.com, www.ngeeanncity.com.sg 위치 오차드 로드 중앙에 위치한다.

북스 키노쿠니야 Books Kinokuniya

다양한 책과 귀여운 일본 문구

일본계 서점으로 니안 시티를 비롯해 부기스 정션 등에 지점이 있는 대형 서점이다. 영어책뿐 아니라 다양한 종류의 일본 책도 만나볼 수 있다. 서점 한 쪽에는 귀여운 일본 문구와 캐릭터 상품을 판매하는 곳도 있다.

전화 +65 6737 5021 시간 일~금요일 10:00~21:30, 토요일 10:00~22:00 홈페이지 kinokuniya.com.sg 위치 니안 시티 다카시마야 4층에 위치한다.

파라곤 Paragon

추천

럭셔리한 명품관을 연상시키는 쇼핑몰

파라곤은 전형적인 명품 쇼핑몰이다. 다른 쇼핑몰에 비해 명품 브랜드 매장이 대거 입점해 있어서 쇼핑몰 전체가 하나의 명품관 같다. 명품 브랜드는 주로 1, 2층에 있는데, 매장의 크기가 크고 종류가 많아서 선택의 폭이 넓다. 파라곤 2~4층에는 메트로와 영국계 백화점인 막스 앤 스펜서가 입점해 있다. 6층에는 토이즈 알 어스가 있다. 파라곤의 지하 1층 전문 식당가는 유명한 식당이 많이 모여 있기로 유명한데 딘 타이 펑, 타이 익스프레스, 비첸향 등이 있다.

전화 +65 6738 5535 시간 10:00~22:00 홈페이지 www.paragon.com.sg 위치 오차드 로드 중앙에 위치한다.

★ 싱가포르의 명품 매장

싱가포르의 명품 매장은 우리나라에 비해 종류가 다양하고 신상품이 한두 달 먼저 들어온다. 세일 기간이 아니더라도 브랜드별로 부분 세일 품목이 있으니 세일을 하지 않는 기간에도 저렴한 아이템을 구입할 수 있다.

313 앳 서머셋 313@Somerset

현지인에게 인기 있는 대중 쇼핑몰

싱가포르의 가장 대중적인 쇼핑몰로 최근 들어 현지인들에게 가장 인기 있는 쇼핑몰 중 한 곳이다. 중저가 브랜드 위주인데 1~3층에 걸쳐 위치한 자라 매장을 비롯해 유니클로, 포에버 21, 에스프리 등의 대형 매장이 들어서 있다. 5층에는 푸드 리퍼블릭 푸드코트가 들어서 있고, 한국 음식을 파는 코너도 따로 있다. 지하 3층에서 지상 5층 건물로 이루어져 있다.

전화 +65 6496 9313 시간 일~목요일 10:00~22:00, 금~토요일 10:00~23:00 홈페이지 www.313somerset.com.sg 위치 MRT 서머셋 역 지하 2층과 연결된다.

만다린 갤러리 Mandarin Gallery

싱가포르 로컬 디자이너 숍

우리나라에도 있는 브랜드나 명품 숍 쇼핑보다 좀 더 싱가포르만의 개성 있는 로컬 디자이너의 감각이 궁금하다면 가장 추천할 만한 쇼핑몰이다. 5성급 호텔인 만다린 호텔과 연결되어 있는 쇼핑몰로 싱가포르 로컬 디자이너의 부티크 숍과 패션에 관심 있는 쇼퍼들에게 인기 있는 다양한 브랜드를 갖추고 있다. 다른 초대형 쇼핑몰에 비해 규모가 아담한 편이라 꼼꼼하게 돌아볼 수 있다. 각 층마다 쇼파가 있는 휴식 공간이 있어 쇼핑하다가 잠깐 쉬기에 편하다. 1층에는 막스마라, 마이클 코어스, 보스, 레이카 등 고급 브랜드가 자리잡고 있다. 4층에는 일본 디자이너의 소품과 가구를 모아 놓은 아토미X라이프스타일, 아토미X퍼니처가 있는데 일본 특유의 자연스러움이 묻어나는 공예품부터 가구, 소품까지 한자리에서 만나 볼 수 있다.

전화 +65 6831 6363 시간 11:00~22:00 홈페이지 www.mandaringallery.com.sg 위치 MRT 오차드 역과 MRT 서머셋 역 사이에 위치하며 만다린 오차드 호텔과 바로 연결된다.

페더 온 스코츠 Pedder on Scotts

100여 개의 유명 브랜드가 모여 있는 편집 숍

세계적인 신발, 가방, 액세서리 등의 브랜드를 100개 넘게 만나 볼 수 있는 편집 숍이다. 규모가 크지는 않지만 우리에게 잘 알려져 있는 아이다스, 나이키, 반스, 스텔라 매카트니, 알렉산더 왕 등의 신상품을 갖추고 있어 패션 피플들에게 특히 사랑받고 있다. 다만, 어느 정도 가격이 있는 편이니 이 점은 감안하자.

전화 +65 6244 2883 시간 매일 10:00~21:00 홈페이지 pedderonscotts.com 위치 스코츠 스퀘어 쇼핑몰 2층에 위치한다.

위스마 아트리아 Wisma Atria

20, 30대 여성 타깃의 쇼핑몰

물결 무늬의 로고 간판이 돋보이는 위스마 아트리아는 20, 30대 여성을 타깃으로 한 쇼핑몰이다. 이곳에 입점해 있는 브랜드들을 보면 싱가포르 여성들이 어떤 브랜드를 선호하는지 알 수 있다.

특히 1층에는 파리바게트 매장이 입점해 있고, 찰스 앤 키스 등의 로컬 브랜드부터 망고, 나인 웨스트, 코치, 토리버치, 빅토리아 시크릿 등 세계적 브랜드들이 모여 있다.

위스마 아트리아의 푸드코트인 푸드 리퍼블릭은 오차드 로드 최대 규모의 푸드코트이다. 한쪽 벽이 통유리로 되어 있어 오차드 로드를 한눈에 내려다볼 수 있다. 지하 아케이드는 MRT 오차드 역과 또 다른 쇼핑몰인 니안 시티와 연결된다.

전화 +65 6235 2103 시간 10:00~22:00 홈페이지 www.wismaonline.com 위치 MRT 오차드 역과 바로 연결된다.

오차드 센트럴 Orchard Central

10~20대 쇼퍼를 위한 영 플라자

오차드 로드에서 오래된 쇼핑몰이지만, 최근에 외관과 내부를 새단장하고 화려하게 재오픈했다. 싱가포르 유명 설치 미술가의 디지털 아트가 돋보이는 외관은 내로라하는 쇼핑몰들이 모여 있는 오차드 로드에서도 단연 돋보인다. 하이라이트는 1층부터 4층까지 이어지는 엘리베이터이다. 관광객들이 그 앞에서 기념사진을 찍을 만큼 명물이 되었다. 지하 1층에 있는 도큐핸즈는 일본 스타일의 마켓으로 다양한 라이프 스타일 제품을 구입할 수 있어 가 볼 만하다. 오차드 센트럴은 젊은 싱가포르 쇼퍼들과 여행자들이 좋아할 만한 쇼핑몰이다.

전화 +65 6238 1051 시간 11:00~22:00 홈페이지 www.fareastmalls.com.sg/Orchard-Central/index.aspx?key=home 위치 MRT 서머셋 역에서 연결된다.

센터 포인트 The Centre Point

동부에서는 가장 규모가 큰 쇼핑몰

오차드 로드 동쪽 끝 MRT 서머셋 역 앞에 위치한 센터 포인트는 오차드 로드 동부에서 가장 규모가 큰 쇼핑몰이다. 예전에는 싱가포르 인들을 위한 서민형 쇼핑몰이었는데, 최근 리노베이션을 거쳐 고급 쇼핑몰 못지 않게 변모했다. 쇼핑몰 내에 로빈슨 백화점과 막스 앤 스펜서 백화점이 입점해 있다. 쇼핑몰 중앙이 천장까지 뚫려 있고 매장이 빙 둘러 있어 내부에 무엇이 있는지 한눈에 들어오는 구조이다. 유명 브랜드보다는 유니크한 숍들이 많아 관심이 있다면 방문해 보자.쇼핑몰 앞 행사장에서 항시 기획전 및 할인 코너를 운영하고 있으니 눈여겨보면 저렴한 가격의 제품을 구입할 수 있다. 3층 고객 센터에서 여권을 제시하면 할인받을 수 있는 여행자 혜택 카드와 할인 쿠폰을 받을 수 있다.

전화 +65 6737 9000 시간 10:00~22:00 홈페이지 www.thecentrepoint.com.sg 위치 오차드 로드 동쪽 끝에 위치한다. MRT 오차드 역보다는 서머셋 역에서 내리는 게 가깝다.

티 갤러리아 T Galleria by DFS

싱가포르 시내에 있는 유일한 면세점

시내에 있는 유일한 면세점이지만 저렴한 편이 아니다. 제품의 종류가 다양하고 규모가 큰 편이어서 한번 둘러볼 만하다. 이곳은 대부분 명품 숍이 입점해 있는데, 1층에는 화장품과 향수 매장이 모여 있고, 2층에는 시계와 쥬얼리, 3층과 4층에는 의류, 가방 등의 명품 매장이 있다. 쇼핑몰 중간중간에 푹신한 소파가 놓여 있어서 여유롭게 쇼핑을 즐길 수 있다. 그리고 이곳에서 구입한 물건은 공항에서 GST가 가능하다.

전화 +65 6229 8100 시간 매일 12:00~20:00 홈페이지 www.dfs.com/en/singapore/stores/t-galleria-by-dfs-singapore?utm_source=google-maps&utm_medium=organic 위치 오차드 로드 중간 부분과 교차하는 스코츠 로드에 위치한다.

탕린 쇼핑센터 Tanglin Shopping Centre

오리엔탈 스타일의 리빙 쇼핑몰

주로 동양적인 인테리어 소품이나 골동품, 가구 등을 파는 전문 쇼핑몰이다. 인도네시아나 태국, 미얀마 등에서 들여온 목각 제품이나 불상, 도자기 등을 파는 숍들이 모여 있다. 이런 동양적인 분위기 때문에 서양인 여행자들은 꼭 한 번씩 들르는 곳이다.

이곳은 인테리어 관련 제품을 사려는 목적이 분명히 있는 여행자들만 가 볼 것을 권한다. 카펫이나 패브릭 제품을 파는 매장도 1층에 위치해 있다. 겐코 마사지 지점도 입점해 있다.

전화 +65 6737 0849 시간 10:00~22:00 홈페이지 www.tanglinsc.com 위치 오차드 로드 서쪽 끝에 있으며 MRT 오차드 역에서 도보로 10분 정도 걸린다.

더 쇼핑 갤러리 힐튼 The Shopping Gallery Hilton

명품 브랜드가 모두 한자리에

고급 브랜드들만 선별해서 입점해 있는 쇼핑 아케이드이다. 힐튼 호텔이 고급 호텔인 만큼 아케이드도 고급스럽다. 알렉산더 왕, 이세이 미야키, 질 센더, 랑방, 마르니, 미소니, 멀버리, 폴스미스, 스텔라 매커트니 등의 브랜드가 입점해 있다.

규모는 크지 않지만 다른 쇼핑몰에는 잘 입점해 있지 않은 브랜드가 있다는 것이 장점이다. 다른 쇼핑몰들처럼 붐비는 일은 거의 없다.

전화 +65 6737 2233 시간 월~토요일 10:00~19:30, 일요일 10:30~18:00 홈페이지 www.hiltonshoppinggallery.com 위치 오차드 로드 힐튼 호텔 내에 위치한다.

탕스 Tangs

저렴한 가격에 높은 퀄리티를 자랑하는 쇼핑몰

화려한 외관과 달리 매장의 분위기는 소박하다. 다른 쇼핑몰들이 세일하지 않는 기간에도 기획, 특가 상품이 많고 세일이 항시 진행된다.

저렴한 아이템이 많은 1, 2층의 여성용 가방 매장과 3층의 여행용 가방 매장도 눈여겨볼 만하다. 남성 속옷 매장의 규모가 큰 편으로 캘빈 클라인, 쟈키 등의 브랜드를 저렴한 가격에 구입할 수 있다.

입구에는 싱가포르의 유명한 육포인 비첸향 부스가 있고, 지하 1층은 MRT 오차드 역으로 연결된다. 150달러 이상 구입 고객에게는 호텔까지의 딜리버리 서비스를 무료로 제공하기도 한다. 다른 쇼핑몰과 비교해서 규모가 그리 크지 않기 때문에 한 번에 돌아보기 쉽다.

전화 +65 6737 5500 홈페이지 www.tangs.com 시간 월~토요일 10:30~21: 30, 일요일 11:00~20:30 위치 MRT 오차드 역과 바로 연결된다.

포럼 Forum the Shopping Mall

아이와 엄마를 위한 쇼핑몰

포럼은 아이와 엄마를 위한 쇼핑몰이다. 3층에는 대형 장난감 가게인 토이즈 알 어스와 아이들 의류 브랜드가 대거 입점해 있다. 페라리 주니어 컬렉션, 키즈 21, 본포인트 등 유명 어린이 의류 브랜드도 있다. 꼭 세일 기간이 아니어도 세일 품목과 이월 상품이 많다.
지하 1층에 마이 풋 리플렉솔로지 등 단골 손님들을 대상으로 하는 마사지 숍이 입점해 있다. 2층 고객 센터에서는 무료 선물 포장 서비스가 있어 선물용으로 구입한 제품들은 이곳에서 포장할 수 있다.

전화 +65 6732 2479 시간 10:00~21:00 홈페이지 www.forumtheshoppingmall.com.sg 위치 오차드 로드 서부에 있으며 MRT 오차드 역에서 도보로10분 정도 걸린다.

리앗 타워즈 Liat Towers

아름다운 조명으로 빛나는 쇼핑몰

밤에 가장 아름다운 조명으로 빛나는 쇼핑몰 중 한 곳이다. 겉에서 보면 자라 매장이 가장 먼저 눈에 띈다. 규모는 크지 않지만 1층에서 쉽게 쇼핑몰로 진입할 수 있는 데다 바로 자라 매장 안으로 들어갈 수 있는 계단이 연결되어 있어 간편히 쇼핑을 할 수 있다.

전화 +65 6589 8494 위치 MRT 오차드 역 E번 출구에서 도보 3분 정도 걸린다.

도버 스트리트 마켓 싱가포르 Dover Street Market Singapore

최신 유행의 디자이너 제품

최신 유행을 선도하는 패션의 선두에는 편집 숍 도버 스트리트 마켓이 있다. 런던, 도쿄에서도 유명한 도버 스트리트 마켓은 세계적인 패션 브랜드 콤 데 가르송의 디자이너 레이 카와쿠보(Rei Kawakubo)가 오픈한 편집 숍으로 다양한 브랜드와 디자이너 제품을 만나 볼 수 있다. 옷 외에 신발, 액세서리 등도 판매한다.

전화 +65 6304 1388 시간 매일 11:00~20:00 홈페이지 singapore.doverstreetmarket.com 위치 18 뎀시 힐 로드에 위치하고 있다.

Restaurant & Cafe

오차드 로드의 식당과 카페

딘 타이 펑 Din Tai Fung

상하이식 만두가 유명한 싱가포르 빅 3 레스토랑

싱가포르에 있는 레스토랑 중에 빅 3에 들 만한 레스토랑으로 상하이식 만두인 소롱포가 유명한 곳이다. 싱가포르에는 20개가 넘는 지점을 가지고 있고 한국을 비롯해 미국, 타이완 등에도 지점이 있다. 싱가포르에서 사람들이 가장 많이 몰리는 곳은 파라곤 쇼핑몰 매장이다. 이곳에서 제일 인기 있는 메뉴인 소롱포는 한국인이 가장 좋아하는 메뉴이기도 하다. 현지인들은 소롱포를 '샤우롱바우'라고 발음한다. 소롱포와 더불어 인기 있는 또 하나의 메뉴인 두소포는 우리나라의 찐빵과 비슷하다. 현지인들이 딤섬과 더불어 꼭 같이 시키는 채소 요리가 소채인데 애피타이저 메뉴이다. 2인 기준으로 3, 4개의 메뉴를 시키면 적당하다. 마리나 베이의 래플스 시티 쇼핑몰 지하 1층에도 지점이 있다.

전화 +65 6836 8336(파라곤 지점) 시간 월~금요일 11:00~21:30, 토~일요일 10:00~21:30 위치 오차드 로드 파라곤 지하1층, 위스마 아트리아 2층에 있다.

★ 조리법에 따라 달라지는 딤섬 이름

딤섬은 모양과 조리법에 따라 부르는 이름이 달라진다. 크기가 작고 만두 피가 투명한 것은 교(餃), 껍질이 두툼하고 푹푹한 것은 파오(包), 윗부분이 뚫려 속이 보이는 것은 마이(賣)라고 한다.

채터박스 ChatterBox

대표적인 서민 음식, 치킨 라이스

치킨 라이스는 싱가포르의 대표적인 서민 음식이다. 원조는 중국의 하이난 지역인데 지금은 동남아시아 전역으로 퍼졌다. 치킨 라이스는 푸드코트나 호커 센터 등에서 저렴하고 흔하게 먹을 수 있는 메뉴이지만, 이곳만의 깔끔한 맛에 중독되는 여행자가 많다. 칠리와 생강, 간장 소스가 함께 나오는데, 여기에 닭고기를 찍어 먹으면 된다. 아침에 가면 점심 시간보다 조금 저렴하게 먹을 수 있으며 포장도 가능하다.

전화 +65 6831 6288 시간 아침 뷔페 07:00~10:00 / 올데이 다이닝 일~목요일 11:00~23:00, 금~토요일 11:00~02:00 위치 만다린 오차드 싱가포르 호텔 내에 위치한다.

더 라인 The Line

세계의 다양한 음식을 한자리에

하얏트 호텔의 뷔페 레스토랑인 스트레이트 키친의 강력한 라이벌 레스토랑이다. 싱가포르가 다민족 국가인 만큼 뷔페 식당에 가면 세계의 다양한 음식을 맛볼 수 있다. 시푸드 섹션을 비롯해 중국, 일본, 인도, 싱가포르 전통 음식까지 다양한 종류가 구비되어 있다. 인터내셔널 섹션에서는 생면을 직접 뽑은 파스타와 피자가 인기이다. 그 외에도 샐러드 섹션과 디저트 섹션도 푸짐한 음식이 준비되어 있다. 감각적인 인테리어를 자랑하기도 해서 싱가포르의 뷔페 레스토랑 중에 손꼽을 만한 곳이다.

전화 +65-6213-4398 시간 아침 뷔페 월~금요일 06:00~10:30, 토~일요일 06:00~23:00 / 런치 뷔페 월~금요일 12:00~14:30, 토~일요일 12:00~15:00 / 저녁 뷔페 매일 18:00~22:00 / 단품 메뉴 식사 매일 06:00~23:00 홈페이지 www.shangri-la.com/singapore/shangrila/dining/restaurants/the-line 위치 샹그릴라 호텔 로어 로비층(타워윙에 위치)으로 MRT 오차드 역 E번 출구에서 도보로 10분 정도 걸린다.

와일드 허니 Wild Honey

다양한 나라의 음식을 즐길 수 있는 브런치 카페

아침 식사의 중요성을 무엇보다 강조하며 올데이 브런치를 선보이는 브런치 카페다. 모던하면서도 우아한 인테리어로 싱가포르의 젊은 여성들에게 특히 인기가 많다. 메뉴는 그리스, 멕시코, 터키, 캘리포니아, 벨기에 등 각 나라별 콘셉트로 구성되어 있고 고기, 생선, 베지테리언 등으로도 나누어져 있어 취향에 따라 다양한 선택이 가능하다. 가격은 다소 비싸지만 그 가치는 충분이 있다. 만다린 갤러리 외에 스코트 스퀘어에도 지점이 있으며 주말에는 예약을 하고 가는 것을 추천한다.

전화 +65 6235 3900 시간 월~목요일 09:00~21:00, 금요일 09:00~22:00, 토요일 08:00~22:00, 일요일 08:00~21:00 홈페이지 wildhoney.com.sg 위치 만다린 갤러리 3층에 위치한다.

라 스트라다 La Strada

여성들의 모임 장소로 좋은 레스토랑

라 스트라다는 '스트리트'라는 뜻으로, 사람들이 많이 다니는 거리에 있는 이탈리아 레스토랑이다. 이곳은 예약하지 않으면 식사가 어려울 만큼 인기가 많다. 특히 점심에 붐비는데, 삼삼오오 식사하러 온 싱가포르 사람들로 경쾌한 분위기를 풍긴다. 또한 여성들의 모임 장소로 자주 이용된다. 이곳의 까르보나라 스파게티는 소스를 섞지 않고 위에 얹어서 먹는 것이 특징인데, 우리 입맛에는 약간 짤 수도 있다. 디저트는 봄보르니를 추천한다. 양이 적은 게 흠이지만, 이탈리안 도넛에 땅콩 크림 토핑과 초콜릿 속이 어우러져 독특한 맛을 낸다.

전화 +65 6735 6656 시간 월~목요일 12:00~14:00, 18:30~21:30 / 금요일 12:00~14:00, 18:30~22:00 / 토요일 12:00~14:30, 18:30~22:00 / 일요일 12:00~14:30, 18:00~21:30 홈페이지 lastrada.com.sg 위치 쇼 센터 1층에 위치한다.

스트레이트키친 StraitsKitchen

눈과 입이 즐거운 뷔페 레스토랑

푸짐하고 알찬 뷔페를 자랑하는 이곳은 오픈 키친 스타일의 뷔페 레스토랑으로 입도 즐겁지만 눈도 즐거운 곳이다. 싱가포르 전통 메뉴를 비롯해 중국, 인도 음식까지 규모가 상당히 크고 음식의 수도 많다. 가격도 우리나라 호텔 뷔페에 비하면 저렴한 편이라 푸짐하게 식사하기를 원한다면 추천할 만하다. 뷔페 가격에 음료값은 포함되지 않는다.

전화 +65 6738 1234 시간 아침 뷔페 월~금요일 06:30~10:30, 토~일요일 06:30~11:00 / 점심 뷔페 월~금요일 12:00~14:30, 토~일요일 12:30~15:00 / 지녁 뷔페 매일 18:00~22:00 홈페이지 www.singapore.grand.hyattrestaurants.com/straitskitchen 위치 오차드 로드와 스코츠 로드가 만나는 지점 근처로 그랜드 하얏트 호텔 로비 안쪽 1층.

푸드 리퍼블릭 Food Republic

추천

오차드 로드의 대표 푸드코트

1970년대 중국 먹자골목을 모티브로 한 푸드 리퍼블릭은 위스마 아트리아 쇼핑몰에 위치한 푸드코트이다. 오차드 로드에서 제일 좋은 푸드코트라고 보면 된다. 규모가 가장 크고, 입점해 있는 식당의 수도 굉장하다.

이곳의 푸드코트가 좋은 또 다른 이유는 각 식당마다 고유의 인테리어가 있고, 주방도 오픈 키친 스타일이라서 구경하는 재미가 있다는 것이다.

푸드코트라고 하면 그냥 한 끼 식사를 때우는 정도로 생각하기 쉬운데, 이쯤 되면 일부러 찾아와서 먹을 만하다. 그릴 요리나 칠리 크랩처럼 일반적인 푸드코트에서는 다루기 힘든 메뉴도 많다. 딤섬이나 데판야키, 인도 음식 등 종류가 다양하고 '우리집'이라는 한식당도 있다.

푸드 리퍼블릭은 비보 시티 3층, 선텍 시티 지하 1층에도 있는 체인형 푸드코트로 푸드코트 중에서 가장 고급스러운 곳으로 꼽힌다. 외부에서 에스컬레이터로 4층에 있는 푸드 리퍼블릭까지 바로 연결되므로 이용하기 편리하다. 또한 지하 아케이드는 MRT 오차드 역과 니안 시티 쇼핑몰과 연결되어 있다. 저렴하고 다양하게 식사를 즐기고자 하는 사람에게 추천한다.

전화 +65 6737 9881 시간 매일 10:00~22:00 홈페이지 www.wismaonline.com 위치 MRT 오차드 역과 바로 이어져 있다.

솔트 그릴 & 스카이 바 Salt Grill & Sky Bar

56층 전망에서 즐기는 식사

아이온 오차드 쇼핑몰 56층에 위치한 레스토랑 겸 바이다. 화려한 전망을 배경 삼아 훌륭한 식사를 즐길 수 있다. 호주의 유명 셰프인 루크 맨건이 메인 셰프로 있다. 주말을 제외한 평일에는 런치 세트가 준비되어 있는데 3코스와 커피를 S$ 49 정도의 가격대로 즐길 수 있다. 세트 메뉴를 제외한 메뉴는 비싼 편이다. 스카이 바만 이용할 경우 음료는 S$ 12 정도부터 시작한다. 드레스 코드는 스마트 캐주얼이다.

전화 +65 6592 5118 시간 점심 월~금요일 11:30~13:45, 브런치 토~일요일 11:00~14:30, 저녁 매일 18:00~21:45, 스카이 바 11:30~21:45 홈페이지 www.saltgrill.com 위치 아이온 쇼핑몰 55~56층에 위치한다. 아이온 쇼핑몰은 MRT 오차드 역과 바로 연결된다.

레자미 Les Amis

추천

고객 중심의 최고의 파인 다이닝 레스토랑

싱가포르 최고의 파인 다이닝 레스토랑으로 손꼽히는 곳으로 1994년에 오픈하여 20년 이상 최고의 인기를 누리고 있다. 오스트리아 출신 아프만 셰프가 떠난 후 세바스티앙 레피노아 셰프가 새롭게 레자미를 이끌게 되었다.

가장 프랑스다운 클래식한 요리를 선보이고 있을 뿐만 아니라 다양한 종류의 와인을 보유하고 있어 더욱 특별하다. 또한 정통 프랑스 요리에 일본 스타일의 요리를 접목, 제철 재료를 사용해 최고의 요리를 만들려고 노력한다. 요리가 담긴 플레이트는 하나의 예술 작품처럼 정교하고 아름다워 먹는 사람의 기분까지 좋게 만든다. 점심과 저녁 모두 세트 메뉴로 준비되어 있으며 가격과 음식에 따라 취향에 맞게 고를 수 있다.

전화 +65 6733 2225 시간 점심 12:00~(마지막 주문 13:45), 저녁 19:00(마지막 주문 20:45) 홈페이지 www.lesamis.com.sg 위치 오차드 로드 쇼 하우스를 지나 골목 클레이 모어 힐에 있다. 쇼 센터 빌딩 1층에 자리 잡고 있다.

스시 카나자와 Sushi Kanazawa

저렴한 가격에 맛보는 신선한 초밥

인터내셔널 빌딩 2층에는 주변 직장인들을 위한 식당들이 여러 곳 들어서 있는데, 그중 가장 인기 있는 식당 중의 한 곳이다. 15명 남짓 앉을 수 있는 바 테이블이 있는 작은 가게이지만, 꽤 신선한 초밥을 비교적 저렴한 가격에 맛볼 수 있어서 주변 현지인들 사이에 입소문이 나 있다. 푸짐하게 점심 식사를 하고 싶다면 스시 뷔페를 선택하면 되는데, 평일 점심은 더욱 특별한 가격으로 제공되니 절대 놓치지 말자.

전화 +65 6738 3833 시간 매일 12:00~15:00, 18:00~22:00 위치 쇼 하우스 옆 인터내셔널 빌딩 2층에 위치한다.

메자 나인 Mezza 9

9개 요리 콘셉트를 선보이는 레스토랑

총 9개의 요리 콘셉트를 가진 오픈 키친 스타일의 레스토랑으로 미리 예약을 하지 않으면 식사가 어려울 정도로 인기를 끌고 있다. 9개의 섹션은 일본, 중국, 태국 등으로 나뉜다. 인터내셔널 섹션에는 인기 메뉴인 와규 립아이 스테이크를 비롯해 다양한 메뉴를 선보인다. 점심 2코스 메뉴는 S$ 35~40, 3코스 메뉴는 S$ 45~50 정도 수준이다. 세트 메뉴 외에 단품 메뉴로 하나씩 시켜도 된다. 모든 코너가 인기이지만, 그중에서도 일식 요리 코너와 태국 요리 코너가 인기이다. 델리 코너의 블루 스위머 크랩 케이크도 이곳의 시그니처 메뉴로 인기가 많다.

전화 +65 6732 1234 시간 점심 월~토요일 12:00~15:00(마지막 주문 14:45), 저녁 일~목요일 18:00~22:30(마지막 주문 22:15), 금~토요일 18:00~23:00(마지막 주문 22:45), 선데이 브런치 12:00~15:00 홈페이지 www.singapore.grand.hyattrestaurants.com 위치 스코츠 로드에 있는 그랜드 하얏트 호텔에 위치한다.

심바시 소바 Simbashi Soba

직접 뽑은 소바 면을 맛볼 수 있는 곳

싱가포르에서는 흔하지 않은 소바 전문점이다. 심바시 소바는 새로운 소바라는 뜻인데 항상 추수 후 첫 번째로 수확하는 곡식으로 소바 면을 만든다. 매장에서 직접 소바 면을 뽑는 것을 볼 수 있다. 각 테이블에는 소바를 먹는 방법이 상세히 적혀 있다. 매월 셰프 추천 메뉴가 바뀌며 런치 세트 메뉴는 S$ 18.8부터 시작한다.

전화 +65 6735 9882 시간 월~금요일, 일요일 11:30~22:00(마지막 주문 21:30) / 토요일 10:30~22:00(마지막 주문 21:30) 홈페이지 www.sobaworld.com.sg 위치 파라곤 쇼핑몰 지하 1층에 자리 잡고 있다.

커페이지 테라스 Cuppage Terrace

세계의 음식이 한자리에

레스토랑과 바가 몰려 있는 콤플렉스 공간이다. 거의 겹치지 않는 레스토랑 구색이 특징인데 인도, 중국, 일본, 멕시코 음식 등을 하는 다양한 식당이 몰려 있다. 총 20여 개의 레스토랑 가운데에 길이 나 있고 실내 좌석과 실외 좌석이 양쪽으로 있다. 야외 스타일의 레스토랑에서 느긋하게 식사를 즐기고 싶다면 들러 볼 만하다.

시간 월~목요일 12:00~15:00, 18:00~23:00 / 금~토요일 12:00~15:00, 18:00~02:00 위치 MRT 서머셋역 B번 출구에서 센터 포인트 쇼핑몰을 지나면 그 안쪽에 위치한다.

레스토랑 인 뎀시 힐 Restaurant in Dempsey Hill

레스토랑, 바, 카페가 한자리에

뎀시 힐은 원래는 군대의 기숙사가 모여 있던 곳이었지만, 그 이후 공원으로 탈바꿈했고 지금은 멋진 레스토랑이 모여 있는 공간으로 바뀌었다. 싱가포르에서 식도락으로는 빠지지 않는 곳으로 다양한 레스토랑과 바, 카페 등이 모여 있다. 커다란 공원 안에 위치해 있어서 식사 전후로 산책을 하기에 좋다. 싱가포르의 날씨는 덥지만 커다란 나무들이 많아 그늘을 만들어 준다. 늦은 오후나 저녁 식사 전에 방문하면 좋다.

새미스 커리 Samy's Curry Restaurant

3대에 걸친 커리 음식점

뎀시 힐에 처음 생긴 레스토랑으로 30년 전통을 가지고 있다. 3대에 걸쳐 인도 음식을 만들고 있다. 야외에 자리를 잡으면 마치 공원에 앉아 있는 느낌이 든다. 자리에 앉아 주문을 하면 포크, 나이프와 함께 개인별로 바나나 잎이 앞에 놓이는데 이것이 바로 개인 접시이다. 가장 인기 있는 메뉴는 마살라 치킨으로 비리야니 라이스와 찰떡궁합이다. 식사 후에는 인도 전통차인 마살라 티나 망고로 만든 인도식 요거트가 좋다. 점심에는 근처 직장인들로, 저녁에는 단골인 현지인들로 북적인다. 개인 접시 역할을 하는 바나나 잎이 하루 1,000여 개 정도가 쓰일 만큼 인기가 많다.

전화 +65 6472 2080 시간 11:00~15:00, 18:00~22:00 / 화요일 휴무 홈페이지 www.samyscurry.com 위치 롱비치 레스토랑 바로 옆에 자리하고 있다.

화이트 래빗 White Rabbit

교회 건물에서 즐기는 파인 다이닝

이상한 나라의 앨리스를 콘셉트로 한 레스토랑이다. 레스토랑 건물은 1930년대에 군인 교회였던 곳으로 교회 분위기를 훼손하지 않고 그대로 보존했다. 독특한 분위기와 넓은 홀 덕분에 결혼식 등 다양한 파티가 열리는 곳으로 유명하다.

유러피안 스타일의 음식으로 상당한 수준을 자랑한다. 점심 세트 메뉴는 2가지, 3가지 코스를, 저녁 메뉴는 다양한 단품 메뉴를 취향에 맞게 선택할 수 있다. 브런치 메뉴는 요거트, 샐러드 등의 가벼운 식사부터 에그 베네딕트, 스크램블의 달걀 요리, 프렌치토스트 등 다양하며 주말 오전 11시부터 오후 3시까지만 제공된다. 레스토랑 밖으로 나가면 더 래빗홀이라는 바가 있어서 저녁까지 시간을 보내기에 좋다. 뎀시 힐에서도 좀 떨어져 있어서 택시를 이용한다면 정확한 주소를 가지고 찾아가도록 한다.

전화 +65 6473 9965 시간 화~금요일 11:45~14:30(점심 세트), 18:15~22:30 / 토~일요일 11:00~15:00(브런치), 18:30~22:30 / 월요일 휴무 홈페이지 www.thewhiterabbit.com.sg 위치 뎀시 힐 하딩 로드 39C에 위치한다.

촙수이 카페 Chopsuey Cafe at Dempsey

신선하고 독창적인 퓨전 요리

조용한 뎀시 힐 내에 위치한 촙수이 카페는 PS 카페가 오픈한 또 다른 레스토랑으로 퓨전 요리, 즉 서양식 중국음식을 선보이는 곳이다. 그래서인지 이곳에는 유독 서양인이 많다. 넓고 편안한 실내에서는 시원하고 쾌적하게 식사를 즐길 수 있고, 자연을 느낄 수 있는 야외 좌석에서는 평화로운 분위기 속에서 식사 시간을 만끽할 수 있다. 가격은 다소 비싸지만 신선하고 좋은 재료를 사용한, 독창적이면서도 누구나 즐길 수 있는 다양한 아시안 음식을 맛볼 수 있다.

전화 +65 6708 9288 시간 월~금요일 11:30~23:00(점심 16:00까지, 딤섬16:00~18:00, 저녁 18:00부터) / 토~일요일, 공휴일 10:30~23:00(브런치 16:00까지, 딤섬 16:00~18:00, 저녁 18:00부터, 마지막 음식 주문 22:30) 홈페이지 www.pscafe.com/chopsuey-cafe-at-dempsey-hill 위치 뎀시 힐 Block 10에 위치한다.

캔들너트 Candlenut

미슐랭이 인정한 페라나칸 요리

전 세계 최초로 페라나칸 요리로 미슐랭 1스타를 받은 레스토랑이다. 실내는 클래식하면서도 모던한 분위기로 꾸며져 있다. 페라나칸 출신의 셰프 맬컴 리(Malcom Lee)는 신선한 제철 재료를 이용해 페라나칸 요리를 자신만의 방식으로 해석하고 있다. 메뉴는 점심, 저녁 세트와 단품으로 나누어져 있으며 점심 메뉴는 88달러부터다. 예약은 필수다.

전화 +65 1800 304 2288 시간 런치 월~일요일 12:00~15:00 / 저녁 일~목요일 18:00~22:00, 금~토요일 · 공휴일 전날 18:00~23:00 홈페이지 comodempsey.sg/restaurant/candlenut 위치 뎀시 힐 17A에 위치한다.

레드닷 브루하우스 RedDot Brewhouse

양조장에서 바로 만든 신선한 크래프트 맥주

식민지 시대의 건물을 개조하여 만든 곳으로 뎀시 힐에서 양조장을 가진 유일한 맥주 전문점이다. 그래서일까 맛 좋고 신선한 크래프트 맥주를 마시기 위해 많은 사람들이 이곳을 찾는다. 몬스터 그린 라거 비어는 이곳의 시그니처 메뉴로 가벼우면서도 부드러운 맛을 원하는 여성 고객들에게 추천한다. 맥주 안주로는 가벼운 핑거 푸드가 어울리고, 허기가 진다면 치즈가 듬뿍 뿌려진 프라이 또는 소시지 플래터와 같은 메뉴를 주문해보자.

전화 +65 6475 0500 시간 월~화요일 12:00~23:00(점심 12:00~14:30, 저녁 18:00~22:30), 수~목요일 12:00~24:00(점심 12:00~14:30, 저녁 18:00~22:30), 금~토요일 12:00~02:00(점심 12:00~14:30, 저녁 18:00~23:0), 일요일 10:30~23:00(브런치 10:30~14:30, 저녁 18:00~22:30) 홈페이지 www.reddotbrewhouse.com.sg 위치 뎀시 힐 25A에 위치한다.

존스 더 그로서 Jones The Grocer

핸드 메이드 식재료를 만날 수 있는 곳

식재료 쇼핑을 하면서 식사도 할 수 있는 곳으로 산지에서 재배된 최상품의 핸드 메이드 제품을 판매하는 곳이다. 파스타 면은 이탈리아 가정에서 손수 만든 면을 수입하고 치즈는 뉴질랜드 농가에서 공수해 온다. 호주와 뉴질랜드 등에 지점이 있고 아시아에서는 싱가포르 점이 최초이다. 파스타 면에서부터 치즈, 와인, 각종 소스류와 신선한 햄, 직접 만든 초콜릿과 누가까지 다양한 종류의 식재료를 살 수 있다. 특히 치즈 종류가 많은데 치즈 창고를 따로 만들어서 신선하게 관리한다. 마켓 한가운데에 테이블을 두고 레스토랑을 운영한다는 게 좀 어색할 수도 있지만 막상 가 보면 전혀 어색하지 않다. 레스토랑에서는 이곳에서 파는 재료들을 가지고 음식을 만든다. 대표 메뉴로는 피자와 파스타가 있다. 그레이트 월드 시티 1층에도 매장이 있다.

전화 +65 6476 1518 시간 매일 08:00~23:00 홈페이지 www.jonesthegrocer.com/dempsey-hill-singapore-i103 위치 뎀시 힐 9 블록에 자리 잡고 있다.

피에스 카페 PS.Cafe at Harding

새소리를 들으며 차를 마실 수 있는 곳

뎀시 힐에서 가장 핫한 공간을 찾으라면 단연 피에스 카페를 꼽을 수 있다. 가장 좋은 자리는 실내 좌석과 통유리로 나뉘어 있는 야외 테라스이다. 자리가 있다면 무조건 테라스에 앉아 보자. 커다란 숲을 앞에 두고 새소리를 들으며 차를 마시고 있으면 여기가 복잡한 도시 한복판이 맞나 하는 착각이 든다. 음식도 수준급이라 식사를 즐겨도 좋고, 간단히 차를 마시고 가기에도 부담이 없다.

전화 +65 6708 9288 시간 일~목요일 08:00~23:00(마지막 주문 22:30), 금~토요일 08:00~24:00(마지막 주문 22:30) 홈페이지 www.pscafe.com/#pscafe 위치 뎀시 힐 하딩 로드 28B에 위치한다.

Nightlife
오차드 로드의 나이트라이프

앨리 바 Alley Bar

고급스러운 분위기의 바

에메랄드 힐에 모여 있는 바 중에서 가장 고급스러운 분위기이다. 에메랄드 힐의 건물들은 모두 싱가포르의 옛 건축 양식 그대로인 숍하우스 형태를 가지고 있는데, 바와 옛 건물이 묘하게 어울려 독특한 분위기를 만들어 낸다. 간단히 맥주나 칵테일을 마시기에도 좋지만, 식사 시간에는 야외 좌석에서 가벼운 식사를 하기에도 좋다. 해피아워는 오후 5시부터 8시까지로 저렴하게 음료를 즐길 수 있다.

전화 +65 6738 8818 시간 일~목요일 17:00~01:00, 금~토요일 16:00~02:00 홈페이지 www.alleybar.sg 위치 MRT 서머셋 역 B번 출구에서 직진하여 센터 포인트 쇼핑센터를 지나면 된다.

오리진 바 Origin Bar

특별한 칵테일과 보내는 싱가포르의 밤

싱가포르에서 근사한 밤을 보내고 싶다면 이곳을 추천한다. 싱가포르 최고의 호텔인 샹그릴라 타워 윙 로비에 위치한 오리진 바는 싱가포르의 5개 지역인 오차드, 차이나타운, 리틀 인디아, 보트 키, 마리나 베이를 콘셉트로 한 특별한 칵테일 메뉴를 선보이고 있다. 그중에서도 바 이름과 같은 '오리진(Origin)'은 진 베이스로 만든 칵테일로 파인애플과 라임, 슈거 콘이 들어가 달콤하면서도 강렬한 맛이 특징이다.

전화 +65 6213 4595 시간 일~수요일 17:30~01:00, 목~토요일 17:30~02:00 홈페이지 www.shangri-la.com/singapore/shangrila/dining/bars-lounges/origin-bar/origin-bar 위치 샹그릴라 호텔 타워 윙(Tower Wing) 로비에 위치한다

퀘 파사 Que Pasa

이국적인 분위기의 레스토랑 겸 바

에메랄드 힐에는 꽤 분위기 있는 레스토랑과 바들이 모여 있는데, 퀘 파사는 그중에서도 가장 분위기가 좋은 레스토랑 겸 바이다. 양옆으로 아이스 콜드 바와 넘버 5 바가 있는데 이 세 곳이 하나의 주방을 사용한다.

에메랄드 힐은 오래된 숍하우스 건물을 활용했기 때문에 숍하우스 특유의 고풍스러운 분위기를 그대로 가지면서 세련된 바로 탈바꿈하여 이곳만의 독특한 분위기를 띤다.

1층은 와인 병으로 가득 메워져 있고, 2층은 전형적인 시가 바의 모습이다. 편안하게 한잔하기에는 2층보다는 1층이 분위기가 더 좋다. 이곳은 여행자들도 많이 오지만, 싱가포르에 사는 외국인이 특히 많이 찾는다. 안주도 든든한 메뉴가 많아 식사를 하면서 와인을 마시기 좋다.

전화 +65 6235 6626 시간 월~목요일 13:30~02:00, 금~토요일 · 공휴일 전날 13:30~03:00, 일요일 · 공휴일 17:30~02:00 홈페이지 www.quepasa.com.sg 위치 에메랄드 힐 로드에 위치한다.

아이스 콜드 비어 Ice Cold Beer

세계 각국의 맥주를 즐길 수 있는 곳

에메랄드 힐에서 가장 대중적인 펍으로, 세계 각국의 맥주를 즐기기 위해 몰려든 사람들로 가득하다. 누구나 편안하게 즐길 수 있는 분위기이다. 1~2층으로 되어 있고 2층에는 당구대도 있다. 해피아워는 보통 5시부터 9시까지고, 일요일에는 시간에 상관없이 해피아워 가격으로 즐길 수 있다. 피시 앤 칩스, 치킨윙 같은 가벼운 안줏거리도 있다.

전화 +65 6735 9929 시간 일~목요일 14:00~02:00, 금~토요일 14:00~03:00 홈페이지 www.ice-cold-beer.com 위치 MRT 서머셋 역 B번 출구에서 직진해 센터 포인트 쇼핑센터를 지나면 에메랄드 힐 로드가 나온다.

Hotel
오차드 로드의 숙소

리젠트 The Regent

넓은 테라스를 자랑하는 호텔

유명한 호텔 그룹인 포시즌 계열에서 관리하고 있어 높은 서비스 수준을 유지하는 곳이다. 객실은 일반 호텔보다 훨씬 크고 천장도 높아서 넓고 밝아 보인다. 시내에 있는 호텔에서는 보기 드물게 넓은 테라스도 있다. 객실은 오리엔탈풍의 가구와 브라운 톤의 내부 인테리어가 중후하고 고급스러운 분위기를 만들어 낸다. 객실과 시설 수준은 오차드 로드 내 다른 고급 호텔과 비슷하지만, 객실료는 다른 곳보다 상대적으로 싼 편이다.

전화 +65 6733 8888 홈페이지 www.regenthotels.com/regent-singapore 위치 오차드 로드 동쪽 끝에 있는 탕린 몰 뒤편에 있다.

만다린 오차드 싱가포르 Mandarin Orchard Singapore

오차드 로드에서 최고의 위치를 자랑하는 곳

오차드 로드에서는 단연 최고의 위치라고 할 수 있다. 중국 계열의 만다린 호텔 체인으로 호텔로 들어서면 도교의 87인 불사신을 표현한 20m의 벽화가 가장 먼저 눈에 들어온다. 이곳은 사우스 타워와 그랜드 타워 2개의 건물로 나뉘어 있으며, 그랜드 타워 객실이 오차드 로드에서 더 가깝고 고급스러우며 객실료도 비싼 편이다.

전화 +65 6737 4411 홈페이지 www.meritushotels.com/en/mandarin-orchard-singapore/index.html 위치 오차드 로드 중심의 파라곤 쇼핑몰 대각선 건너편에 자리 잡고 있다.

싱가포르 메리어트 탕 플라자 호텔 Singapore Marriott Tang Plaza Hotel

육각 모양의 기와지붕을 자랑하는 곳

육각 모양의 파고다 스타일의 기와지붕이 가장 먼저 눈에 띄는 곳으로 탕스와 붙어 있다. 객실은 일반 고급 호텔 객실처럼 평범하다. 바로 앞에 쇼핑몰들이 이어져 있으며 MRT 쇼핑몰과 붙어 있다.

전화 +65 6735 5800 홈페이지 www.marriott.com/hotels/travel/sindt-singapore-marriott-tang-plaza-hotel 위치 오차드 로드와 스코츠 로드 교차로에 위치한다, MRT 오차드 역 건너편에 있다.

로이즈 인 Lloyd's Inn

온전히 쉴 수 있는 전망 좋은 방

34개의 객실만을 보유하고 있는 부티크 호텔이다. 객실은 군더더기 없는 깔끔한 인테리어로 디자인되어 있으며 큰 창이 있어 전망과 채광이 좋다. 온전한 쉼에 집중하고 있어 레스토랑 등의 별다른 부대시설이 갖추어져 있지는 않지만, 도보로 이동 가능한 주변에 다양한 레스토랑과 숍들이 있어 크게 불편하지는 않다.

전화 +65 6737 7309 홈페이지 lloydsinn.com/singapore 위치 MRT 서머셋 역에서 도보로 약 15분 걸린다.

샹그릴라 호텔 싱가포르 Shangri-La Hotel Singapore

792개 객실의 오차드 대표 호텔

싱가포르 오차드를 대표하는 호텔로 오랫동안 사랑받아 온 곳이다. 타워 윙, 가든 윙, 밸리 윙 총 3개의 윙으로 나누어져 있으며 182개의 아파트와 레지던스를 포함해 총 792개의 객실을 보유하고 있다. 11개의 레스토랑과 바, 수영장, 피트니스 센터, 기프트 숍, 스파 등은 물론이고 가족들을 위한 레크리에이션 시설도 두루 갖추고 있다. 오차드에 자리하고 있는 쇼핑센터과도 가까워 쇼핑하기에 최적의 위치를 자랑한다.

전화 +65 6737 3644 홈페이지 www.shangri-la.com/singapore/shangrila 위치 MRT 오차드 역에서 도보로 약 15분 걸린다.

힐튼 Hilton

최고급 객실을 자랑하는 곳

고전적인 오리엔탈 분위기부터 모던하고 젊은 분위기까지 다양하게 마련되어 있다. 옥상에 위치한 수영장은 호텔 규모에 비해서는 작은 편이다. 오차드 로드의 동쪽 끝에 위치해 있다. 오차드 로드 중심까지 걸으면 5분 정도 걸린다.

전화 +65 6737 2233 홈페이지 www3.hilton.com/en/hotels/singapore/hilton-singapore-SINHITW/index.html 위치 오차드 로드 서쪽의 파이스트 쇼핑몰 옆에 위치한다.

호텔 젠 탕린 싱가포르 Hotel Jen Tanglin Singapore

단기 여행자에게 인기 있는 비즈니스 호텔

트레이더스 호텔이 2015년 새롭게 리브랜딩하여 젠 탕린 호텔로 바뀌었다. 오차드 로드에서 쇼핑 위주의 단기 여행자에게 인기 있는 호텔로, 전형적인 비즈니스 호텔이다. 565개의 객실은 밝고 스타일리시한 느낌이며 집과 같은 편안함을 준다. 레스토랑, 피트니스 센터, 수영장 등의 부대시설 또한 잘 갖추어져 있다. 오차드 로드 끝 부분에 있어 오차드 로드 중심지까지는 도보로 약 15분 정도 소요된다.

전화 +65 6738 2222 홈페이지 www.hoteljen.com/singapore/tanglin/about 위치 오차드 로드 동쪽 끝에 있는 커스카든 로드에 위치한다.

그랜드 하얏트 Grand Hyatt

도심 속의 휴양지

그랜드 윙과 테라스 윙 2개의 건물로 이루어져 있고 객실은 600개가 넘는 대형 호텔이다. 수영장은 테라스 윙쪽에 있는데 무성한 정원과 어우러져 있어 휴양지에 온 것 같은 느낌이 든다. 위치도 좋고 객실 수준이나 수영장 규모 등 여러 가지 조건에서 높은 점수를 줄 만한 숙소이다.

전화 +65 6738 1234 홈페이지 www.singapore.grand.hyatt.com 위치 스코츠 로드에 위치한다. MRT 오차드 역까지는 도보로 10분 정도 소요된다.

포 시즌 Four Seasons

오차드 로드의 최고급 호텔

작지만 고급스러운 분위기를 가진 특급 호텔이다. 포 시즌 호텔은 세계 최고의 호텔 브랜드로 꼽히는 만큼 호텔의 서비스나 수준이 최고급이다. 객실은 차분하면서도 고풍스러운 분위기가 나며 테라스는 없는 구조이다. 욕실이 대리석으로 되어 있어 고급스럽고 넓은 것이 특징이다. 오차드 로드에서는 가장 고급 호텔로 꼽을 수 있다.

전화 +65 6734 1110 홈페이지 www.fourseasons.com/singapore 위치 힐튼 호텔 뒤편에 위치한다.

굿우드 파크 호텔 Goodwood Park Hotel

국가 문화재로 지정된 유서 깊은 호텔

독특한 탑과 흰색 건물이 눈에 띄는 굿우드 파크 호텔은 1900년에 독일인 클럽으로 이용하던 건물을 1929년 호텔로 개조한 곳이다. 1989년 싱가포르 국가 문화재로 지정된 유서 깊은 곳으로 여행자들이 일부러 구경하기 위해 찾는 관광지이기도 하다. 조용하고 고전적인 분위기를 좋아하는 여행객에게 적합한 숙소이다.

전화 +65 6737 7411 홈페이지 www.goodwoodparkhotel.com 위치 MRT 오차드 역에서 도보로 5분 정도 걸린다. 스코츠 로드에 위치한다.

오차드 랑데뷰 호텔 Orchard Rendezvous Hotel

지중해풍 호텔

오차드 퍼레이드 호텔이 오차드 랑데뷰로 이름을 바꾸고 새단장을 했다. 포럼 쇼핑몰 옆에 위치한 지중해풍의 나지막한 호텔로 객실은 군더더기 없는 깔끔함과 편안함을 자랑한다. 오차드 로드에 있는 호텔 중에서는 가격이 합리적인 편이다.

전화 +65 6737 1133 홈페이지 www.rendezvoushotels.com.sg/en/hotels/orchard-rendezvous-hotel 위치 오차드 로드 서쪽 끝에 있는 탕린 로드에 위치한다. MRT 오차드 역까지 도보로 10분 정도 걸린다.

차이나타운

Chinatown

사람 냄새 물씬 나는 중국계 싱가포르인들의 거리

차이나타운은 두 가지의 얼굴을 가진 곳이다. 사우스 브리지 로드를 가운데 두고, 한쪽은 복잡한 거리에 활력이 넘치는 중국계 사람들이 거리를 메우고 있다. 그리고 다른 한쪽은 세련된 바와 스파 숍이 모여 있는 클럽 스트리트가 있다.

차이나타운의 가장 메인이 되는 곳은 파고다 스트리트이다. 언뜻 조잡스러워 보이는 물건들을 파는 곳처럼 보이지만 이국적이면서도 사람 사는 냄새가 물씬 풍겨 여행의 재미를 만끽할 수 있다.

사우스 브리지 로드를 건너면 클럽 스트리트와 만날 수 있는데 이곳에는 고급 레스토랑과 스파 숍, 분위기 좋은 바들이 모여 있다.

Access

MRT 차이나타운 역에서 내리면 바로 차이나타운의 중심부로 이어진다. 또한 MRT 아우트램 파크 역, MRT 탄종 파가 역 일대도 차이나타운과 이어진다.

관광 ★★★★★ 차이나타운을 빼고 관광지를 논하지 말지어다.

쇼핑 ★★★ 싼 기념품 가게와 시장 골목을 구경하는 재미가 있다.

식사 ★★★ 특별히 유명한 곳은 별로 없다.

나이트라이프 ★★ 오직 클럽 스트리트에만 있다.

미리 가 보는 차이나타운

MRT 차이나타운 역에서 내리면 차이나타운의 중심이라고 할 수 있는 파고다 스트리트와 스미스 스트리트가 이어진다. 언제나 사람들로 북적거리는 이 거리는 가장 싱가포르다운 장소 중에 하나이다. 그리고 차이나타운 근처에 위치한 티옹바루 지역은 감각적인 상점과 카페들이 들어서면서 새롭게 주목을 받고 있다.

Best Choice

• 파고다 스트리트, 스미스 스트리트

파고다 스트리트는 거리 전체가 기념품 숍, 인테리어 숍, 노점 등이 이어져 있어서 가장 활발한 거리이다. 밤이 되면 스미스 스트리트에는 차도를 막아 놓고 노천 먹자골목이 생겨 또 다른 재미를 느끼게 해 준다.

• 이국적인 분위기의 케옹 색 로드 걷기

싱가포르의 전통 가옥, 숍하우스가 줄줄이 이어져 있는 케옹 색 로드도 충분히 걸어 볼 만하다. 양쪽 길을 따라 늘어서 있는 숍하우스가 만들어 내는 이국적인 풍경은 차이나타운에서 가장 아름다운 곳이라고 할 만하다.

• 세련된 숍이 가득한 클럽 스트리트 걷기

차이나타운의 서민적이고 북적북적한 분위기를 충분히 느꼈다면 사우스 브리지 로드를 건너 클럽 스트리트로 넘어가 보자. 세련된 바와 레스토랑, 고급 스파들이 있는 조용한 동네가 나타난다. 낮 시간에는 천천히 산책하거나 스파 숍을 찾아다녀도 좋고 밤 시간에 시장과 먹자골목을 구경하고 맥주 한잔하러 클럽 스트리트로 넘어가도 좋다.

• 새롭게 떠오르는 티옹바루 지역

티옹바루는 싱가포르에서 가장 오래된 주거 지역에 불과했지만 최근 개성 넘치는 가게가 늘어나면서 주목 받기 시작했다. 작은 골목들 사이로 아기자기한 카페, 감각적인 책방과 소품점, 옷가게 등을 구경하다 보면 시간이 어떻게 가는지 모를 정도다.

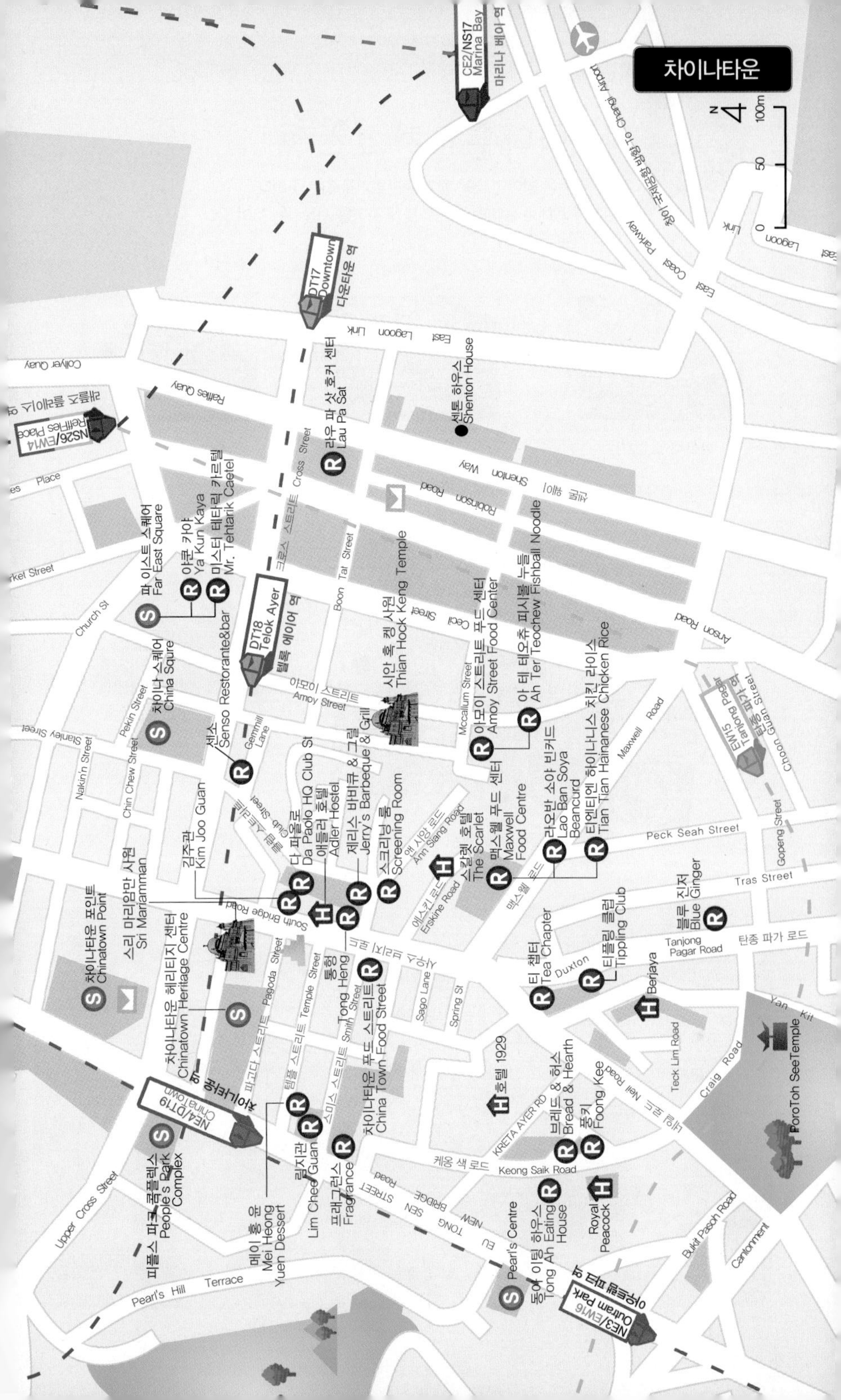

차이나타운
100m
50
0
N
CE2/NS17 Marina Bay
마리나 베이 역
DT17 Downtown
다운타운 역
DT18 Telok Ayer
텔록 에이어 역
NS26/EW14 Raffles Place
래플즈 플레이스 역
EW15 Tanjong Pagar
탄종 파가 역
NE4/DT19 Chinatown
차이나타운 역
NE3/EW16 Outram Park
아웃램 파크 역
라우 파 삿 호커 센터
Lau Pa Sat
센톤 하우스
Shenton House
파 이스트 스퀘어
Far East Square
야쿤 카야
Ya Kun Kaya
미스터 테타릭 카르텔
Mr. Tehtarik Caetel
차이나 스퀘어
China Squre
센소
Senso Restorante&bar
시안 혹 켕 사원
Thian Hock Keng Temple
아모이 스트리트 푸드 센터
Amoy Street Food Center
아 테 테오츄 피시볼 누들
Ah Ter Teochew Fishball Noodle
다 파올로
Da Paolo HQ Club St
애들러 호텔
Adler Hostel
제리스 바비큐 & 그릴
Jerry's Barbeque & Grill
스크리닝 룸
Screening Room
스칼렛 호텔
The Scarlet
맥스웰 푸드 센터
Maxwell Food Centre
라오반 소야 빈커드
Lao Ban Soya Beancurd
티엔티엔 하이나니스 치킨 라이스
Tian Tian Hainanese Chicken Rice
블루 진저
Blue Ginger
티 챕터
Tea Chapter
티플링 클럽
Tippling Club
Berjaya
김주관
Kim Joo Guan
스리 마리암만 사원
Sri Mariamman
차이나타운 포인트
Chinatown Point
차이나타운 헤리티지 센터
Chinatown Heritage Centre
통헹
Tong Heng
차이나타운 푸드 스트리트
China Town Food Street
호텔 1929
브레드 & 허스
Bread & Hearth
풍키
Foong Kee
Royal Peacock
동아 이팅 하우스
Tong Ah Eating House
Pearl's Centre
프래그런스
Fragrance
림지관
Lim Chee Guan
메이 홍 윤
Mei Heong Yuen Dessert
피플스 파크 콤플렉스
People's Park Complex
PoroToh SeeTemple
창이 국제공항 방향 To Changi Airport
East Coast Parkway
Lagoon Link
East Lagoon Link
Collyer Quay
Raffles Quay
Raffles Place
Market Street
Church St
Cross Street
크로스 스트리트
Shenton Way
센톤 웨이
Robinson Road
Boon Tat Street
Cecil Street
Anson Road
Amoy Street
아모이 스트리트
Mccallum Street
Maxwell Road
Choon Guan Street
Gemmill Lane
Club Street
클럽 스트리트
Pekin Street
Stanley Street
Nankin Street
Chin Chew Street
South Bridge Road
사우스 브리지 로드
Ann Siang Road
앤 시앙 로드
Erskine Road
에스킨 로드
맥스웰 로드
Peck Seah Street
Gopeng Street
Tras Street
Tanjong Pagar Road
탄종 파가 로드
Duxton
Yan Kit
Craig Road
Teck Lim Road
Neil Road
네일 로드
KRETA AYER RD
Keong Saik Road
케옹 색 로드
Pagoda Street
파고다 스트리트
Temple Street
템플 스트리트
Smith Street
스미스 스트리트
Sago Lane
Spring St
NEW BRIDGE ROAD
EU TONG SEN STREET
Upper Cross Street
Pearl's Hill Terrace
Bukit Pasoh Road
Cantonment

Best Tour

차이나타운 추천 코스

차이나타운은 밤이면 더욱 활기찬 분위기를 띠는 곳이다.
분위기를 제대로 느끼려면 오후 늦게 일정을 시작하는 것이 좋다.

파고다 스트리트

도보 1분

차이나타운 헤리티지 센터

도보 3분

스리 마리암만 사원

도보 2분

클럽 스트리트

도보 10분

맥스웰 푸드 센터

파고다 스트리트와 트렝가누 스트리트 Pagoda and Trengganu Street

가장 대표적인 차이나타운 거리

싱가포르에서 차이나타운의 모습을 가장 대표적으로 볼 수 있는 곳이 바로 파고다 스트리트와 트렝가누 스트리트이다. 이 거리를 구석구석 걸으면 이국적인 분위기를 만끽할 수 있다.

오래전부터 있었던 숍하우스의 모습을 그대로 간직한 파고다 스트리트에는 여행자들을 위한 기념품 가게를 비롯해 가구점, 옷가게들이 모여 있다. 좌판도 있고 노점상도 있어서 시장 분위기가 물씬 난다. 트렝가누 스트리트는 파고다 스트리트와 만나는 길인데 파고다 스트리트보다 좀 더 시장 분위기가 많이 느껴진다.

위치 MRT 차이나타운 역과 바로 이어진다.

클럽 스트리트 Club Street

차이나타운의 세련된 공간

사우스 브리지를 건너면 갑자기 동네 분위기가 바뀐다. 클럽 스트리트가 바로 그곳인데 주로 레스토랑과 바, 고급 스파 숍이 모여 있고, 밤이 되면 고급 차들이 즐비하게 늘어서기도 한다. 클럽 스트리트는 너무 이른 시간에 가기보다는 어두워질 무렵에 가는 것이 더 좋다. 이 길에 있는 레스토랑들은 저녁이 되면 대부분 손님들로 꽉 들어찬다. 다이닝을 즐기러 온 서양인들도 눈에 띄고, 가볍게 맥주 한잔하러 온 무리도 많이 보인다.

위치 MRT 차이나타운 역에서 도보로 10분 정도 걸린다. 사우스 브리지 로드와 이어진다.

케옹 색 로드 Keong Saik Road

옛 거리의 정취를 간직한 곳

차이나타운에서 옛 거리의 정취를 고스란히 가지고 있는 곳이다. 여행자들을 위한 호텔이나 가게들도 있지만 그래도 차이나타운 역 근처보다는 훨씬 현지인들의 삶을 가까이에서 볼 수 있다. 양쪽으로 늘어선 색색의 숍하우스들도 예쁘고, 저렴한 식당이나 현지인들을 위한 작은 가게들도 많다. 또 직접 그린 그림을 파는 아티스틱한 가게도 많아서 구경할 만하다.

위치 MRT 차이나타운 역에서 도보로 15분 정도 걸린다.

스리 마리암만 사원 Sri Mariamman Temple

오랜 역사를 간직한 힌두 사원

싱가포르의 가장 대표적이면서 오래된 힌두 사원이다. 화려한 고푸람(탑처럼 입구 위에 세워져 있는 힌두교 신들의 조각상)을 보면 종교와 상관없이 감탄과 함께 왠지 모를 경건함이 느껴진다. 차이나타운에 웬 힌두 사원인가 의아해할 수도 있는데 원래는 이 지역에 인도인들이 모여 살았다고 한다. 기도 시간에는 여행자들도 안으로 들어갈 수 있다.

전화 +65-6223-4064 시간 07:00~11:30, 18:00~20:45 위치 사우스 브리지 로드에 위치한다. 파고다 스트리트와 만나는 쪽에 위치한다.

차이나타운 헤리티지 센터 Chinatown Heritage Centre

차이나타운의 역사를 간직한 박물관

차이나타운의 역사를 보여 주는 박물관이다. 박물관 내부에는 과거의 모습을 재현한 경우가 많은데 재미있고 위트가 있다. 재현해 둔 장면들은 대부분 아주 일상적인 모습들이다. 구멍가게나 서민 식당, 작은 방에 여러 가족이 모여 있는 모습, 옛날 집 주방이나 화장실까지 세세한 부분을 사실적으로 표현해서 현실감이 느껴진다. 2016년 초까지 리뉴얼해서 현재는 완전히 오픈한 상태이다.

전화 +65 6224 3928 시간 매일 9:30~18:30 요금 성인 S$ 18, 7~12세 어린이 S$ 14 홈페이지 chinatownheritagecentre.com.sg 위치 차이나타운 역 A번 출구, 파고다 스트리트에 위치한다.

파 이스트 스퀘어 Far East Square

음행 오행설에 입각한 다이닝 스폿

만물의 생성과 소멸을 화(火), 수(水), 목(木), 금(金), 토(土)로 설명하는 음행 오행설에 입각하여 만들어진 공간이다. 화, 수, 금은 파 이스트 스퀘어로 들어가는 문에 'Fire Gate, Water Gate, Metal Gate'라는 이름을 붙여 나타내었고, 이주민의 삶을 보여 주는 오래된 사원인 푹타치는 나무인 목을 상징한다. 이러한 원리에서 만들어진 이곳은 현재 많은 레스토랑과 카페, 바, 상점 등이 들어서 있는 다이닝 스폿이 되었다. 평소에는 한산한 편이지만 식사 때가 되면 많은 사람으로 북적거린다. 야쿤 카야 토스트 본점도 이곳에 자리 잡고 있다.

홈페이지 fareastmalls.com.sg/Far-East-Square/index.aspx?key=home 위치 MRT 래플스 플레이스 역에서 도보 8분이 걸린다.

시안 혹 켕 사원 Thian Hock Keng Temple

아름다운 중국 사원

1842년에 건축된 중국 사원으로 싱가포르에서 가장 오래된 사원으로 유명하다. 탄톡셍과 시후케가 세운 이곳은 기도하는 공간으로서 이용되기도 하였지만 중국 이주민들을 위한 모임 장소로도 사용되었다. 이 사원의 특징은 일절 못을 사용하지 않고 돌과 타일, 나무 등만을 사용하며 최고의 건축미를 뽐냈다는 것이다. 건립 후 여러 번의 복원 사업이 이루어졌으며, 2000년에 새롭게 복원을 마치고 여러 개의 건축상을 수상하며 더욱더 그 가치를 인정받고 있다.

전화 +65 6423 4616 시간 07:30~17:30 요금 무료 홈페이지 thianhockkeng.com.sg/site/ 위치 파 이스트 스퀘어 맞은편인 텔록 에이어 스트리트에 위치한다.

에스킨 로드 Erskine Road

여성들의 마음을 사로잡는 매력적인 거리

차이나타운을 대표하는 클럽 스트리트와 앤 시앙 로드와는 또 다른 분위기를 자아내는 거리이다. 시크하면서도 트렌디한 느낌이 나는 이곳은 200m 남짓한 짧은 거리이지만 여성들의 마음을 사로잡는 아이템으로 가득한 상점과 앤티크한 소품이 주를 이룬 가구점이 빼곡히 늘어서 있다.

싱가포르의 대표적인 부티크 호텔인 스칼렛 호텔이 자리하고 있어 이곳을 더욱 빛나게 한다. 거리 뒤편으로는 트렌디한 바와 숍들이 즐비한 앤 시앙 로드와 클럽 스트리트가 연결되어 있다.

위치 사우스 브리지 로드와 스미스 스트리스가 만나는 지점에서 도보로 3분 정도 걸린다.

스미스 스트리트 Smith Street

노천 스타일의 호커 센터

노천 스타일의 호커 센터가 몰려 있는 스미스 스트리트는 원래 차가 다니는 일반 도로이지만 저녁이 되면 도로를 막고 다양한 음식을 판매하는 먹자 골목으로 변신한다. 스미스 스트리트의 가장 큰 매력은 활기 넘치는 분위기에 있다. 호객을 하는 식당 사람들과 빨간색으로 장식된 지붕 등을 보다 보면 마치 이곳이 중국인 것 같은 생각이 든다. 이곳에서 판매하는 음식들은 싱가포르 현지 음식과 중국 음식, 태국 음식 등이다. 다른 호커 센터보다는 조금 가격이 비싸고 맛도 뛰어난 편은 아니지만, 양쪽으로 늘어선 싱가포르 전통 가옥 스타일의 숍하우스를 보면서 식사하는 재미가 남다르다. 이른 저녁보다는 밤 8~9시 이후에 사람들이 더 붐빈다.

시간 16:00~24:00　위치 스미스 스트리트에 위치한다. MRT 차이나타운 역에서 도보로 3분 정도 걸린다.

앤 시앙 로드 Ann Siang Road

차이나타운의 트렌디한 거리

우리나라의 가로수 길 혹은 홍콩의 소호 거리와 비슷한 거리라 할 수 있는 싱가포르에서 가장 트렌디한 곳 중 하나이다. 이국적이면서도 고풍적인 느낌을 자아낸다. 작지만 매력이 넘치는 숍과 레스토랑, 아기자기한 카페와 서점들이 이어져 있어 시간 가는 줄 모르고 걷게 된다. 여유롭게 산책하듯 발길이 닿는 대로 즐겨 보자.

위치 에스킨 로드 뒤편으로 연결되어 있다.

티옹바루 Tiong Bahru

색다른 분위기로 새롭게 주목 받는 지역

1930년대 집들이 고스란히 남아 있어 싱가포르에서 가장 오래된 거주 지역으로 불리는 티옹바루가 주목을 받게 된 것은 불과 얼마 되지 않았다. 싱가포르의 과거와 현재의 모습을 한눈에 보고 싶거나 도심의 복잡함에서 벗어나 느긋하게 여유를 즐기고 싶다면 이곳, 티옹바루를 방문해 보자.

북스액츄얼리 BooksActually

티옹바루를 변화시킨 독립 서점

포티 핸즈와 함께 평범한 티옹바루 지역을 핫한 곳으로 변화시킨 결정적인 역할을 한 장소이다. 싱가포르 예술가 사이에서 유명해지기 시작하여 현재에는 현지인과 외국인 모두에게 큰 사랑을 받고 있다. 일반적인 서점이 아닌 주인이 직접 고른 책을 판매하는 독립 서점이라서 이곳은 더욱 특별하다. 다양한 종류의 책과 문구, 필기류 등을 보다 보면 시간 가는 줄 모른다. 책을 좋아하지 않는 사람도 북스액츄얼리에 간다면 책과 사랑에 빠지게 될 것이다.

전화 +65 6222 9195 시간 일~월요일 09:00~18:00, 화~토요일 09:00~19:00 홈페이지 www.booksactuallyshop.com 위치 MRT 티옹바루 역 B번 출구에서 도보로 15분 정도 소요된다. 용시악 스트리트에 위치한다.

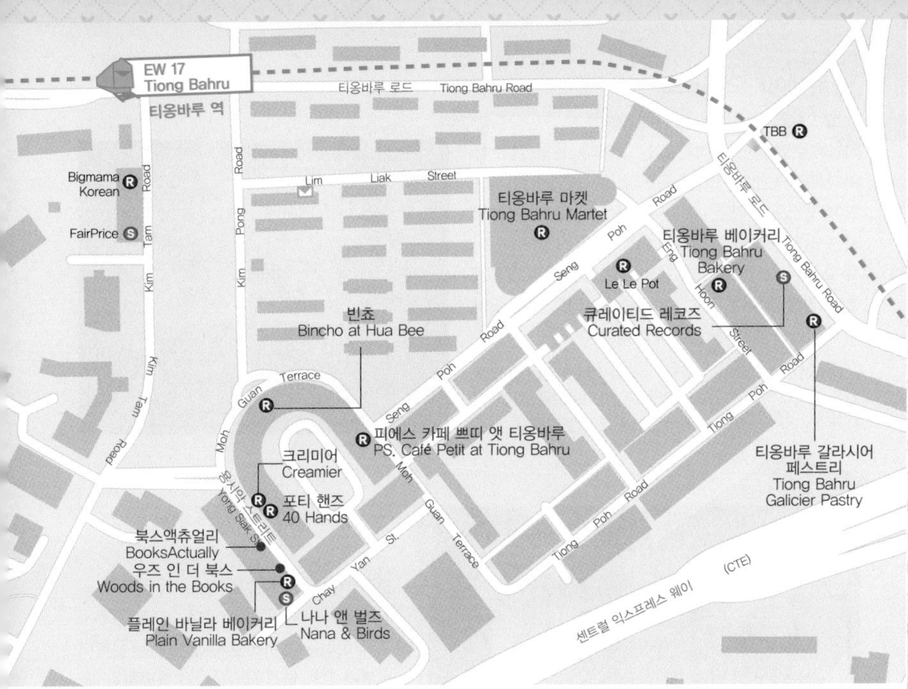

우즈 인 더 북스 Woods in the Books

다양한 그림책을 판매하는 독립 서점

어린이뿐 아니라 성인들을 위한, 모든 연령대의 그림책을 판매하고 있는 독립 서점이다. 동화 속에서 나올 것만 같은 아기자기한 모습의 외관부터 눈길을 사로잡는다. 문을 열고 내부로 들어서면 그 매력에 빠져든다. 국내에서는 구하기 힘든 동화책과 그림책을 발견하게 될지도 모르니 눈을 크게 뜨고 찾아보자.

전화 +65 6222 9980 시간 월요일 10:00~18:00, 화~금요일 10:00~19:00, 토요일 10:00~20:00, 일요일 · 공휴일 10:00~18:00 홈페이지 www.woodsinthebooks.sg 위치 MRT 티옹바루 역 B번 출구에서 도보로 15분 정도 소요된다. 용시악 스트리트에 위치한다.

큐레이티드 레코즈 Curated Records

음악 애호가라면 놓칠 수 없는 명소

티옹바루의 숨은 보석과 같은 곳이다. 문을 열고 들어가자마자 스피커에서 흘러나오는 클래식한 사운드에 구경도 하기 전, 이곳에 매료될지도 모른다. 크지는 않지만 다양한 장르의 LP 앨범을 구할 수 있어 꽤 소문이 나 있고, 특히 음악 애호가들에게 인기가 좋다. 새로 들어온 LP 소식은 큐레이티드 레코즈 공식 페이스북을 통해서 알 수 있다.

전화 +65 6438 3644 시간 화~일요일 13:00~20:00, 월요일 휴무 홈페이지 +65 6438 3644 위치 티옹바루 로드에 위치하며, MRT 티옹바루 역에서 도보로 약 10분 걸린다.

나나 앤 벌즈 Nana & Birds

주인의 철학이 느껴지는 멀티 숍

오랜 시간 친한 동료로 지내온 두 사람이 의기투합해 만든 멀티 숍이다. '고객들이 사고 싶어하는 물건들만 판매한다'는 철학이 느껴져 모든 물건 하나하나가 특별하다. 해외 디자이너부터 로컬 디자이너들의 모던하면서도 클래식한 옷, 액세서리, 신발, 아동복까지 다양한 제품을 두루두루 살펴볼 수 있다. 혹여 고민하다 놓친 옷이 있다면 홈페이지를 통해 구입할 수 있다.

전화 +65 9117 0430 시간 월~금요일 12:00~19:00, 주말 · 공휴일 10:00~18:00 홈페이지 shop.nanaandbird.com 위치 MRT 티옹바루 역 B번 출구에서 도보로 15분 정도 소요된다. 용시악 스트리트에 위치한다.

포티 핸즈 40 Hands

티옹바루를 대표하는 카페

포티 핸즈의 커피를 마시기 위해 티옹바루를 찾는다는 말이 있을 정도로 티옹바루를 대표하는 곳이다. 커피 맛 하나로 입소문을 타게 된 포티 핸즈는 싱가포르의 유명 기업인 스파 에스프리 그룹(Spa Esprit Group)과 함께 론칭한 카페로, 싱가포르 커피 열풍에 큰 역할을 하였다. 원두는 공정 무역과 직접 거래를 통해 들여온 것을 주로 사용하며 전문 바리스타가 직접 내려 최상의 커피 맛을 느낄 수 있다. 커피뿐 아니라 홈메이드 그래놀라, 바나나 프렌치토스트 등의 브런치 메뉴와 다양한 종류의 샌드위치, 샐러드도 즐길 수 있다.

전화 +65 6225 8545 시간 월~금요일 07:00~17:30, 토~일요일 07:30~18:30 홈페이지 www.40handscoffee.com 위치 MRT 티옹바루 역 B번 출구에서 도보로 15분 정도 소요, 용시악 스트리트에 위치한다.

🍴 티옹바루 베이커리 Tiong Bahru Bakery

다양한 종류의 빵이 가득한 베이커리

달콤한 빵 냄새가 절로 발길을 멈추게 하는 곳이다. 다양한 종류의 빵을 판매하여 빵을 사러 오는 사람도 많지만 가벼운 브런치나 커피를 즐기러 오는 사람들로 가게 안은 언제나 북적거린다. 이곳에서 가장 인기 있는 빵은 크로와상으로 바삭바삭한 겉면 속에 부드러운 버터 맛이 일품이다. 그 외에 타르트와 퀴니아망도 인기가 있다. 탕스 오차드와 래플스 시티몰에도 지점이 있으니 참고하자.

전화 +65 6220 3430 시간 08:00~20:00 홈페이지 www.tiongbahrubakery.com 위치 MRT 티옹바루 역 B번 출구에서 도보로 15분 정도 걸린다.

🍴 플레인 바닐라 베이커리 Plain Vanilla Bakery

신선한 재료로 만든 컵케이크를 만날 수 있는 곳

플레인 바닐라 베이커리는 컵케이크 전문점이다. 신선한 재료를 선별하여 만든 케이크에는 색소, 방부제, 인공적인 향이 들어 있지 않다. 따라서 하루가 지난 케이크는 절대 판매하지 않는다. 보기만 해도 달콤한 당근 케이크, 레드 벨벳, 초콜릿 헤이즐넛, 밀크 초콜릿 바닐라 등 다양한 종류의 컵케이크가 준비되어 있다. 매장 내부에는 앉을 공간이 없지만 외부에 큰 테이블이 있어 커피와 컵케이크를 즐기고 갈 수 있다. 현재 싱가포르 내셔널 갤러리와 아이온 오차드 등에서도 플레인 바닐라 컵케이크를 만나볼 수 있다.

전화 +65 8363 7614 시간 월~토요일 08:00~19:00, 일요일 09:00~18:00 홈페이지 www.plainvanilla.com.sg 위치 MRT 티옹바루 역 B번 출구에서 도보로 15분 정도 소요된다. 용시악 스트리트에 위치한다.

크리미어 Creamier

재료의 맛을 느낄 수 있는 프리미엄 아이스크림

홀랜드 빌리지에 있는 선데이 포크스가 운영하는 아이스크림 가게다. 이곳만의 레시피로 창조적인 프리미엄 아이스크림을 만든다. 내부는 티옹바루의 분위기에 어울리게 캐주얼하면서도 아늑한 느낌을 준다. 재료의 맛을 살린 얼 그레이 라벤더와 로스티드 피스타치오는 시그니처 메뉴로 1스쿠프당 3.8달러에서 4.8달러 정도다. 날씨 좋은 날, 야외 좌석에 앉아 달콤한 디저트를 즐기며 여유로운 티옹바루를 느낄 수 있는 점도 이곳에 다시 방문하고 싶은 이유 중 하나다.

전화 +65 6221 1076 시간 화~목요일 12:00~22:00, 금~토요일 12:00~23:00, 일요일 12:00~22:00 홈페이지 creamier.com.sg 위치 티옹바루 용시악 거리에 위치한다.

티옹바루 마켓 Tiong Bahru Market

현지인들이 즐겨 찾는 호커 센터

1층에는 꽃집과 재래시장 등이 있고 2층은 다양한 종류의 음식을 먹을 수 있는 호커 센터다. 관광객보다는 현지인들이 주고객이다 보니 맛도 현지 스타일이고 가격도 저렴하다. 프라이드 캐롯 케이크(Fried Carrot cake)부터 호키엔 미(Hokkien Mee), 치킨 라이스(Chicken Rice)까지 중국, 말레이시아, 인도, 태국 등의 수많은 요리를 맛볼 수 있다. 대체로 음식이 다 훌륭한 편이지만 그중에서도 항상 사람이 많은 홍 헝 프라이드 소통 프라운 미(Hong Heng Fride Sotong Prawn Mee #02-01)와 지안 보 슈아이 쿠에(Jian Bo Shui Kueh #02-05)를 추천한다.

시간 09:00~20:00(가게마다 다르다.) 홈페이지 tiongbahru.market/ 위치 MRT 티옹바루 역에서 도보로 약 8분 걸린다.

빈쵸 Bincho at Hua Bee

일본 선술집 같은 야키토리 바

오사카에 있는 야키토리아에서 영감을 받은 빈쵸는 70년대 전통 코피티암 커피숍을 개조하여 만든 모던한 분위기의 야키토리 바(Yakitori Bar)이다. 셰프 아사이 마사시는 일본에서 배운 모든 기술을 활용하여 로컬식 전통 일본 요리를 선보이고 있다. 닭, 소고기, 해산물 등의 재료를 숯불에 구워 만든 빈쵸의 음식을 먹고 있으면 일본의 어느 선술집에 온 느낌이 들 정도다. 점심, 저녁 세트 메뉴를 비롯하여 다양한 단품 요리도 즐길 수 있는데 메뉴는 상시로 바뀐다.

전화 +65 6438 4567 시간 화~일요일 12:00~15:00, 저녁 화~일요일 18:00~24:00, 월요일 휴무 홈페이지 www.bincho.com.sg 위치 MRT 티옹바루 역에서 도보로 약 10분 걸린다.

티옹바루 갈라시어 페스트리 Tiong Bahru Galicier Pastry

4대째 이어져 온 전통 빵집

티옹바루의 터줏대감이라 할 수 있을 정도로 오랫동안 티옹바루의 자리를 지켜 온 빵집이다. 현재 4대째 운영하고 있는 이곳에서는 다양한 종류의 전통 케이크와 쿠키 등을 만나 볼 수 있다. 그중에서도 코코넛 가루가 뿌려져 있는 타피오카는 이곳의 대표 메뉴로, 부드러운 식감과 달콤한 맛이 일품이다.

전화 +65 6324 1686 시간 06:30~21:30 위치 티옹바루 로드에 위치하며, MRT 티옹바루 역에서 도보로 약 10분 걸린다.

피에스 카페 쁘띠 앳 티옹바루 PS. Café Petit at Tiong Bahru

맛있는 식사와 한잔 그리고 합리적인 가격

복잡함에서 벗어나 티옹바루의 평화로운 분위기를 느낄 수 있는 브런치 카페다. 올 블랙의 세련된 외관은 멀리서도 눈길을 사로잡는다. 버거, 피자, 파스타 등의 식사 메뉴도 잘 갖추어져 있지만 뎀시 힐 등의 다른 지점에 비해 다양한 종류의 맥주와 와인 등을 즐길 수 있다는 점이 이곳만의 특징이다. 합리적인 가격은 덤이다.

전화 +65 6708 9288 시간 월~금요일 11:00~23:00, 토~일요일 09:30~23:00(마지막 음식 주문 22:30) 홈페이지 www.pscafe.com/pscafe-petit-at-tiong-bahru 위치 MRT 티옹바루 역에서 도보로 약 10분 걸린다.

Shopping
차이나타운의 쇼핑

그래스루트 북 룸 Grassroots Book Room

작지만 매력적인 동네 서점

동네 어귀에 있는 작은 서점이라고 하기엔 센스 있는 인테리어와 훌륭한 책 셀렉팅이 돋보이는 곳이다. 에세이부터 소설, 영어책, 디자인, 사진, 여행 독립 서적까지 다양한 종류의 책을 선보이고 있다. 구입 전에 마음껏 책을 읽을 수 있도록 책방 곳곳에 의자가 놓여 있으며, 서점 한 구석에는 구입한 책을 읽으며 여유로운 시간을 보내기 좋은 카페가 있어 더 매력적이다.

전화 +65 6337 9208 시간 수~목요일 11:00~20:00, 금~토요일 11:00~21:00, 일요일 11:00~18:00, 월요일 11:00~20:00, 화요일 휴무 위치 부킷 파소 로드에 위치하며, MRT 차이나타운 역에서 도보로 약 10분 걸린다.

Restaurant & Cafe

차이나타운의 식당과 카페

야쿤 카야 토스트 Ya kun Kaya Toast

추천

야쿤에서 싱가포르 현지인들처럼 아침 식사를

60년이 훌쩍 넘는 싱가포르 전통 방식의 토스트 전문점이다. 이곳에 가는 이유는 바로 야쿤이라는 잼을 바른 토스트 때문인데 코코넛과 달걀로 만든 이 잼은 한 번 맛을 보면 중독될 정도로 맛있다. 싱가포르 인들은 이곳에서 이른 아침부터 숯불에서 바삭하게 구워 낸 카야 토스트와 진한 커피로 하루를 시작한다. 야쿤에서 판매하는 야쿤 잼은 선물로 사기도 좋다. 이곳을 처음 방문한다면 토스트와 달걀 반숙, 커피가 함께 나오는 세트 메뉴를 추천한다. 싱가포르 곳곳에 현대식 분점이 있다.

전화 +65 6438 3638 시간 07:30~19:00 홈페이지 www.yakun.com 위치 크로스 스트리트에 있는 파 이스트 스퀘어 건물 1층에 자리 잡고 있다.

미스터 테타릭 카르텔 익스프레스 Mr Teh Tarik Express

더위에 지쳐 잠시 쉬어 가고 싶다면

남인도 음료인 테타릭 전문점이다. 홍차에 연유를 섞어 만든 테타릭은 인도식 밀크티를 말하는데 진한 홍차 맛과 두꺼운 거품이 특징이다. 테타릭은 뜨거운 것과 차가운 것 중에 선택할 수 있다.

가게 안쪽에서는 음료를 만드는 모습을 직접 볼 수 있는데 맛을 좋게 하기 위해 길게 여러 번 반복하여 음료를 뽑아낸다. 홍차 외에도 다양한 종류의 음료가 판매되니 취향에 맞게 선택해 보자.

시간 월~토요일 07:00~19:00, 일요일 휴무 홈페이지 www.mrtehtarik.com.sg 위치 파 이스트 스퀘어의 여러 개의 식당이 몰려 있는 돔 내에 위치한다.

센소 Senso Ristorante & Bar

차이나타운에서 즐기는 이탈리안 음식

차이나타운에서 핫 플레이스로 불리는 클럽 스트리트에서 10년 동안 자리를 지키며 인기를 유지하고 있는 이탈리안 레스토랑이다. 오른쪽으로 음료를 즐길 수 있는 바가 있고 내부로 더 들어가면 야외 테라스와 실내 레스토랑이 있다. 로맨틱한 분위기를 느낄 수 있는 야외 테라스는 평소에는 사용되지 않다가 파티나 연회처럼 특별한 이벤트가 있을 때 이용된다. 매주 메뉴가 바뀌는 2코스 런치는 S$ 34, 3코스 런치는 S$ 40이라는 합리적인 가격에 만나볼 수 있다. 세트 메뉴가 부담스럽다면 단품 메뉴인 라비올리 파스타 혹은 센소의 10주년 기념으로 만들어진 듀오 리소토를 추천한다.

전화 +65 6224 3534 시간 월~금요일 점심 12:00~14:30(토요일 점심은 휴무), 월~일요일 저녁 18:00~22:30, 선데이 브런치 11:30~15:00 홈페이지 www.senso.sg 위치 클럽 스트리트에 위치한다.

김주관 Kim Joo Guan

30년 전통의 육포 전문점

100% 호주산 돼지고기를 사용하여 쫄깃한 식감과 깊은 풍미가 느껴진다는 좋은 평을 받는다. 구입은 100g부터 가능하며 500g, 1kg 등의 단위로 구입할 수 있다. 선물용 진공 포장도 따로 해 준다.

전화 +65 6225 5257 시간 09:30~20:30 홈페이지 kimjooguan.com
위치 MRT 차이나타운 A번 출구에서 3분 소요, 사우스 브리지 로드에 위치해 있다.

통형 Tong Heng

다이아몬드 모양의 타르트가 유명한 디저트점

1920년에 오픈하여 오랜 전통을 가진 곳으로 다이아몬드 모양의 에그타르트로 유명하다. 신선한 달걀의 노른자로만 만들어 다른 에그타르트에 비해 더 촉촉하고 부드러운 맛을 자랑한다. 특히 에그타르트 안의 커스터드 크림은 한 입을 먹는 순간 행복함을 느낄 수 있다. 기본 에그타르트는 물론 코코넛 맛의 코코넛 에그타르트와 바삭한 페이스트 안에 치킨 커리의 소를 꽉 채운 커리 치킨 크리스프가 가장 인기가 있다.

전화 +65 6223 3649 시간 09:00~21:00 위치 MRT 차이나타운 A번 출구로 나와 3분 소요. 사우스 브리지 로드에 위치해 있다.

다 파올로 Da Paolo HQ Club St

실력 있는 이탈리아 레스토랑

다 파올로 여러 곳의 체인 중 클럽 스트리트에 있는 본점이다. 흰색 테이블보와 촛불 장식, 직원 유니폼에서 격식이 느껴진다. 클럽 스트리트의 이국적인 분위기에서 식사할 수 있어서 인기가 많다. 모든 파스타 요리에 사용되는 면은 매일 아침에 직접 만든다. 메인 요리로 오징어 먹물 스파게티와 이탈리안식 스테이크 카파치노 디 멘조가 인기 있고, 디저트로 티라미수가 가장 많은 사랑을 받는다.

전화 +65-6224-7081 시간 월~목요일 08:00~21:30, 금요일 08:00~01:00, 주말 휴무 홈페이지 www.dapaolo.com.sg 위치 클럽 스트리트에 위치한다.

제리스 바비큐 앤 그릴 Jerry's Barbeque & Grill

미국 본고장의 바비큐를 맛볼 수 있는 곳

바비큐의 본고장인 미국 멤피스에서 공수해 온 바비큐 소스와 히커리 나무로 만든 요리이다. 이곳 요리는 14시간 동안 훈제하는 것이 특징인데, 특히 치킨, 비프, 포크, 새우 메뉴가 유명하다. 바비큐 메뉴에는 구운 감자 또는 튀긴 감자와 소스가 따로 나오는데 양이 상당히 푸짐하다. 런치와 디너 세트 메뉴도 있다.

전화 +65 6323 4550 시간 일~목요일 12:00~22:00, 금요일 12:00~24:30, 토요일 14:00~23:30 홈페이지 www.jerrybbq.com 위치 클럽 스트리트에 위치한다.

스크리닝 룸 Screening Room

색다른 경험을 할 수 있는 종합 복합 공간

영화관, 바를 갖추고 있는 문화 복합 공간이다. 3층에 위치한 부티크 시어터에서는 세계적으로 사랑 받았던 영화를 상영할 뿐만 아니라 프라이빗한 작은 파티와 이벤트가 열리기도 한다. 4층 루프트톱 바는 현지인뿐 아니라 외국인에게도 큰 사랑을 받고 있다. 캐주얼한 분위기 속에서 차이나타운의 멋진 야경과 나이프라이프를 즐기기에 제격이다.

전화 +65 6221 1694 시간 스크리닝 룸 월~목 19:00~21:30, 금~토요일 20:30 / 루프트톱바 월~목 17:30~밤늦게, 금~토요일 17:00~밤늦게 홈페이지 www. screeningroom.com.sg 위치 앤 시앙 로드에 위치한다.

메이 홍 윤(미향원) Mei Heong Yuen Dessert

몸에 좋은 디저트를 맛볼 수 있는 곳

광둥식 전통 디저트를 맛볼 수 있는 곳이다. 맛도 훌륭하고 몸에도 좋은 건강식 디저트를 즐길 수 있기 때문에 현지인에게 인기가 많다. 견과류로 이루어진 페이스트는 들어가는 재료에 따라 각각 다른 효능을 지니고 있어 인기 만점이다. 망고 스노 아이스는 외국인들에게 인기 있는 메뉴이다. 그 외에도 다양한 종류의 디저트가 존재하니 색다른 디저트를 맛보고 싶다면 한 번쯤 들러 보자.

전화 +65 6221 1156 시간 화~금요일 12:00~21:30, 월요일 휴무 홈페이지 www.meiheongyuendessert.com.sg 위치 템플 스트리트 초입

림지관 Lim Chee Guan

싱가포르 현지인에게 인기 있는 최고의 육포 전문점

1938년에 오픈한 림지관은 차이나타운에만 2개 지점이 있는 육포 전문점이다. 관광객들에게는 비첸향 육포가 유명하지만 현지인들 사이에서는 오히려 림지관이 더 유명하다. 주말에는 이 작은 가게 앞에 길게 줄을 서 있는 모습도 쉽게 볼 수 있다. 내부에서는 끊임없이 육포를 굽는 모습을 볼 수 있으며 그 냄새를 한번 맡으면 그냥 지나치기 어렵다. 비첸향 육포보다 더 부드럽고 달콤한 맛이다. 칠리 포크가 가장 인기 있다.

전화 +65 6993 7230 시간 09:00~22:00 홈페이지 www.limcheeguan.com.sg 위치 MRT 차이나타운 A 출구로 나오면 된다.

브레드 앤 허스 Bread & Hearth

따뜻한 분위기의 베이커리 카페

케옹 색 로드에 위치해 있는 베이커리 카페다. 아기자기하고 따뜻한 분위기가 난다. 크로와상이 가장 유명하지만 프랑스식 발효 빵도 맛있다. 빵의 종류가 많아 고르는 재미가 쏠쏠하다. 빵뿐 아니라 커피도 맛있어서 주변에 사는 외국인들이 가벼운 아침식사나 친목 모임을 하기 위해 자주 들르는 곳이다. 더위를 피해 음료나 디저트를 하며 잠시 쉬어 가기에 딱 좋다.

전화 +65 6534 7800 시간 월~토요일 08:00~20:00, 일요일 08:00~18:30 홈페이지 breadandhearth.com 위치 케옹 색 로드에 위치한다.

동아 이팅 하우스 Tong Ah Eating House

싱가포르 택시 기사들이 찾는 진짜 맛집

10개 남짓한 테이블을 가득 채울 정도로 싱가포르 현지인들에게 매우 인기 있는 토스트 집이다. 숯불에 구운 카야 토스트는 버터의 짭짜래한 맛과 잼의 달콤한 맛이 조화를 이루며 현지인들의 입맛을 사로잡는다. 강한 연유 맛이 느껴지는 커피 역시 일품이다. 무뚝뚝하면서도 불친절한 서비스로 얼굴을 찌푸리게 할 때도 있지만 맛과 가격에서는 그 어느 곳보다 만족감을 안겨 준다. 관광객은 적은 편이나 현지인들을 비롯하여 싱가포르에 상주하는 외국인 등 단골 고객이 많은 편이다. 케옹 색 로드 초입부에서 안쪽으로 자리를 이전하였다.

전화 +65 6223 5083 시간 매일 07:00~22:00 위치 케옹 색 로드에 위치한다. MRT 아우트램 파크 역에서 도보로 10분 정도 걸린다.

풍키 | Foong Kee

완탕면이 유명한 식당

풍키는 케옹 색 로드에서 가장 붐비는 식당 중 하나이다. 점심과 저녁 시간이면 앉을 자리가 없을 정도로 사람들이 가득하다. 별다른 인테리어도 없는 이곳이 인기 있는 이유는 이곳의 맛 때문이다. 국물이 없는 꼬들꼬들한 면에 짭짤하고도 달콤한 소스와 부드러운 돼지고기가 얹어진 완탕면(Wanton Mee)은 풍키의 시그니처 메뉴다. 함께 나오는 깔끔하고 담백한 국물도 일품이다. 그 밖에 치킨 누들과 치킨 라이스도 평균 이상의 맛으로 큰 사랑을 받고 있다. 단, 영어가 잘 통하지 않아 약간의 불편은 감수해야 한다.

전화 +65 6222 8402 시간 월~금요일 11:00~22:00, 토요일 11:00~17:30 위치 케옹 색 로드에 위치해 있다.

블루 진저 Blue Ginger

페라나칸 전문 레스토랑

노란색과 빨간색의 절묘한 조화로 차이나타운과 너무나 잘 어울리는 페라나칸 전문 레스토랑이다. 맛과 분위기, 가격 모두 괜찮은 편이기에 여행자들뿐 아니라 현지인들의 발길이 끊이지 않는다. 진한 코코넛 밀크가 들어간 비프 렌당(Beef Rendang)과 달콤한 두리안 빙수가 이곳에서 가장 인기 있는 메뉴다.

전화 +65 6222 3928 시간 매일 점심 12:00~15:00(마지막 주문 14:15), 저녁 18:30~22:30(마지막 주문 21:45) 홈페이지 www.theblueginger.com 위치 MRT 탄종 파가 역에서 도보 5분, 탄종 파가 로드에 위치해 있다.

티 챕터 Tea Chapter

차(茶)에 관한 모든 것을 경험할 수 있는 곳

1층은 차와 차 관련 제품 등을 판매하는 공간이고, 2~3층은 차를 마실 수 있는 중국식 전통 찻집이다. 1층 매장에서는 녹차, 우롱차, 국화차, 재스민차, 보이차 등과 다기, 차 도구 등을 판매하고 있다. 차를 좋아하는 중국인과 일본인 손님이 많은 편이다. 원래 차 도매상으로 시작했으나 현재는 소매로도 차를 판매한다.
차 교육 과정도 있으며 매장에서 간단하게 다도와 차를 고르는 방법 등을 배울 수 있다. 다기 세트는 S$ 100~, 녹차는 50g이 S$ 30, 100g이 S$ 55 정도로 가격도 합리적이어서 선물용으로 고르기에 좋다.

전화 +65 6226 1175 시간 티 하우스 일~목요일 11:00~21:00, 금~토요일 11:00~22:30 / 리테일 숍 일~목요일 10:30~21:00, 금~토요일 10:30~22:30 홈페이지 teachapter.com 위치 네일 로드에 위치한다. 맞은편에 큰 주차장이 있고, 맥스웰 푸드 센터와 가깝다.

티플링 클럽 Tippling Club

혁신적인 도전 정신을 느낄 수 있는 곳

음식도 칵테일도 다른 레스토랑이나 클럽에서 시도하지 않는 새로운 메뉴에 도전해 다른 곳과 비교 자체를 거부하는 곳이다. 런던에서 온 메인 셰프 라이언 클리프드와 바텐더 매튜 박스가 손을 잡고 예술과 요리 사이에서 새로운 시도를 거침없이 선보인다. 하지만 이들의 혁신적인 도전은 최고의 찬사와 함께 비판의 목소리도 높은 편이니 신중하게 선택해야 한다. 식사가 부담스럽다면 저녁 시간에 칵테일을 한잔하러 들러 보자. 뎀시 힐에서 탄종 파거 로드로 이전했지만 여전히 꾸준한 사랑을 받고 있다.

전화 +65 6475 2217 시간 런치 월~금요일 12:00~15:00, 디너 월~토요일 18:00~ / 바(bar) 월~금요일 12:00~24:00, 토요일 18:00~24:00 홈페이지 www.tipplingclub.com 위치 MRT 차이나타운 역에서 도보로 약 8분 소요. 탄종 파가 로드에 위치한다.

아모이 스트리트 푸드 센터 Amoy Street Food Center

현지인들의 사랑을 받는 푸드 센터

맥스웰 푸드코트가 외국인들에게 인기가 있다면 아모이 스트리트 푸드 센터는 현지인들에게 더 잘 알려진 곳이다. 전통 음식에서부터 디저트까지 음식의 종류가 다양할 뿐 아니라 가격도 저렴하여 주변 직장인들이 점심을 먹으러 이곳에 들린다. 주말이나 저녁 시간대에는 닫는 점포가 많으니 기억해 두자.

시간 매장마다 조금씩 다르다. 위치 MRT 탄종 파거 역 G번 출구에서 도보로 1분 소요된다.

아 테 테오추 피시볼 누들 Ah Ter Teochew fishball Noodle

담백한 국물이 일품이 어묵 국수 전문점

아모이 스트리트 푸드 센터에서 가장 인기 있다 할 수 있을 정도로 항상 줄이 길게 서 있는 곳이다. 특별한 메뉴가 있지 않고 피시볼이 들어간 어묵 국수만 있으며 양에 따라 스몰, 미디움, 라지로 선택할 수 있다. 국물이 없는 드라이(DRY)와 국물이 있는 수프(Soup) 중 선택도 가능하다. 더운 날씨지만 제대로 된 어묵 국수를 맛보기 위해서는 국물이 있는 수프를 주문해 보자. 매일 빚는 탱글탱글한 어묵과 담백하고 깊은 맛을 내는 국물은 환상의 조합으로 한 번 먹으면 절대 잊혀지지 않는 맛이다.

맥스웰 푸드 센터 Maxwell Food Center

관광객과 현지인의 사랑을 받는 푸드 센터

싱가포르를 대표하는 푸드 센터라고 할 수 있을 정도로 가장 유명한 곳이다. 언제나 많은 사람들로 북적여 현지 분위기를 느끼고 싶은 사람에게 좋은 선택이다. 관광객뿐 아니라 현지인의 입맛까지 사로잡는 최고의 맛을 선사한다. 싱가포르 로컬 음식에서부터 차이니즈, 말레이시아, 인도 등 세계 각국의 메뉴가 있어, 다양한 맛을 느낄 수 있다. 메뉴 선정의 고민이라면 한 바퀴 둘러보고 사람들이 많이 서 있는 곳의 음식을 선택해 보자. 그날그날 준비한 재료가 떨어질 경우 일찍 문을 닫을 수 있으니, 조금 붐비고 복잡하더라도 점심이나 저녁 식사 시간에 맞춰 가는 것을 권한다.

시간 08:00~02:00(가게마다 조금씩 차이가 있다.) 위치 MRT 차이나타운 역에서 도보로 약 7분 소요된다.

라오반 소야 빈커드 Lao Ban Soya Beancurd

두부로 만든 달콤한 푸딩을 맛볼 수 있는 곳

두부로 만든 푸딩을 파는 곳이다. 입안에 넣는 순간 부드럽게 퍼지는 달콤한 푸딩은 먹는 사람의 기분을 좋게 만든다. 오리지널 소야 빈커드뿐만 아니라 두유와 비슷한 소야 밀크 또한 맛이 좋다.

시간 11:00~15:00, 17:30~21:00
위치 #01-91

티엔티엔 하이나니스 치킨 라이스 Tian Tian Hainanese Chicken Rice

줄을 서서라도 꼭 먹어야 하는 치킨 라이스

싱가포르에서 반드시 먹어야 할 음식 중 하나인 치킨 라이스를 파는 곳이다. 식사 시간이 지나도 많은 사람이 가득할 정도로 인기가 대단하다. 담백한 닭고기와 적당하게 간이 스며든 밥이 절묘한 조화를 이루며 최고의 한 끼 식사를 선사한다.

시간 화~일요일 10:00~19:30, 월요일 휴무 위치 #01-10/11

공희관 Gong He Guan

달콤하고 시원한 망고 디저트

차이나타운을 거닐다가 더위를 피하고 싶다면 이곳, 공희관으로 향하자. 망고가 듬뿍 담긴 푸딩부터 다양한 디저트 메뉴가 준비되어 있다. 시그니처 메뉴는 얼음에 망고와 거북 젤리가 함께 나오는 망고 거위 링 가오(Mango Gui Ling Gao)로 건강과 맛, 둘 다 사로잡아 현지인들에게 큰 사랑을 받고 있다.

전화 +65 6233 0562 시간 매일 10:30~22:30 위치 어퍼 크로스 스트리트에 위치하며, MRT 차이나타운 역에서 도보로 약 3분 걸린다.

포테이토 헤드 포크 Potato Head Folk

식사와 칵테일을 즐길 수 있는 복합 공간이다. 차이나타운의 아이콘이라고 할 수 있는 역사적인 건물에 있으며 스리 번즈 버거 레스토랑(2층), 스튜디오 1939 칵테일 바(3층), 루프트톱 바(4층)로 이루어져 있다. 스리 번즈는 신선한 재료를 사용한 다양한 버거 메뉴를 선보이고 있는데, 그중에서도 시그니처 버거인 베이비 휴(Baby Huey)는 다른 재료가 들어가지 않고 고기와 치즈만을 사용해 육즙 가득한 패티 본연의 맛을 즐기고 싶은 사람에게 추천한다. 버거로 맛있는 한끼를 챙겼다면 위층에 있는 바에서 칵테일 한잔을 즐겨 보자. 우아한 분위기를 원한다면 스튜디오 1939로, 아름다운 시티 뷰를 원한다면 트로피컬 루프트톱으로 향한다.

전화 +65 6327 1939 시간 11:00~밤 늦게 홈페이지 www.ptthead.com/restaurants-bars-in-singapore 위치 케옹색 로드에 위치한다.

번트 앤즈 Burnts Ends

미슐랭 1스타의 아시아 톱 레스토랑

번트 앤즈는 미슐랭 1스타를 받은 모던 오스트레일리안 바비큐 레스토랑으로 늘 사람이 많아 예약은 필수다. 아시아 톱 50 레스토랑에서 항상 상위권을 유지할 정도로 맛, 플레이팅, 분위기, 서비스 등 모든 면에서 최고를 자랑한다. 오픈 키친 스타일로 바 테이블에 앉아 식사할 수 있는데 셰프가 직접 오븐과 그릴을 이용해 요리하는 모습을 보는 재미가 쏠쏠하다. 한 입 크기의 여러 요리가 나오는 테이스팅 메뉴를 추천하지만, 금액 면에서 부담을 느낀다면 번트 엔즈 생어(Burnts Ends Sanger)을

주문하자. 그냥 버거라고 생각하면서 먹었다가 새로운 미식에 대한 감탄을 불러일으키게 될지도 모른다.

전화 +65 6224 3933 시간 점심 금~토요일 12:00 또는 12:30, 저녁 화~토요일 18:00 또는 18:30, 일~월요일 휴무 홈페이지 www.burntends.com.sg 위치 MRT 차이나타운 역에서 도보로 약 6분 걸린다.

나일론 커피 로스터스 Nylon Coffee Roasters

스페셜티 커피가 맛있는 숨은 카페

싱가포르 현지인에게 싱가포르에서 가장 맛있는 커피를 맛볼 수 있는 곳을 추천해 달라고 하면 열에 여덟은 이곳, 나일론 커피 로스터스를 손꼽는다. 나일론 커피는 싱가포르 주거 지역인 에버튼 파크 안에 있는 숨겨진 카페로, 중심지에 위치하지 않음에도 불구하고 많은 사람이 찾는다. 이곳이 유명한 이유는 온전히 이곳만의 스페셜티 커피 때문이다. 내부는 좁고 테이블이 많지 않아 대부분이 테이크아웃을 하거나 커피만 마시고 자리를 뜬다. 커피 외에 다른 메뉴는 없고 블랙, 화이트 등의 카페 메뉴와 커피 원두, 머그컵 등의 커피 용품만 있다.

전화 +65 6220 2330 시간 평일 08:30~17:00, 주말 09:00~17:30, 화요일 휴무 홈페이지 www.nyloncoffee.sg 위치 에버튼 파크에 위치하며, MRT 아우트램 파크 역에서 도보로 5분 걸린다.

Nightlife
차이나타운의 나이트라이프

오퍼레이션 대거 Operation Dagger

환상적인 분위기의 칵테일 바

오퍼레이션 대거에서만 맛볼 수 있는 다양한 종류의 칵테일을 보기 좋은 핑거 푸드를 곁들여 즐길 수 있는 곳이다. 내부에 들어서면 작은 전구 다발이 구름처럼 가득 매달려 있어 그 환상적인 분위기에 곧 압도되고 만다. 서양배, 배꽃, 애플 사이다, 로즈, 레몬밤이 들어간 칵테일(Peas & Flowers)을 마시면서 여행으로 쌓인 피로를 풀어 보자. 거기에다 햄과 멜론을 곁들인다면 진정한 '단짠' 매력에 빠져들게 될 것이다.

전화 +65 6438 4057 시간 월~토요일 18:00~밤늦게 홈페이지 www.operationdagger.com 위치 앤 시앙 힐 로드에 위치하며, MRT 차이나타운 역에서 도보로 약 10분 걸린다.

디 비스포크 D Besporke

눈과 입이 즐거운 싱가포르 속 일본

디 비스포크는 싱가포르 속의 작은 일본이라 불리며 긴자 스타일의 바를 운영하고 있는 곳이다. 한 잔의 드링크는 특별한 사람을 위한 단 하나의 맞춤 정장과 같아야 한다는 신념으로 일본 현지에서 공수해 온 글라스에 엄선한 주류를 담아 낸다. 일본 사케에서부터 각종 위스키, 코냑, 칵테일 등과 함께 어울리는 음식의 페어링으로 우리의 눈과 입을 즐겁게 한다. 다소 고급스러운 느낌이지만 싱가포르에서의 일본을 접하고 싶다면 추천한다.

전화 +65 8141 5741 시간 월~목 18:00~01:00, 금~토요일 18:00~02:00 홈페이지 dbespoke.sg 위치 부킷 파소 로드에 위치하며, MRT 차이나타운 역에서 도보로 약 10분 걸린다.

Hotel
차이나타운의 숙소

호텔 1929 Hotel 1929

독특한 의자들이 모여 있는 숙소

1929년에 지어진 건물을 개조해서 부티크 호텔로 변신시켰다. 호텔의 이름은 지어진 연도를 따랐다. 호텔의 테마는 의자로, 모든 객실에 각기 다른 디자인의 의자들이 놓여 있다. 의자들은 의자 마니아인 호텔 운영자의 개인 소장품이다. 총 32개의 객실은 모두 다른 디자인으로 꾸며져 있다.

전화 +65 6717 1929 홈페이지 www.hotel1929.com 위치 차이나타운 케옹 색 로드에 있다.

파크로열 온 피커링 Parkroyal on Pickering

확 트인 전망이 있는 자연 친화적 호텔

자연 친화적인 콘셉트로 만들어진 호텔로 정원처럼 꾸며진 외관이 상당히 매력적이다. 대부분의 객실은 큰 창이 있어 확 트인 시원한 전망을 즐길 수 있으며, 고급스러우면서도 편안한 인테리어는 여행의 피로를 덜어 준다. 객실뿐 아니라 수영장, 스파, 피트니스 센터, 레스토랑 등 다양한 부대시설 모두 최고를 자랑한다.

전화 +65 6809 8888 홈페이지 www.panpacific.com/en/hotels-and-resorts/pr-pickering.html 위치 MRT 차이나타운 역에서 도보로 약 3분 걸린다.

스칼렛 The Scarlet

싱가포르의 대표적인 부티크 호텔

차이나타운의 100년 된 숍하우스 건물을 개조하여 2005년 초에 오픈했다. 앤티크한 가구와 화려한 색감으로 로맨틱한 분위기를 만들어 낸다. 부티크 호텔로는 규모가 큰 편으로 80개의 객실을 보유하고 있다. 객실은 작은 편인데, 가장 낮은 카테고리 객실에는 창문이 없다. 대신 천장에 유리창이 있어 자연광이 들어온다. 객실에서는 인터넷을 무료로 사용할 수 있다.

전화 +65 6511 3333 홈페이지 www.thescarletsingapore.com 위치 MRT 차이나타운 역에서 도보로 10분 거리이다.

아모이 호텔 Amoy Hotel

아늑한 분위기와 최고의 서비스

외관을 본 순간 박물관에 왔나 생각할 수 있겠지만 이곳은 호텔이다. 아모이 호텔은 차이나타운을 대표하는 스몰 부티크 호텔로 전통적인 부분과 현대적인 스타일이 절묘하게 조화를 이루고 있다. 집과 같은 아늑한 분위기, 여행하기 편리한 위치, 세심하고도 친절한 서비스 등 모든 것이 완벽한 아모이 호텔은 37개의 객실이 코지 싱글, 더블 디럭스 등의 룸 타입으로 나누어져 있으며 모든 객실에서 무료 미니 바 이용이 가능하다. 특히 공항 무료 픽업 서비스(호텔에 직접 요청한다.)와 파 이스트 스퀘어(Far East Square)에 있는 딘 앤 델루카에서 즐길 수 있는 조식 서비스는 이곳을 더욱 특별하게 만들어 준다.

전화 +65 6580 2888 홈페이지 www.stayfareast.com/en/hotels/amoy 위치 텔록 에이어 스트리트에 위치하며, MRT 텔록 에이어(Telok Ayer) 역에서 도보로 1분 걸린다.

앤시앙 하우스 Ann Siang House

편안한 객실과 핫 플레이스로 손꼽히는 바

파란색 외관에 금색 창문으로 장식된 화려하면서도 현지 느낌이 나는 분위기는 앤시앙 하우스의 첫 인상이다. 객실은 20개로 디자인은 단순하지만 실용적이며 적당히 스타일리시하다. 최고의 숙면을 제공하는 '피렌체' 침대와 핸드메이드 가구는 앤시앙 하우스에서 가장 신경 쓴 부분으로 보기만 해도 편안해진다. 지하에 있는 피자리아와 1층에 있는 레코드 숍 & 바, 루프트톱에 위치한 레스토랑 & 바 등은 이곳에 머물지 않아도 일부러 찾아갈 만한 핫 플레이스다.

전화 +65 6202 9377 홈페이지 annsianghouse.com 위치 앤시앙 로드에 위치하며, MRT 텔록 에이어(Telok Ayer) 역 혹은 차이나타운(Chinatown) 역에서 도보로 약 6분 걸린다.

호텔 모노 Hotel Mono

합리적인 가격으로 젊은 여행객에게 인기

역사적인 숍하우스를 개조하여 2016년 11월에 오픈한 부티크 호텔로 고풍스러우면서도 모던한 외관이 멀리서도 눈길을 사로잡는다. 객실뿐 아니라 호텔 전체에 화이트와 블랙만 사용해 심플함과 미니멀리즘을 강조했다. 46개의 객실은 싱글 룸, 트윈 룸, 스탠더드 더블, 패밀리 룸 등으로 나누어져 있다. 별다른 부대시설을 갖추고 있지는 않지만 비교적 합리적인 가격으로 젊은 여행객들에게 인기가 높다.

전화 +65 6326 0430 홈페이지 www.hotelmono.com 위치 모스크 스트리트에 위치하며, MRT 차이나타운 역에서 도보로 3분 걸린다.

애들러 호스텔 Adler Hostel

차이나타운의 인기있는 럭셔리 호스텔

감각적이고 친근한 분위기로 차이나타운에서 최고의 인기를 누리고 있는 호스텔이다. 호텔만큼의 시설은 아니지만 깨끗하고 편안하다. 모든 룸은 도미토리 형식으로 남자, 여자, 혼성으로 선택이 가능하다. 침대는 캐빈(Cabin) 스타일로 커튼을 칠 수 있어 사생활이 보호되고 안쪽에 개인 사물함이 있어 안전하게 짐을 보관할 수 있다. 아침 식사는 식빵과 커피, 과일 등이 간단하게 제공된다. 다른 호스텔보다 가격은 다소 높은 편이지만 그만큼의 가치가 있다.

전화 +65 6226 0173 홈페이지 www.adlerhostel.com 위치 MRT 차이나타운 A번 출구에서 도보 5분 소요된다. 사우스 브리지 로드에 위치해 있다.

홀랜드 빌리지

Halland Village

서양인들이 사는 이국적인 마을

홀랜드 빌리지는 우리나라의 이태원이라 생각하면 된다. 외국인 주재원들이 많은 곳으로, 그들을 위한 쇼핑숍이나 레스토랑이 모여 있다.

골목골목이 이국적이고 다양한 나라에서 온 사람들의 입맛을 만족시킬 만한 수준 높은 식당이 많아서 미식가 여행자들을 불러 모으는 장소이기도 하다. 규모가 작은 편이라 걸어서 한 바퀴 돌아보는 데 전혀 부담이 없다.

홀랜드 빌리지 근처에 새로 생긴 로체스터 파크는 '레스토랑 파크'라고 이름을 바꿔도 좋을 만큼 멋진 레스토랑이 많이 있다. 분위기 좋은 곳에서 식사하고 싶은 사람들에게 추천한다.

Access

가장 가까운 MRT 역은 홀랜드 빌리지 역이다. 2011년 말에 오픈했으며 그전까지는 가까운 역이 없어서 MRT 부오나 비스타 역에서 내려서 한참을 걸어야 했다. 홀랜드 역이 생기고 나서는 바로 역과 홀랜드 빌리지가 연결되어 쉽게 접근할 수 있다. 역에서 내리면 바로 홀랜드 애비뉴 쪽이다.

관광 ★★ 특별한 관광거리가 없다.

쇼핑 ★★★ 동양적인 인테리어 소품이나 아기자기한 제품이 있다.

식사 ★★★★ 다양한 사람들이 많이 사는 동네인 만큼 그들의 입맛을 충족시키는 식당들이 많다.

미리 가 보는

홀랜드 빌리지

식사를 해야 한다면 잘란 메라 사가로, 쇼핑을 하고 싶다면 홀랜드 빌리지 쇼핑몰로 가자. 저녁 때 맥주 한잔이 생각난다면 저녁 시간에 차량 통행을 막아 놓아 길 위에서 즐길 수 있는 로롱 맘봉 로드로 가면 된다.

Best Choice

• 사랑스러운 푸드 스트리트 잘란 메라 사가 & 로체스터 파크

홀랜드 애비뉴의 동쪽에는 잘란 메라 사가 거리가 있다. 100m 남짓한 이 거리에 홀랜드 빌리지에 주민들의 사랑을 받는 레스토랑들이 밀집해 있다. 로체스터 파크에는 숲속에서 즐기는 이탈리아 레스토랑이나 녹음이 가득한 곳에서 즐기는 파인 다이닝 등 낭만적인 분위기에서 행복한 만찬을 즐길 수 있는 곳들이 가득하다.

• 한적한 쇼핑 투어 코스, 홀랜드 빌리지

홀랜드 애비뉴 서쪽은 홀랜드 로드 쇼핑센터를 중심으로 작은 시내가 조성되어 있다. 홀랜드 빌리지는 낮 시간에 찾아오면 너무 한적해서 실망할 수도 있지만, 대신 쇼핑과 식도락을 여유롭게 즐길 수 있다. 플럼, 망고스틴, 패션 프루트 등 독특한 열대 과일을 맛볼 수 있는 홀랜드 로드 마켓과 홀랜드 빌리지 쇼핑몰도 만날 수 있다.

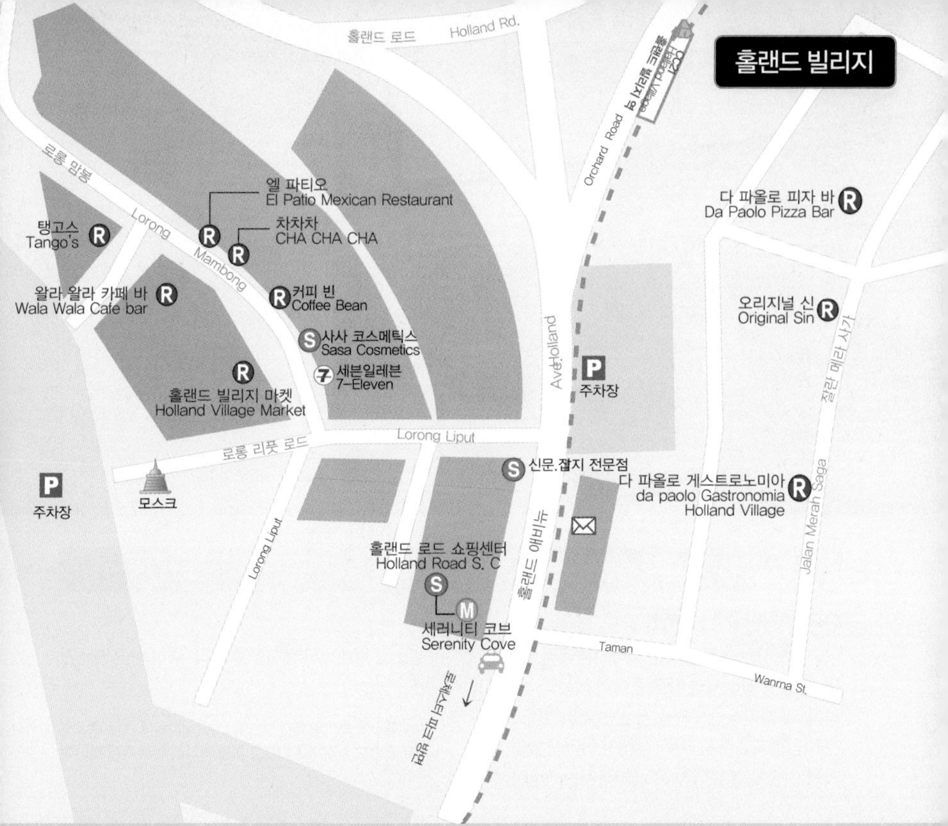

홀랜드 빌리지 추천 코스

Best Tour

저녁을 먹는 것으로 시작해서 늦은 밤 홀랜드 빌리지의 이국적인 분위기를 느껴 보는 6시간 내외의 저녁 일정이다.

잘란메라사가거리

추천 식당 : 다 파올로, 오리지널 신

도보 10분

홀랜드 로드 쇼핑 센터

도보 5분

로롱 맘봉 로드

추천 식당 : 왈라 왈라, 차차차, 탱고스

로롱 맘봉 로드 Lorong Mambong Road

이국적인 분위기가 가득한 곳

여행자보다는 현지에 사는 외국인들에게 인기 있으며, 홀랜드 빌리지의 가장 중심이 되는 거리이기도 하다. 약 200m 정도의 길지 않은 거리인데, 양쪽에는 다양한 레스토랑과 바, 상점이 이어져 있다. 특히 저녁 6시 30분부터 늦은 새벽까지는 차량 통행을 막고 길 위에까지 테이블을 둔다. 특히 바깥 자리가 인기가 많다.

위치 홀랜드 로드와 이어지는 약 200m 정도의 거리이다. 택시로 홀랜드 빌리지로 가자고 하면 여기서 내려 주는 것이 보통이다.

잘란 메라 사가 Jalan Merah Saga

홀랜드 빌리지의 대표 레스토랑 거리

잘란 메라 사가 거리는 홀랜드 빌리지의 대표 레스토랑이 많이 모여 있는 작은 거리이다. 로롱 맘봉 로드에 레스토랑과 바가 많이 있다면 잘란 메라 사가 거리에는 주로 이탈리아 식당이나 퓨전 프렌치 레스토랑들이 모여 있다.

이곳에 사는 외국인 주재원들이 외식을 자주 하는 곳이니 만큼 음식의 수준도 높고, 오래전부터 꾸준히 인기를 끌고 있는 평이 좋은 레스토랑이 많이 있다. 팬트리 매직이나 초론 등 주부들이 좋아할 만한 숍들도 있어 쇼핑을 위해 둘러보기에도 좋다.

위치 홀랜드 로드 쇼핑센터에서 홀랜드 애비뉴를 건너 이어지는 길로 들어가면 된다.

로체스터 파크 Rochester Park

녹음이 가득한 곳에서 즐기는 파인 다이닝

로체스터 파크는 싱가포르 현지인들에게 가장 각광받고 있는, 파인 다이닝을 즐길 수 있는 레스토랑 중 하나이다. 녹음이 우거진 동네에 다른 것은 아무것도 없고 멋진 분위기의 레스토랑과 바가 들어서 있다.

2006년 전까지 이곳은 영국인들이 사는 거주지였는데 지금은 레스토랑으로 변하는 중이다. 레스토랑에 갈 때는 미리 예약을 하는 것이 좋으며, 나올 때는 레스토랑에서 콜택시를 불러 주는 경우가 많다. 총 9개의 건물이 모여 있다.

시간 일요일에는 문을 닫는 곳이 많다. 위치 MRT로 가기는 쉽지 않으므로 택시로 이동하는 것이 좋다.

세러니티 코브 Serenity Cove

주민들이 찾는 저렴한 마사지 숍

여행자를 위한 곳이라기보다는 홀랜드 빌리지에 사는 주민을 주 대상으로 하는 곳이다. 주로 동네에 사는 여성들이 미리 예약을 하고 찾아온다. 가격이 비싸지 않다는 것이 큰 장점이다. 2개의 가게로 나뉘어져 있는데, 한 곳은 네일을 중심으로 하는 토탈 뷰티 살롱이고 맞은편에는 마사지를 하는 숍이 따로 있다.

전화 +65 6466 6335 시간 09:00~20:00 위치 홀랜드 로드 쇼핑센터 3층에 위치한다.

탁수 갤러리 Taksu Singapor

젊은 작가들의 실험적인 작품

탁수그룹에서 1989년에 오픈한 작은 갤러리로 컨템포러리 예술 작품들을 다루고 있다. 규모는 작은 편이지만 현대적인 인테리어와 다양한 현대 예술품들로 채워져 있다. 특히 젊은 신진 아티스트들의 작품들이 주로 전시되는 만큼 실험적이고 신선한 작품들을 만나 볼 수 있다.

전화 +65 6476 4788 시간 화~토요일 10:00~19:00, 일요일 12:00~18:00, 월요일 휴무 위치 잘란 메라 사가 거리에 위치한다.

Shopping
홀랜드 빌리지의 쇼핑

홀랜드 로드 쇼핑센터 Holland Road Shopping Centre

홀랜드 빌리지의 랜드마크

홀랜드 빌리지에서 가장 큰 쇼핑몰이다. 그렇지만 그 규모는 오차드 로드나 마리나 베이 지역에 있는 초대형 쇼핑몰과 비교할 정도는 아니다. 홀랜드 빌리지의 쇼핑몰은 특성상 여행자나 외지 사람들이 아닌 홀랜드 빌리지에 현지인을 타깃으로 하고 있다. 홀랜드 빌리지는 외국인 주재원이 많이 사는 지역이기 때문에 그들이 원하는 제품들이 주를 이루는데, 이곳에는 유난히 인테리어 소품이 강세이다. 서울의 강남 고속터미널 지하상가가 연상되는데, 작은 가구부터 시작해서 중국의 골동품, 접시, 그릇, 패브릭 제품 등이 많다.

시간 08:30~17:30 위치 홀랜드 애비뉴에 위치한다.

바인드 아티산 Bynd Artisan

원하는 대로 만들어 주는 나만의 다이어리

바인드 아티산은 싱가포르에서 가장 멋진 노트와 가죽 지갑을 만나 볼 수 있는 숍이다. 아트 갤러리 겸 작업실처럼 꾸민 매장은 지나가던 사람들의 발길을 멈추게 한다. 이곳에서는 나만을 위한 노트와 다이어리 등을 만들 수 있는데 표지부터 종이, 제본 방식, 각인 등을 고르면 그 자리에서 10~15분 내에 만들어 준다. 수제로 만든 카드 지갑 역시 싱가포르를 특별하게 기억할 수 있는 기념품으로 손색이 없다. 아이온 오차드, 래플즈 시티, 타카시마야(니안 시티) 쇼핑몰 내에도 입점되어 있다.

전화 +65 6475 1680 시간 화~금요일 12:00~21:00, 토~일요일 10:00~21:00, 월요일 휴무 홈페이지 www.byndartisan.com 위치 잘란 메라 사가 거리에 있다.

Restaurant
홀랜드 빌리지의 식당

다 파올로 게스트로노미아 Da paolo Gastronomia Holland Village

이탈리아 수제 식재료를 살 수 있는 곳

조각 피자와 파스타, 치즈 등을 테이크 아웃으로 살 수 있는 곳으로 홀랜드 빌리지의 주부들에게 전폭적인 지지를 받는 곳이다. 다 파올로는 차이나타운에 정통 이탈리아 레스토랑을 가지고 있는 다 파올로 체인에서 운영하는 곳으로 이곳에서 파스타와 스파게티 면을 직접 만들어 공급한다.

다 파올로 게스트로노미아는 일반 손님들에게도 직접 만든 면을 종류별로 팔고 있다. 그 외에도 각종 소스, 피클, 빵, 쿠키 등 식재료까지 살 수 있다.

전화 +65 6475 1323 시간 08:00~22:00 홈페이지 www.dapaolo.com.sg 위치 잘란 메라 사가 거리에 위치한다.

오리지널 신 Original Sin

인기 있는 베지테리언 레스토랑

베지테리언 레스토랑으로 모든 음식은 오가닉 식재료를 사용해서 조리한다. 그날의 추천 메뉴를 입구 앞 칠판에 크게 표기해 두는데 인기가 많다. 런치 세트는 메인 메뉴 하나와 음료, 수프, 디저트, 커피가 풀코스로 나온다.

전화 +65 6475 5605 시간 11:30~14:30, 18:00~22:30 홈페이지 www.originalsin.com.sg 위치 잘란 메라 사가 거리에 위치한다.

홀랜드 빌리지 마켓 Holland Village Market

홀랜드 빌리지에서 저렴하게 식사할 수 있는 곳

홀랜드 빌리지의 호커 센터라고 보면 된다. 태국, 인도네시아 음식을 비롯해서 한국 음식을 파는 곳도 있다. 다른 호커 센터와 다른 점이라면 푸드코트와 마켓이 이어진다는 것이다. 로롱 리풋 로드와 로롱 맘봉 로드가 만나는 곳에 위치하고 있다.

시간 06:00~24:00(식당마다 다르다.) 위치 로롱 맘봉 거리에 위치한다.

크래프츠맨 Craftsmen specialty coffee

좋은 재료로 만든 브런치와 신선한 커피

아늑한 분위기에서 이른 시간부터 커피와 아침 식사를 할 수 있는 곳이다. 크래프츠맨은 프랑스산 씨솔트와 올리브오일 그리고 친환경 농장에서 자란 닭이 낳은 무항생제 달걀을 사용하며, 세계 여행을 통해 영감받은 다양한 브런치 메뉴와 신선한 커피를 제공한다. 홀랜드 빌리지를 포함해 이스트우드 센터(Eastwood), 무하마드 술탄(Muhamed Sultan), 클락 키(Clarke Quay Central) 등에서도 만나 볼 수 있다.

전화 +65 9658 0769 시간 월~목요일 08:00~22:00, 금~토요일 08:00~22:30, 일요일 08:00~21:00 홈페이지 www.craftsmencoffee.com 위치 홀랜드 에비뉴에 위치하며, MRT 홀랜드빌리지 역에서 도보로 약 1분 걸린다.

타이청 베이커리 Tai Cheong Bakery

최고의 에그타르트와 간단한 식사

홍콩 최고의 에그타르트 집을 싱가포르에서도 만날 수 있다. 부드러운 커스터드 필링이 그리 달지 않아 식후 디저트로도 부담 없이 즐길 수 있다. 에그타르트 외에도 차와 간단한 음식을 즐길 수 있는 차찬탱(Cha Chaan Teng) 메뉴가 준비되어 있다. 홀랜드 빌리지 외에 오차드에 있는 타카시마야(니안 시티) 쇼핑몰에도 지점이 있다.

전화 +65 9828 1954 시간 월~금요일 10:00~22:00, 토~일요일 09:00~22:00 홈페이지 www.taicheong.com.sg 위치 MRT 홀랜드 빌리지 역에서 도보로 약 2분 걸린다.

선데이 포크스 Sunday folks

벨기에 와플과 아이스크림이 인기

매일 일요일 같은 기분을 느끼게 해 주는 선데이 포크스는 아이스크림과 커피, 와플, 케이크 등을 주종으로 하는 디저트 가게다. 신선하고 좋은 재료로 만든 아이스크림을 한입 무는 순간 세상을 다 가진 느낌이 들지도 모른다. 특별히 추천하는 메뉴는 벨기에 와플과 아이스크림이 함께 나오는 시그니처 와플 위드 아이스크림(Signature Waffle With Ice Cream)으로 아이스크림은 씨솔트, 얼 그레이, 다크 초콜렛 등에서 선택할 수 있다. 목조 가구를 사용한 인테리어는 편안하고도 아늑한 분위기를 자아낸다.

전화 +65 6479 9166 시간 화~목요일 13:00~22:00, 금~토요일 12:00~23:00, 일요일 12:00~22:00 홈페이지 sundayfolks.com 위치 잘란 메라 사가 거리에 위치한다.

왈라 왈라 카페 바 Wala Wala Cafe bar

가장 대중적이고 북적이는 펍

밤이 되면 북적거리는 펍이다. 일단 규모가 크고 밤에는 차량을 통제하는 거리를 잘 활용해 야외 좌석을 넓게 만들어 두었다. 1993년에 오픈한 왈라 왈라는 지금까지도 홀랜드 빌리지에서 가장 대중적인 술집으로 자리 잡고 있다. 수입 맥주 위주의 맥주 종류가 상당히 많고 안주도 맥주에 어울리는 간단한 것들이 많다.

전화 +65 6462 4288 시간 월~목요일 16:00~01:00, 금요일 16:00~02:00, 토요일 15:00~02:00, 일요일 15:00~01:00 홈페이지 www.walawala.sg 위치 로롱 맘봉 로드에 자리 잡고 있다.

탱고스 Tango's

캐주얼 스타일의 펍

왈라 왈라와 나란히 위치하고 있는 편안한 스타일의 펍이다. 로롱 맘봉 로드는 저녁 때부터 자동차 도로를 막아 두어 거리에서 편하게 맥주 한잔을 마실 수 있다. 안주라고 하기에는 푸짐한 메뉴들이 많은데, 특히 피자가 인기 있다. 저녁 9시 전에 와서 맥주 한 잔을 시키면 한 잔을 공짜로 주는 등 혜택이 많다.

전화 +65 6463 7364 시간 일~목요일 15:00~01:00, 금~토요일 15:00~02:00 위치 왈라 왈라 바로 옆 로롱 맘봉 로드에 위치한다.

차차차 C ha Cha Cha

멕시칸 음식을 맛볼 수 있는 곳

1991년에 오픈한 멕시칸 레스토랑으로 홀랜드 빌리지에서 제법 오래된 레스토랑 중 하나이다. 로롱 맘봉 로드는 홀랜드 빌리지에서 사람의 왕래가 가장 많은 거리인데 이 거리에 있는 레스토랑 중에서 가장 편하게 들어가 식사할 수 있는 곳이 바로 차차차이다.

인테리어가 평범한 편이지만, 야외 테이블에 앉으면 지나가는 사람들을 볼 수 있다. 차차차는 식사도 즐기면서 간단히 맥주 한잔하기에도 분위기가 괜찮다.

전화 +65 6462 1650 시간 일~목요일 11:30~23:00, 금~토요일 11:30~24:00 위치 로롱 맘봉 로드에 위치한다. 홈페이지 chachacha.com.sg

엘 파티오 El Patio Mexican Restaurant & Wine Bar

싱가포르에서 가장 오래된 멕시칸 레스토랑

30년이 다 되어 가는, 싱가포르에서 가장 오래된 멕시칸 레스토랑 중 한 곳이다. 주말이 되면 주변에 외식하러 나온 현지인들로 자리가 없을 정도로 인기가 많다. 저녁 때는 야외 좌석이 인기이다. 인기 있는 메뉴는 양도 푸짐하고 맛도 좋은 나초 수프림이다. 모든 메뉴가 양이 푸짐한 편으로 로롱 맘봉 로드에서 가장 인기 있는 식당 중의 한 곳이다.

전화 +65 6468 1520 시간 월요일 13:00~23:00, 화~금요일 11:00~23:00, 토~일요일 12:00~23:00 위치 로롱 맘봉 로드에 자리 잡고 있다.

다 파올로 피자 바 Da Paolo Pizza Bar

가볍게 들를 수 있는 피자 바

홀랜드 빌리지 주민들의 단골 피자 가게이다. 편안한 복장으로 나와 피자를 즐기는 주민들을 쉽게 볼 수 있다. 다 파올로는 이미 싱가포르에 여러 개의 이탈리안 식당을 가지고 있는 그룹인데, 다 파올로 피자 바는 가장 최근에 오픈했다.

홀랜드 빌리지의 잘란 메라 사가 거리에는 맛집 골목이라 할 만큼 식당들이 즐비한데, 대부분 가격대가 높은 편이다. 그러나 다 파올로 피자 바는 다른 식당에 비해서 가격이 저렴한 편이고, 피자의 수준도 평균 이상이다.

한쪽 벽이 와인으로 채워져 있을 만큼 와인 종류도 다양하며, 저렴한 가격의 와인도 상당히 많다.

전화 +65 6479 6059 시간 월~금요일 12:00~14:30, 17:30~22:30, 토~일요일 · 공휴일 11:00~22:30 홈페이지 www.dapaolo.com.sg 위치 잘란 메라 사가 거리 끝에 있다.

아랍 스트리트 & 부기스

Arab Street & Bugis

아랍의 전통문화와 싱가포르 젊은 문화의 만남

아랍 스트리트는 말 그대로, 아랍계 사람이 많이 모여 있는 지역을 뜻한다. 차이나타운이나 리틀 인디아 못지않게 이국적인 분위기를 풍기는 곳이다. 그리고 이곳은 싱가포르를 경유하는 배낭 여행자들이 모이는 곳이기도 하다. 그렇기 때문에 아랍 스타일의 문화 코드와 젊은 배낭 여행자들의 문화가 혼합되어 있다. 아기자기하면서도 세련된 분위기가 아랍 스트리트 전역에 흐른다.

MRT 부기스 역을 중심으로 중저가 제품들을 주로 파는 쇼핑몰과 재래시장 분위기를 풍기는 부기스 스트리트 시장은 현지인들의 발길이 끊이지 않는 곳이다. 부기스 스트리트 시장은 좁은 길을 따라 시장이 이어져 있어서 볼거리가 다양하다.

Access

아랍 스트리트는 MRT 부기스 역에서 도보로 10분 거리이다. 부기스 지역은 MRT 부기스 역과 부기스 정션이 연결되어 있어 역에서 나오면 바로이다.

관광 ★★★★★ 아랍 · 부기스 스트리트, 하지 레인 등 볼거리가 많다.

쇼핑 ★★★★ 인테리어 소품과 패브릭 상점이 많다.

식사 ★ 특별히 유명한 식당은 별로 없다.

나이트라이프 ★ 딱히 없다.

미리 가 보는

아랍 스트리트 & 부기스

아랍 스트리트는 이 지역의 메인 거리 이름이기도 한데 거리 주변을 통칭해서 아랍 스트리트라고 부른다. 아랍 스트리트라고 하면 술탄 모스크와 말레이 헤리지티 센터를 포함해서 그 주변의 모든 거리를 말한다고 보면 된다.

Best Choice

• 감각적인 아랍 스트리트와 하지 레인

아랍 스트리트는 1~2시간 정도면 술탄 모스크를 둘러보고 부소라 스트리트를 충분히 구경할 수 있을 정도로 작은 동네이다. 아랍 스트리트에 갔다면 하지 레인도 들러 볼 만한데, 싱가포르의 젊은 이들이 그들만의 감각으로 문을 연 상점들을 구경하는 재미가 쏠쏠하다. 아랍 스트리트는 아랍 전통 옷감이나 양탄자 등을 파는 상점들이 많고, 부소라 스트리트에는 아기자기한 인테리어 숍들이 모여 있다.

하지 레인은 세계 각지에서 온 감각적이고 빈티지한 스타일의 옷 가게들과 작은 갤러리, 카페들이 모여 있어 홍대 거리를 보는 듯한 느낌이 든다.

• 젊은 트렌드가 가득한 부기스 스트리트

부기스는 아기자기한 구경거리가 많은 곳이다. 젊은이들이 주로 찾는 부기스 정션에는 중저가 위주의 쇼핑을 할 수 있고, 바로 앞의 부기스 스트리트 시장은 서민적인 분위기를 풍긴다.

아랍 스트리트 & 부기스
Jalan Berseh
Kelantan Lane
Kelantan Lane
Road
Kelantan Lane
Jalan Besar
Pitt Street
Weld Road
Upper Weld Road
Dickson Road
Dunlop Street
Perak Road
City Road
Jalan
Jalan Kubor
Victoria Street
Victoria Lane
빅토리아 스트리트
North Bridge Road
Textile Centre
Sultan Plaza
Sultan
Hajjah Fatimah Mosque
Keypoint
Aliwal Street
Pahang Street
말레이 헤리티지 센터
Malay Heritage Centre
Kandahar Street
부소라 카페
Bushra Cafe
술탄 모스크
Sultan Mosque
Muscat Street
Arab Street
Sultan Gate
비치 로드
Baghdad Street
심 림 타워
Sim Lim Tower
Sungei
Rochor
Canal
Road
Road
싱가포르 잠잠
Singapore Zamzam
Victoria St Wholesale Centre
골든 랜드마크
Golden Landmark
부소라 스트리트
Bussorah Street
더 포드 부티크 캡슐 호텔
The Pod Boutique Capsule Hostel
Highway
아랍 스트리트
Arab Street
하지 레인
Haji Lane
피카 스웨디시 카페
Fika Swedish Cafe & Bistro
Parkroyal On Beach Road
Nicoll
Republic Avenue
심 림 스퀘어
Sim Lim Squre
Ophir
Road
Queen Street
래플즈 병원
Raffles Hospital
Parkview Square
블랑코 코트 프론 미
Blanco Court Prawn Mee
알버트 콤플렉스
Albert Complex
Rochor
Road
부기스 스트리트 시장
Bugis Street
부기스 역
EW12/DT14 Bugis
Road
The Gateway
Queen Street
퀸 스트리트
부기스 정션
Bugis Junction
BHG 백화점
푸드 정션
Food Junction
New 7th Storey
Beach
Tan Quee Lan Street
Liang Seah Street
폰스
Porn's
디저트 퍼스트
Dessert First
Republic Boulevard
To Changi Airport
To Jurong
시티 베이 뷰
City Bay View
인터콘티넨탈
Inter-Continental
비치
Beach
파크 뷰
Park view
쇼 레저 갤러리
Shaw Leisure Gallery
Middle
Road
Purvis Street
호텔 그랜드 퍼시픽
Hotel Grand Pacific

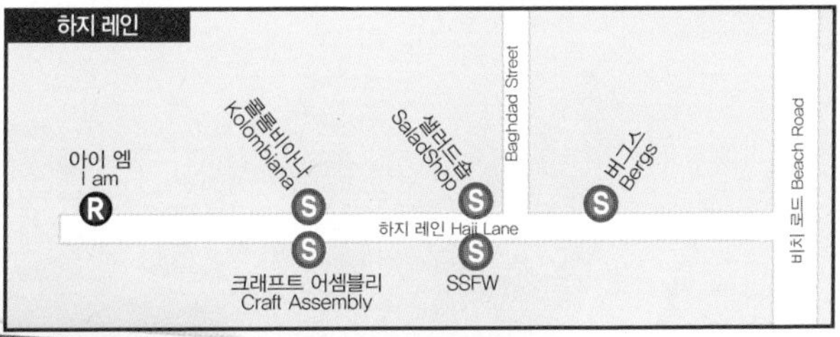

하지 레인
아이 엠
I am
콜롬비아나
Kolombiana
샐러드숍
SaladShop
Baghdad Street
버그스
Bergs
하지 레인 Haji Lane
크래프트 어셈블리
Craft Assembly
SSFW
비치 로드 Beach Road

Best Tour

아랍 스트리트 & 부기스 추천 코스

감각적인 아랍 스트리트와 하지 레인, 젊은 트렌드가 가득한 부기스 스트리트를 돌아보는 코스이다.

MRT 부기스 역, 부기스 정션

추천 식당 : MRT 부기스 역 부기스 정션 푸드코트

도보 5분

부기스 시장

택시 5분

술탄 모스크 & 부소라 스트리트

추천 식당 : 싱가포르 잠잠

도보 10분

하지 레인

추천 식당 : 고잉 옴, 블랑코 코트 프론 미

술탄 모스크 Sultan Mosque

아랍 스트리트의 랜드마크

1825년에 지어진 술탄 모스크는 아랍 스트리트의 대표적인 건축물이다. 싱가포르에서 가장 오래된 이슬람 사원으로 싱가포르에 거주하는 이슬람 인들이 종교 활동을 하기 위해 찾는 곳이다.

술탄 모스크를 중심으로 부소라 스트리트에는 여행자들을 위한 상점들과 카페들이 줄지어 있다. 술탄 모스크는 여행자들에게 정해진 시간에만 입장을 허가하는데, 짧은 치마나 맨살이 드러나는 복장으로는 입장할 수 없기 때문에 입구에서 긴치마를 빌려준다.

시간 월~목요일, 토~일요일 10:00~12:00, 14:00~16:00 / 금요일 14:30~16:00 위치 부소라 스트리트 끝의 무스카트 스트리트에 위치한다.

부소라 스트리트 Bussorah Street

아기자기한 상점들의 거리

술탄 모스크 바로 앞의 거리가 부소라 스트리트이다. 술탄 모스크를 보러 여행자들이 몰려들기 때문에 이들을 대상으로 한 상점이 대부분이다. 이국적인 인테리어 소품이나 스카프, 카펫, 물담배 등을 살 수 있는 상점들이 이어져 있다. 술탄 모스크를 바로 앞에 두고 있어 이국적이기도 하고 아기자기한 멋이 있어 구경하는 재미가 있다.

위치 술탄 모스크 앞 거리가 부소라 스트리트이다.

하지 레인 Haji Lane

젊은이들의 트렌디하고 개성 넘치는 골목

원래 하지 레인은 다소 썰렁한 좁고 평범한 골목이었다. 그러나 최근 이곳에 싱가포르 젊은이들이 한 곳 두 곳 가게를 오픈하더니, 지금은 그들만의 독특한 트렌드가 보이는 재미있는 골목길이 되었다. 디자이너가 옷을 만들어 파는 곳도 있고 일본이나 홍콩에서 독특한 제품들만 모아 파는 셀렉트 숍도 있다. 인테리어 소품을 팔거나 히피 분위기가 나는 카페들도 있다. 이 거리는 싱가포르 전통 가옥의 모습인 숍하우스를 그대로 살려 두었기 때문에 거리 하나만 보더라도 여기저기 사진을 찍고 싶을 만큼 예쁘다.

시간 14:00~ 위치 부소라 스트리트와 나란히 있는 좁은 골목에 위치한다.

★ 하지 레인을 제대로 보려면!

오전에 가면 문을 열지 않은 곳이 많으니 오후에 찾아가는 것이 좋다.

말레이 헤리티지 센터 Malay Heritage Centre

말레이계 싱가포르 인들의 역사를 볼 수 있는 곳

말레이 헤리티지 센터는 원래 싱가포르의 초대왕인 술탄 후세인이 살던 궁전으로 궁전의 옛 이름인 이스타나 캄퐁클람이라고도 불린다. 말레이계의 역사와 문화를 소개하는 박물관이 있고 말레이계가 싱가포르의 중심 역할을 했던 때의 자료들도 볼 수 있다. 리모델링을 통해 새롭게 단장했다. 매일 무료 가이드 투어가 진행되니 이용해 보자.

전화 +65 6391 0450 시간 화~일요일 10:00~18:00(마지막 입장 17:30), 월요일 휴무 홈페이지 www.malayheritage.org.sg 위치 술탄 모스크가 있는 무스카트 스트리트와 칸다하르 스트리트가 만나는 지점에 위치해 있다.

Shopping
아랍 스트리트 & 부기스의 쇼핑

부기스 정션 Bugis Junction

젊고 저렴한 쇼핑센터

BHG 백화점과 인터콘티넨탈 호텔 사이에 유리로 된 천장을 두고 골목골목으로 상점들이 늘어서 있는 곳을 통틀어 부기스 정션이라고 부른다. 시장이나 골목에 천장을 두고 하나의 공간처럼 활용하고 있다. 가게들은 전통 건축 구조인 숍하우스 풍으로 지어져 있어 구경하는 재미가 있다.

총 100여 개의 가게가 들어와 있는데 의류 매장이나 의류 잡화 매장이 대부분이다. 가판들도 중간중간 있는데 보통 저렴한 제품들을 판매한다. 젊은이들의 취향에 맞다.

시간 10:00~22:00(상점마다 상이) 위치 MRT 부기스 역에서 내리면 바로 연결된다.

BHG BHG Department Store

부기스의 중급 백화점

세이유 백화점이 이름을 바꿔 지금은 BHG로 간판을 바꿔 달았다. 하지만 쇼핑몰 내부는 예전과 마찬가지로 중급 브랜드 중심의 서민 백화점이다. 특히 싱가포르 젊은이들이 많이 찾는다. MRT 부기스 역과 바로 연결되어 있다.

시간 월~금요일 10:30~22:00, 토~일요일 10:00~22:00
위치 MRT 부기스 역에서 내리면 바로 연결된다.

부기스 스트리트 시장
Bugis Street Market

재래시장을 구경하고 싶다면 이곳으로

우리나라 남대문이나 동대문과 같은 시장이다. 원래는 포장마차들이 즐비한 복잡한 시장 골목이었지만 2005년 공사를 통해 구역이 나뉘고 구역마다 가게들이 들어섰다. 옷부터 선물용으로 살 수 있는 소품, 액세서리 등을 파는 가게들이 늘어서 있고 푸드코트도 있다. 주말이 되면 이 거리는 현지인들로 꽉 차서 걷는 것조차 힘들 정도로 사람들로 북적인다. 약 600개가 넘는 점포가 있다.

시간 11:00~22:00 위치 MRT 부기스 역에서 도보로 3분 정도 걸린다.

슈퍼마마 Supermama

수공예품이 있는 감각적인 소품 가게

부부가 운영하는 슈퍼마마는 싱가포르에서 가장 감각적인 소품 가게 중 하나다. 아트 갤러리처럼 꾸며져 있는 이곳은 아름다운 수공예품으로 채워져 있으며 주인장들의 취향이 곳곳에 투영되어 있다. 특히 싱가포르와 일본의 상품이 높은 비중을 차지하는데, 가격은 다소 비싸지만 특별한 소품을 좋아하는 사람이라면 한 번쯤 탐내 볼 만하다. 그들의 딸이 그린 귀여운 하마와 코끼리 그림 로고는 이곳을 더욱 매력적으로 만든다.

전화 +65 6291 1946 시간 11:00~20:00 홈페이지 www.supermama.sg 위치 비치 로드에 위치하며, MRT 부기스 역에서 도보로 약 7분 걸린다.

샐러드숍 SaladShop

홈 인테리어 소품점

2006년 4월에 오픈한 홈 인테리어 소품점이다. 하지 레인에는 주로 옷을 파는 가게가 많다 보니 몇 안 되는 인테리어 소품점이라 더 눈에 띈다. 제품들은 주로 블랙과 화이트로 세련된 스타일이다. 실내화나 벽걸이 시계, 액자 등의 소품이 대부분이며 한쪽에서는 구두나 옷가지들도 판다.

전화 +65 6299 5805 시간 월~금요일 12:00~20:00, 토요일 11:00~20:00, 일요일 11:00~19:00 위치 하지 레인에 위치한다.

SSFW

여심을 저격하는 수공예 전문점

2007년 작은 마켓에서 시작하여 2010년 본격적으로 하지 레인에 문을 연 수공예 숍이다. 그릇, 양초 등의 일상적인 잡화부터 옷, 신발, 액세서리까지 다양한 제품을 두루 갖추고 있다. 특히 세계에서 하나뿐인 특별한 디자인의 옷과 주얼리 등 여성의 마음을 흔들만한 물건들이 가득하다. 가격도 적당하여 더욱 매력적이다.

전화 +65 6293 3068 시간 일~목요일 11:00~20:00, 금~토요일 11:00~21:00 위치 하지 레인에 위치해 있다.

콜롬비아나 Kolombiana

세상에 단 하나뿐인 나만의 상품을 만날 수 있는 곳

전 세계 트랜드 세터들의 사랑을 한 몸에 받는, 콜롬비아 와유부족이 장인정신으로 만들어 낸 핸드메이드 모칠라(Mochila) 백을 판매하는 곳이다. 가격은 약간 비싼 편이지만 알록달록한 색감과 유니크한 패턴 그리고 세상에 단 하나뿐이라는 점에서 소장 가치가 있다. 가방 이외에 모자, 신발 등도 판매한다.

전화 +65 9620 6039 시간 12:00~20:00 홈페이지 www.kolombiana.com 위치 하지 레인에 위치해 있다.

크래프트 어셈블리 Craft Assembly

현지 로컬 디자이너의 개성이 담긴 숍

핸드 메이드 빈티지 장난감과 빈티지 드레스, 액세서리를 판매하고 있다. 현지 로컬 디자이너들의 개성이 넘치고, 보기만 해도 즐거운 제품들로 가득하다. 가격도 적당해 부담 없이 쇼핑을 즐길 수 있다.

시간 월~금요일 12:00~20:00, 토~일요일 11:30~20:30 위치 하지 레인에 위치해 있다.

그램마 Grammah

과하지 않은 디자인의 빈티지 패션

2012년 하지 레인에 문을 열었다. 판매하는 제품은 대부분 빈티지 옷으로 크롭톱, 빈티지룩 셔츠, 플레어 팬츠 등 1960~1990년대의 패션 트랜드를 보여 주고 있다. 과하지 않은 디자인이기에 빈티지 초보자도 무리 없이 소화할 수 있다.

전화 +65 6299 0384 시간 일~목요일 12:00~20:00, 금~토요일 12:00~21:00 위치 하지 레인에 위치해 있다.

칙 피버 Chic Fever

매력적인 빈티지 패션 아이템

다양한 스타일의 빈티지 패션 아이템을 팔고 있다. 원피스, 가방, 액세서리, 신발 등 굳이 뭘 사지 않아도 구경하는 것만으로 기분이 좋아진다. 옷을 입어 볼 수 있는 피팅 공간이 매우 협소하지만 친절한 주인 덕분에 눈치 안 보고 마음 편하게 입어 볼 수 있는 것도 이곳만의 매력이다. 가격도 그리 비싸지 않아 많은 아이템을 사도 부담이 없다.

시간 10:00~20:00 위치 하지 레인에 위치한다

Restaurant & Cafe

아랍 스트리트 & 부기스의 식당과 카페

푸드 정션 Food Junction

부기스의 대표적 푸드코트

BHG 백화점과 히램 스트리트, 인터콘티넨탈 호텔과 이어지는 복합 공간을 부기스 정션이라고 부른다. 사실 이 안에 있는 푸드 정션은 원래는 BHG 안에 있었는데 2007년 말 건물을 따로 독립해서 나왔다. 푸드 정션은 3층에 있는데 2층도 제법 인기 있는 식당가이다. 부기스 정션 안에 있는 BHG 쇼핑몰과 이어져 있어 바로 넘어갈 수 있고 돔 안의 쇼핑 스트리트와 이어져 있다. 일반적인 푸드코트와 비슷하다.

전화 +65 6334 0163 시간 10:00~22:00 홈페이지 www.foodjunction 위치 부기스 정션 내부에 위치한다.

미세스 포 Mrs Pho

취향대로 골라 먹는 쌀국수

전통 베트남 쌀국수를 즐기고 싶다면 꼭 들러야 할 곳이다. 현지인, 외국인 모두에게 인기가 좋아 늘 많은 사람들으로 북적이는 미세스 포이다. 내부는 멋진 벽화가 그려져 있어 베트남 분위기를 한껏 느낄 수 있다. 트레디셔널, 퓨어리스트, 리버럴 등으로 메뉴 카테고리를 나눠 다양한 음식을 선보이고 있어 자신의 취향에 맞게 선택할 수 있다. 쌀국수는 담백하고 깊은 국물 맛이 일품이며, 달걀프라이에 돼지고기가 함께 나오는 밥 메뉴도 나무랄 것 없이 훌륭하다.

전화 +65 6292 0018 시간 11:00~22:00(마지막 주문 21:30) 홈페이지 www.mrspho.com 위치 비치 로드에 위치하며, MRT 부기스 역에서 도보로 약 10분 소요된다.

얼리 버드 Early Bird

팬케이크와 치킨의 색다른 조화

이름에서도 짐작할 수 있듯이 새를 테마로 한 카페다. 커피, 스무디, 밀크셰이크 등 다양한 음료뿐 아니라 한끼 식사를 즐기기에 충분한 식사 메뉴도 잘 갖추어져 있다. 특히 팬케이크 위에 텐더 치킨이 올려져 있는 치킨 & 팬케이크는 이곳의 시그니처 메뉴로, 상상도 해 본 적 없는 팬케이크와 치킨의 조화가 은근히 잘 어울린다. 또한 똠양 소스로 만든 새우 파스타(Tom Yum Prawn Pasta)도 이곳에서만 즐길 수 있는 추천 메뉴다.

전화 +62 9788 6856 시간 월~목요일 08:00~21:00, 금요일 08:00~21:30, 토요일 09:00~21:30, 일요일 09:00~20:00 위치 MRT 부기스 역에서 도보로 5분 거리에 위치한다.

싱가포르 잠잠 Singapore Zam Zam

현지인의 사랑을 받는 로컬 식당

아랍 스트리트에 가면 많이 보이는 무스타박이라는 음식 전문점으로 꽤 오랜 세월 동안 현지인들의 사랑을 받고 있는 로컬 식당이다. 무스타박은 우리나라 부침개나 피자 같은 음식인데 밀가루 반죽 안에 재료를 넣고 기름을 넉넉하게 부어 튀기듯이 부쳐 내는 요리이다. 안에 들어가는 재료는 양고기나 닭고기 등이고 달걀과 양파는 꼭 들어간다. 가격이 저렴해 간식처럼 즐기기에 좋다. 무스타박 외에도 식사류 메뉴도 다양하게 갖추고 있다. 노란색 간판이 쉽게 눈에 띈다.

전화 +65 6298 6320 시간 07:00~23:00 위치 술탄 모스크 뒤편의 큰 길인 노스 브리지 로드에 위치한다. 술탄 모스크 쪽에서는 길 건너편에 있다.

버그스 Bergs

특별한 수제 소스가 일품인 수제 햄버거집

하지 레인에 자리한 모던하고 세련된 수제 햄버거 가게다. 점심과 저녁 식사 시간에는 자리가 없을 정도로 사람들이 가득하다. 이곳의 인기 비결은 버그스만의 특별 레시피 소스다. 짭짤하면서도 감칠맛 나는 소스는 느끼한 고기 맛을 잡아줄 뿐만 아니라 매일 굽는 부드러운 빵(Bun)과 두툼한 고기 패티와 환상의 조화를 이루며 식욕을 자극한다. 가게는 크지 않지만 내부에서는 셰프가 요리하는 모습을 볼 수 있어서 음식을 기다리는 시간마저 즐겁다. 채식주의자를 위한 특별한 햄버거도 판매한다. 고기와 비슷한 식감이 나는, 콩으로 만든 팔라펠를 패티로 만든 굿 팔라(Good Falla)도 인기가 좋다. 하지 레인뿐만 아니라 이스트 코스트에도 지점이 있다.

전화 +65 6293 3424 시간 월~목요일 11:00~22:00, 금요일 11:00~23:00, 토요일 11:00~23:00, 일요일 11:00~22:00 홈페이지 bergsburgers.com 위치 하지 레인에 위치한다.

아이 엠 I am

자유롭고 편안한 분위기의 레스토랑

'I am'이라고 크게 쓰인 빨간 간판이 멋스러운 곳이다. 유럽 암스테르담 카페를 모티브로 삼아 전체적으로 자유롭고 편안한 분위기를 자아낸다. 오픈에어 스타일로 야외 테이블에 앉아 여유롭게 식사나 커피를 즐길 수 있다. 피자, 버거, 샌드위치, 파스타 등 간단한 식사 메뉴와 커피, 주스와 같은 카페 메뉴도 다양하게 갖추고 있다. 차콜 그릴 비프 패티에 터키 베이컨과 버섯, 트러플 소스를 가미한 '더 보스 버거(The Boss Burger)'를 추천한다.

전화 +65 6295 5509 시간 월~목요일 09:00~23:00, 금요일 09:00~01:00, 토요일 09:00~01:00, 일요일 09:00~22:00 위치 MRT 부기스역 B번 출구에서 도보 5분 소요. 노스 브리지 로드(하지 레인 끝부분)에 위치한다.

셀피 커피 Selfie Coffee

내 얼굴이 담긴 커피

2015년 오픈한 카페지만 주목을 받기 시작한 건 TV 여행 프로그램에 나온 뒤부터다. 주문 즉시 셀카를 찍고 그 사진, 즉 자신의 얼굴이 담긴 커피를 마실 수 있다. 다소 유치하게 느껴질 수 있지만 직접 경험해 보면 재미있고 신기하다. 어쩌면 사진이 담긴 커피가 아까워서 마시지 못할지도 모른다. 출출하다면 부드러운 버터 풍미가 느껴지는 와플과 커피가 함께 나오는 세트 메뉴를 추천한다.

전화 +65 6341 7213 시간 월~목요일 11:00~19:00, 금~일요일 10:00~21:00 위치 하지 레인에 위치한다.

리마 Limaa

건강을 생각한다면 추천!

2017년 5월에 오픈한 카페다. 몸에 좋은 음식과 식습관을 만들겠다는 의도로 아이다와 그의 조카가 함께 만들었다. 다양한 주스 메뉴뿐 아니라 파스타, 샌드위치, 토스트 등의 식사 메뉴와 베지테리언을 위한 샐러드도 준비되어 있다. 그중에서도 아사이 스무디볼은 가벼운 아침 식사로 제격이다.

전화 +65 8620 2041 시간 월~목요일 09:30~20:00, 금~일요일 09:30~21:00 홈페이지 limaa.squarespace.com 위치 하지 레인에 위치한다.

윈도우실 파이스 Windowsill Pies

다양한 종류의 파이 전문점

하지 레인에서 눈에 띄는, 파이만 판매하는 파이 전문점이다. 단것을 좋아하는 사람이라면 분명히 지나치기 힘들 정도로 10가지 이상의 조각 파이가 모양도 예쁘고 맛도 훌륭하다. 내부는 좁지만 시원한 에어컨이 나와 피곤한 여행길에 휴식처 같은 역할을 한다. 종류가 많아 무엇을 먹어야 할지 모르겠다면 직원에게 추천을 받아 보자. 취향에 맞게 고를 수 있도록 도와줄 것이다.

전화 +65 9772 5629 시간 월~목요일 11:00~20:00, 금~토요일 11:00~22:00, 일요일 11:00~20:00 홈페이지 www.windowsillpies.sg 위치 하지 레인에 위치.

피카 스웨디시 카페 Fika- Swedish Café & Bistro

북유럽풍의 카페 & 비스트로

스웨덴에서 시작해서 싱가포르뿐 아니라 한국에도 지점을 낸 깔끔한 스타일의 찻집이다. 전체적으로 새하얀 느낌의 인테리어를 자랑하며 북유럽의 단순하고도 꾸밈없는 분위기가 매력적이다. 아랍 스트리트에 의외로 아기자기한 찻집이나 레스토랑이 많지 않은데 피카 스웨디시 카페가 문을 열면서 그 일대가 환해졌다. 스웨디시 커피를 비롯해 스웨디시 팬 케이크, 치즈 케이크 등이 인기 있다. 본격적인 식사를 위해 들러도 괜찮은데 평일 점심에는 꽤 합리적인 금액에 런치 세트 메뉴를 먹을 수 있다. 스웨덴 스타일의 음식이 궁금하다면 들러 봐도 좋은 카페 겸 비스트로이다.

전화 +65 6396 9096 시간 일~목요일 11:00~22:00, 금~토요일 · 공휴일 전날 11:00~23:00 홈페이지 www.fikacafe.com 위치 비치 로드와 아랍 스트리트가 만나는 사거리에 위치한다.

블랑코 코트 프론 미 Blanco Court Prawn Mee

국수를 좋아하는 현지인들에게 인기 있는 맛집

현지인들로 테이블이 언제나 인산인해이다. 메인 메뉴는 새우가 들어간 국수다. '미'는 국수라는 뜻으로 '프론 미'라고 하면 새우탕면 정도로 생각하면 된다. 이 식당은 면 요리만 전문으로 하는데 8개의 국수 메뉴가 있다. 프론 미는 일반 프론 미와 점보 프론 미가 있는데 가격 차이가 있긴 하지만, 그 양과 새우의 실함을 생각하면 점보 프론 미를 권한다. 무엇보다 국물이 시원하고 고소한 면발이 예술이다. 주문은 카운터에서 셀프로 해야 하고 음료 코너가 따로 있어 음료 주문을 따로 해야 한다. 현지인들은 노히양이라는 싱가포르식 튀김을 국수와 곁들여 먹는다. 노히양도 음료처럼 코너가 따로 있다.

전화 +65 6396 8464 시간 월요일 · 수~일요일 07:00~16:00, 화요일 휴무 위치 비치 로드에 있는 하지 레인 골목 바로 옆에 위치한다.

Nightlife
아랍 스트리트 & 부기스의 나이트라이프

블루 재즈 카페 Blu Jaz Café

수준 높은 재즈 공연과 맛있는 음식

발리 로드에서 10년 이상 굳건하게 자리를 지키고 있는 재즈 바이다. 매일 저녁 수준 높은 라이브 재즈 공연이 열려 사람들의 발길이 끊이지 않는다. 매주 그 주에 공연할 팀을 홈페이지에서 확인할 수 있다. 음식 또한 주변 레스토랑 못지 않게 맛있는 편으로 점심 식사나 저녁 식사를 즐기기에도 훌륭하다.

전화 +65 9199 0610 시간 월~화요일 09:00~00:30, 수~목요일 09:00~01:00, 금~토요일 09:00~02:30, 일요일 12:00~자정 홈페이지 www.blujazcafe.net 위치 발리 레인에 위치하며, MRT 부기스 역에서 도보로 약 5분 소요.

펀큐 FunQ

라이브 음악이 있는 화려한 밤

알록달록 화려한 색감의 인테리어로 하지 레인에서 가장 눈에 띄는 곳 중 하나다. 낮에는 가벼운 음료를, 밤에는 라이브 음악을 즐기는 사람들로 늘 붐빈다. 떠들썩하긴 하지만 친근하면서도 화려한 하지 레인의 밤 분위기를 즐기고 싶은 사람에게 추천한다.

전화 +65 9199 0610 시간 매일 10:00~23:00 위치 하지 레인에 위치한다.

고잉 옴 Going Om

베지테리언도 걱정 없는 인도풍 카페

히말라야에서 영감을 받아 만든 카페 겸 바(Café & Bar)로 독특한 인도풍 인테리어와 사진, 음악이 마치 인도에 여행이라도 온 듯한 느낌을 준다. 파스타, 피시 앤 칩스, 치킨 등의 다양한 식사와 음료 메뉴를 선보이고 있으며 채식주의자들을 위한 요리도 잘 준비되어 있다. 매주 화요일에는 명상 수업이, 일요일에는 요가 수업이 열리기도 하니 관심이 있다면 홈페이지를 통해 신청해 보자.

전화 +65 6396 3592, +65 8363 5640 시간 화~목요일 12:00~24:00, 금~토요일 12:00~01:00, 일요일 12:00~24:00, 월요일 휴무 홈페이지 www.going-om.com.sg 위치 하지 레인에 위치한다.

Hotel
아랍 스트리트 & 부기스의 숙소

호텔 그랜드 퍼시픽 Hotel Grand Pacific

알뜰 여행객이 선택하는 호텔

싱가포르의 호텔 가격이 부담스러운 알뜰 여행객이 많이 선택하는 호텔이다. 수영장이 작고 부대시설이 부족하지만 오차드 로드와 시청 중간에 있는 것이 호텔의 가장 큰 장점이다. 호텔의 위치를 중요시 하는 여행자들에게 추천할 만한 숙소이다.

전화 +65 6336 0811 홈페이지 www.HotelGrandPacific.com.sg 위치 MRT 부기스 역에서 도보로 5분 걸린다.

인터콘티넨탈 Intercontinental

페라나칸 양식의 고급 호텔

페라나칸 양식으로 지어진 고급 호텔이다. 로비의 수많은 원형 기둥이 웅장함을 느끼게 하며 중국풍의 도자기와 영국풍의 가구를 사용한 객실은 고전적인 분위기가 난다. MRT 부기스 역 근처에 있으며, 리틀 인디아, 아랍 스트리트, 선텍 시티까지 도보로 이동 가능하다. 다양한 종류의 레스토랑과 바 그리고 수영장, 피트니스 시설 등 부대시설도 잘 갖추어져 있다.

전화 +65 6338 7600 홈페이지 singapore.intercontinental.com 위치 MRT 부기스 역과 바로 이어져 있다.

산타 그랜드 호텔 부기스 Santa Grand Hotel Bugis

교통 좋고 가성비 뛰어난 호텔

별다른 부대시설을 갖추고 있지는 않지만 MRT 부기스 역에서 약 5분 거리에 자리하고 있어 위치가 훌륭하다. 객실은 군더더기 없는 깔끔한 인테리어로 편안한 느낌을 준다. 단, 객실을 예약을 할 때 창문이 있는지 없는지를 반드시 확인한다. 그렇지 않으면 창이 없는 지하에 있는 방이 예약되어 있을지도 모른다.

전화 +65 6298 8638 홈페이지 santagrand.sg 위치 MRT 부기스 역에서 약 5분 걸린다.

호텔 클로버 노스 브리지 769 Hotel Clover North Bridge 769

미니 바, 미니 스낵은 서비스

호텔 클로버 노스 브리지 769는 클로버 그룹에서 운영하는 부티크 호텔로 최근에 리노베이션을 해 더욱 깔끔한 공간으로 탈바꿈했다. 35개의 객실은 따뜻하면서 아늑한 분위기로 집과 같은 편안함을 자아낸다. 특별한 부대시설을 갖추고 있지는 않지만 숙박객을 위한 무료 미니 바, 무료 스낵 등의 서비스를 제공한다.

전화 +65 6439 7088 홈페이지 www.hotelclover.com/ 위치 노스 브리지 로드에 위치하며, MRT 부기스 역에서 보도로 7분 걸린다.

더 포드 부티크 캡슐 호스텔 The Pod Boutique Capsule Hostel

미니멀리즘 콘셉트의 캡슐 호스텔

이름에서 알 수 있듯이 부티크 캡슐 호스텔의 형태로, 젊은 여행객들의 전폭적인 지지를 받고 있는 호스텔이다. 미니멀리즘을 콘셉트로 삼은 만큼 약간 좁은 느낌이지만 각 침대마다 칸막이를 칠 수 있는 블라인드가 있어 사생활 보호가 된다. 또한 출입용 키로 사용되는 물품 보관함이 각 침대의 아래쪽에 있어 편리할 뿐만 아니라 각 침대마다 작은 받침대와 스탠드가 있어 혼자만의 시간을 보내기에 불편함이 없다. 매일 아침 푸짐하게 즐길 수 있는 뷔페 스타일의 식사도 이곳만의 장점이다. MRT 역에서 약간 거리가 있다는 점을 제외하면 시설, 가격, 서비스면에서 만족스럽다고 할 수 있다.

전화 +65 6298 8505 시간 체크인 15:00, 체크아웃 11:00 홈페이지 www.thepodcapsulehotel.com/en/ 위치 MRT 부기스 역 B번 출구에서 도보로 약 15분 소요. 비치 로드에 있다.

리틀 인디아

Little India

향신료 내음 가득, 인도인들의 거리

싱가포르에 살고 있는 인구 중 인도계의 비율은 9% 정도로 중국계(75%)와 말레이계(14%)에 이어 세 번째로 많은 인구수를 자랑한다.
리틀 인디아는 싱가포르에 사는 인도계 사람들의 삶의 터전이다. 이곳에 가면 인도 음식에 주로 사용되는 향신료 내음을 맡을 수 있고, 인도 전통 의상을 입은 사람들과 마주치는 것도 어렵지 않다. 싱가포르에서 가장 이국적인 곳이라고 할 수 있다. 싱가포르에서 작은 인도를 만나고 싶다면 리틀 인디아를 찾아가 보자.

Access

MRT 리틀 인디아 역에서 내려 가장 중심인 세랑군 로드까지 도보로 5~10분 정도 걸린다.

관광 ★★★ 거리 자체가 관광거리이다.

쇼핑 ★★ 인도풍의 제품과 금 세공품 등 귀금속 매장이 많다.

식사 ★★ 인도 음식이 대부분이다.

나이트라이프 ★ 클럽이나 바에 가려고 리틀 인디아를 찾지는 않는다.

미리 가 보는

리틀 인디아

리틀 인디아의 중심가는 세랑군 로드이다. 이 길 위에 볼거리 많은 리틀 인디아 아케이드와 사원들이 밀집해 있어 여행객들의 발길을 끌고 있다. 또한 리틀 인디아의 재래시장 역할을 하고 있는 텍카 센터가 있다.

Best Choice

• 버팔로 로드

세랑군 로드와 교차해서 만나는 버팔로 로드를 걸어 보면 싱가포르 안의 작은 인도를 만나게 된다. 굳이 특정 사원을 찾아다니지 않더라도 리틀 인디아 주변 골목골목 발길 닿는 대로 걷다 보면 리틀 인디아만의 정취를 느낄 수 있다.

• 여행자들의 천국 리틀 인디아 아케이드

여행자들이 리틀 인디아에 가는 이유는 인도 음식도 먹고, 인도인들의 문화를 느끼고, 인도 실크로 된 패브릭을 사거나 헤나를 받기 위해서이다. 여행자들이 가장 많이 찾는 곳은 리틀 인디아 아케이드인데, 이곳에 들어가면 인도 스타일의 각종 제품과 인도 음식을 맛볼 수 있는 레스토랑이 모여 있다.

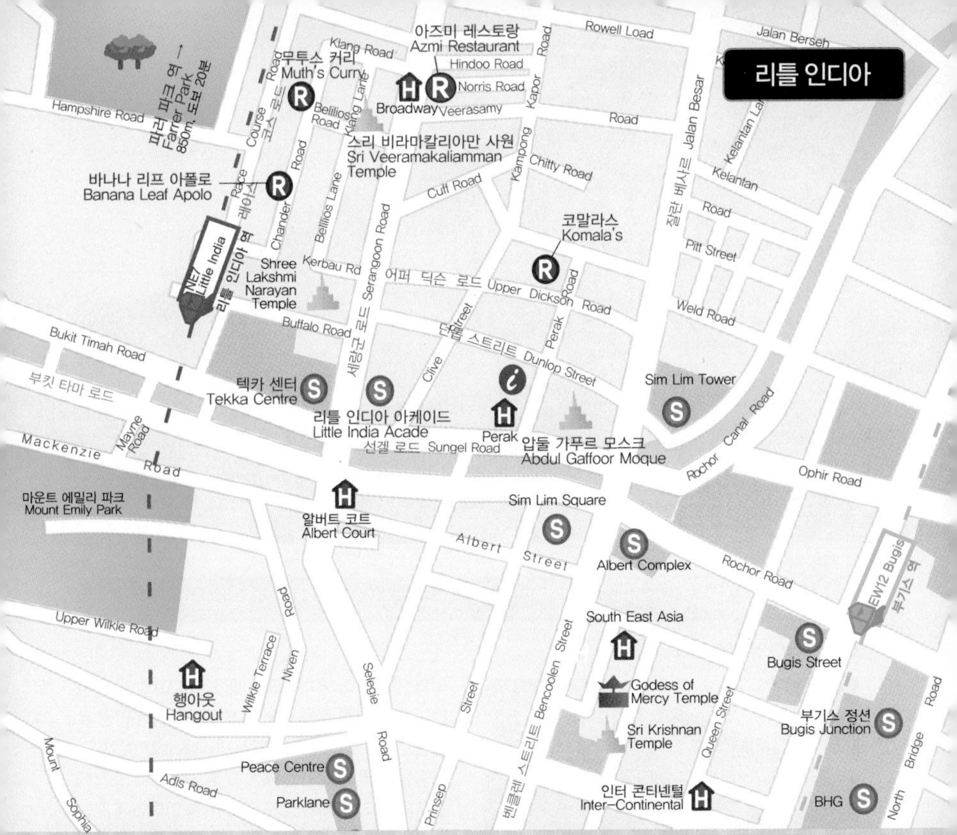

Best Tour

리틀 인디아 추천 코스

세랑군 로드를 중심으로 주변 골목을 드나드는 짧은 코스 일정이다.
2~3시간 정도 소요된다.

MRT 리틀 인디아역
B, C번 출구

도보 10분

리틀 인디아 아케이드
인도 물품 쇼핑과 헤나를 해보자.

도보 10분

정통 인도 요리
추천 식당 : 무투스 커리, 바나나 리프 아폴로

세랑군 로드 Serangoon Road

리틀 인디아의 대표 거리

세랑군 로드는 리틀 인디아의 메인 로드라고 할 수 있다. 리틀 인디아의 대표 쇼핑 스폿인 텍카 센터와 리틀 인디아 아케이드 모두 세랑군 로드에 있다. 시간이 없어 다른 길을 걸어 보지 못한다면 세랑군 로드만 걸어도 리틀 인디아의 분위기를 느낄 수 있다. 사람들이 많이 오가는 때는 오후 시간으로 오전에는 사람들의 왕래가 많지 않고 리틀 인디아에 사는 현지인들을 간간이 볼 수 있다. 세랑군 로드를 따라 걷다 보면 줄이어 있는 숍하우스를 볼 수 있고 금을 파는 가게와 의류 가게 등 노점상도 있다.

위치 리틀 인디아의 중심으로 MRT 리틀 인디아 역에서 도보로 5분 정도 걸린다.

사키아무니 부다 가야 사원 Sakyamuni Buddha Gaya Temple

싱가포르에서 가장 큰 규모를 자랑하는 불교 사원

싱가포르에서 가장 큰 불교 사원 중 한 곳이다. 1927년에 부치사라 승려에 의해 세워졌으며 태국의 건축 양식에 강하게 영향을 받았다. 템플 안으로 들어가면 15m 크기의 불상이 세워져 있다. 내부에 1,000여 개의 법등이 있어 천등사라고 불리기도 한다. 무료 입장이고 내부로 들어가려면 신발을 벗어야 한다.

전화 +65 6294 0714 시간 매일 08:00~16:30 요금 무료 입장 위치 MRT 파러 파크 역 B번 출구로 나와 레이스 코스 로드를 따라 걸어 내려오면 된다. 도보로 5분 거리다.

롱산시 사원 Leong San See Temple

스마일링 불상이 반겨 주는 사원

근처의 사키아무니 부다 가야 사원과 함께 싱가포르에서 제법 큰 규모를 자랑하는 불교 사원 중의 하나이다. 전체적으로 화려한 용 그림으로 사원 내부를 꾸민 것이 시선을 사로잡는다. 입구에는 환하게 웃고 있는 스마일링 불상이 있고, 입구 오른쪽에는 공자, 왼쪽에는 삼신 할머니상이 있다. 안쪽으로 들어가면 석가모니상이 모셔져 있다. 원래 이 사원은 중국 푸젠 지방에 있었는데, 스님이 싱가포르로 옮겨 오면서 관세음보살상을 함께 가져와 사원을 지었다고 알려져 있다.

시간 07:30~17:00 위치 MRT 파러 파크 역 B번 출구로 나와서 레이스 코스 로드를 따라 걸어 내려오면 된다. 도보로 5분 거리다.

스리 스리니바사 페루말 사원 Sri Srinivasa Perumal Temple

비슈누 신을 모시는 사원

1855년에 세워진 힌두 사원으로 비슈누 신을 모시고 있다. 비슈누 신은 만물을 그대로 유지해 주는 신이다. 입구에는 양쪽에 흰색 코끼리상이 있고 파란색 문이 있다. 사원 내부가 꽤 넓고 화려하게 꾸며져 있다. 기도 시간은 하루에 4번 정도 있는데 아침에는 8시, 12시 오후에는 6시, 9시에 진행된다. 기도 시간에는 주변에 흩어져 있던 신도들이 모여서 사원의 힌두 사제와 함께 식을 거행한다.

전화 +65 6298 5771 시간 06:15~12:00, 18:00~21:00 홈페이지 www.sspt.org.sg 위치 MRT 파러 파크 역 G로 나와 세랑군 로드를 따라 1분 정도 걸으면 된다.

스리 비라마칼리아만 사원 Sri Veeramakaliamman Temple

싱가포르에서 가장 오래된 사원 중 하나

세랑군 로드에 위치한 힌두 사원으로 싱가포르에서 가장 오래된 사원 중 하나이다. 싱가포르로 초기에 이민 온 인도인들의 손에 의해 지어졌으며 이 사원을 중심으로 초기 이민자들이 세랑군 로드에 터를 잡고 모이기 시작했다. 사원의 이름은 칼리라는 용감한 어머니신에서 따왔다. 입구부터 절을 하고 들어가는 사람이 많고 출입문을 손으로 만진 후 들어가기도 한다. 기도 시간은 오전 8시와 12시이고 기도 시간이 끝나면 잠시 문을 닫았다가 오후 4시에 문을 열어 6시 30분과 9시에 다시 기도 시간이 있다. 기도 시간에는 힌두 사제가 신도들과 함께 기도를 올린다. 입구에서 신발을 벗고 들어가야 하는데, 종종 신발이 분실되기도 하니 눈에 띄지 않는 쪽에 놓는 것이 좋다. 리틀 인디아에서 가장 붐비는 사원이다.

전화 +65 6295 4538 시간 05:30~12:15, 16:00~21:15 홈페이지 www.sriveeramakaliamman.com 위치 세랑군 로드에 위치한다. MRT 리틀 인디아 역 E번 출구에서 도보로 5분 정도 걸린다.

인디안 헤리티지 센터 Indian Heritage Centre

인도계 싱가포르인들의 과거와 오늘

싱가포르는 중국계, 말레이계에 이어 인도계가 세 번째로 인구 비율이 높은 만큼 한 번쯤 방문하기를 권한다. 싱가포르에 정착한 인도계 싱가포르인들의 삶을 느낄 수 있는 좋은 기회가 될 것이다. 인디안 헤리티지 센터 건물은 인도의 계단우물(Baoli)에서 영감을 받아 지어진 현대식 건물로, 인디안 싱가포르인들의 과거와 오늘 (Indians in Singapore - Past & Present)을 살펴볼 수 있는 상시 전시와 스페셜 전시를 함께 만나 볼 수 있다.

전화 +65 6291 1601 시간 화~목요일 10:00~19:00, 금~토요일 10:00~20:00, 일요일 · 공휴일 10:00~16:00, 월요일 휴무 홈페이지 www.indianheritage.org.sg

Shopping
리틀 인디아의 쇼핑

리틀 인디아 아케이드 Little India Arcade

인도풍이 물씬 느껴지는 쇼핑을 위한 곳

리틀 인디아에 사는 현지인들은 텍카 센터를 주로 가지만, 여행자들이 들르기 좋은 곳은 리틀 인디아 아케이드라고 할 수 있다. 인도풍의 액세서리나 의류, 패브릭 제품 등 여행자들 구미에 맞는 상품으로 구색을 맞춘 상점이 많다. 실크로 만든 옷이나 침구류 등이 볼 만하다. 또 다른 하나는 식료품과 헤나 제품이다. 인도 커리나 식재료를 파는 곳을 둘러봐도 좋고 헤나 체험을 해 볼 수도 있다. 헤나 숍은 직접 헤나 문양을 새겨 보거나 헤나 재료를 구매할 수도 있다. 인도에서 들여온 염색 제품은 천연 재료로 만들어져 질도 좋고 가격도 저렴하다.

시간 상점마다 다르다. 위치 MRT 리틀 인디아 역에서 내려 도보로 5분 정도 걸린다. 세랑군 로드에 위치한다.

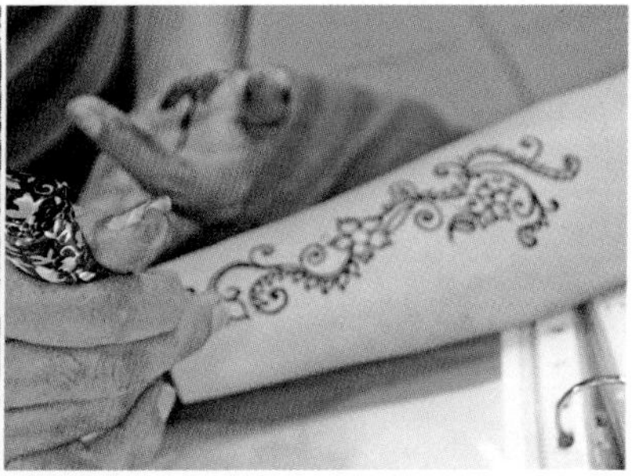

텍카 센터 Tekka Centre

인도인들의 부엌, 텍카 센터

텍카 센터는 흔히 싱가포르에 사는 인도인들의 부엌이라고 불린다. 인도 출신의 싱가포르 인들이 이곳에서 식료품 쇼핑을 하기 때문이다. 텍카 센터는 재래시장인데 안으로 들어가면 덩어리째 매달아 놓은 고기와 생선, 각종 채소들을 볼 수 있다. 한쪽에는 아주 저렴한 가격으로 한 끼를 해결할 수 있는 호커 센터까지 있다. 1층이 주로 식료품 시장이라면 2층은 의류와 구두, 액세서리를 파는 가게다.

시간 상점마다 다르다. 위치 MRT 리틀 인디아 역에서 내려 도보로 5분 정도 걸린다. 세랑군 로드에 위치한다.

무스타파 센터 Mustafa Centre

싱가포르의 동대문 시장

싱가포르에서 유명한 24시간 오픈 쇼핑몰이다. 저렴한 상품 위주로 판매하는 작은 상점들이 붙어 있다. 1970년대 초반에 오픈해 한국의 남대문 시장이나 동대문 시장처럼 싱가포르의 대형 쇼핑센터로 운영되고 있다. 최근에는 바로 옆에 새로운 건물을 증축하여 대형 마트 스타일로 변모했다. 총 지하 2층에서 지상 4층으로 되어 있는데, 지하 1층에는 패브릭 제품이, 1층에는 액세서리나 시계를 파는 매장이 많이 모여 있다.

전화 +65 6295 5855 홈페이지 www.mustafa.com.sg 위치 MRT 파러 파크 역에서 도보로 3분 정도 걸린다.

시티 스퀘어 몰 City Square Mall

중저가 브랜드와 키즈 제품

리틀 인디아에 자리하고 있는 쇼핑센터로 큰 규모는 아니지만 근처에 사는 현지인들이 선호하는 쇼핑몰이다. 친환경을 중시하여 쇼핑몰 주변에 나무가 많고 작은 산책로가 조성되어 있다. 중저가 브랜드가 대부분이며 패션 브랜드보다는 음식점과 아이들을 위한 옷, 장난감, 키즈 놀이 시설 등이 더 특화되어 있다.

전화 +65 6595 6595 시간 10:00~22:00 홈페이지 www.citysquaremall.com.sg 위치 MRT 잘란 비사르(Jalan Besar) 역에서 도보로 약 10분 걸린다.

Restaurant
리틀 인디아의 식당

무투스 커리 Muthu's Curry

가장 유명한 인도 음식점

바나나 리프 아폴로와 함께 유명한 인도 음식점이다. 피시 헤드 커리의 원조로 알려진 곳으로 그 역사도 1969년부터 시작되었다. 안으로 들어가면 깔끔하고 고급스러운 내부가 보이고 가운데에 뷔페처럼 인도 음식들이 진열되어 있다. 인도 커리에 찍어 먹거나 싸 먹을 수 있는 난을 화덕에서 바로 구워 주는 모습을 볼 수 있는 것도 이 집만의 특징이다. 무엇보다 가격이 저렴하고 깔끔한 내부와 직원들이 친절해 매력적인 곳이다.

전화 +65 6392 1722 시간 10:30~22:30 홈페이지 www.muthuscurry.com 위치 MRT 리틀 인디아 역에서 도보로 3분 정도 걸린다. 레이스 코스 로드에 위치한다.

★무투스 커리를 찾아라!

리틀 인디아의 유명한 인도 음식점인 무투스 커리는 뎀시 힐에도 그 분점이 있다.

아즈미 레스토랑 Azmi Restaurant

현지인들의 사랑을 받는 식당

매우 허름하지만 현지인들에게 무한 사랑을 받는 로컬 식당이다. 마음씨 좋아 보이는 주인장이 더운 날씨에도 쉼 없이 차파티를 구워 낸다. 차파티는 일종의 빵으로 뜨거운 철판 위에서 얇게 굽는 음식이다. 식당 안은 언제나 사람들로 붐비고 테이크아웃으로 가져가는 사람도 많다. 아즈미 차파티와 커리를 같이 시켜서 먹으면 된다. 가격이 상당히 저렴하다.

전화 +65 9428 0203 시간 10:00~22:00 위치 세랑군 로드와 연결되어 있는 노리스 로드 초입에 있다. 스리 비라마칼리아만 사원 맞은편이다.

바나나 리프 아폴로 Banana Leaf Apolo

무투스 커리의 라이벌 인도 식당

1974년에 처음 문을 열어 40년이 훌쩍 넘는 역사를 가지고 있는 인도 음식 전문점이다. 식당 이름처럼 접시를 쓰지 않고 바나나 잎을 대신 사용한다. 식당 내부는 대형 식당의 모습과 비슷하다. 식당 앞쪽에는 주방이 오픈되어 있고, 뷔페처럼 원하는 음식을 골라 먹을 수 있다. 대표 메뉴는 생선 머리를 이용한 커리 요리인데, 싱가포르를 대표하는 음식 중 하나일 정도로 유명하다.

전화 +65 6293 8682 시간 10:30~22:30 홈페이지 thebananaleafapolo.com 위치 MRT 리틀 인디아 역에서 도보로 3분 정도 걸린다. 레이스 코스 로드에 자리 잡고 있다.

코말라스 Komala's

패스트푸드 인도 음식점

인도 음식을 패스트푸드처럼 즐길 수 있는 곳이다. 인도 요리를 잘 모르면 선뜻 어떤 것을 시켜야 할지 어려운데, 코말라스에서는 가장 일반적인 요리를 세트로 묶어 판매한다. 주문은 입구 쪽에서 하고 음식은 안쪽에 있는 배식구에서 받으면 된다. 인도 음식을 깔끔한 매장에서 부담 없는 가격으로 즐기고 싶다면 찾아가 보자. 인도 음식의 강한 향신료가 싫은 사람들도 간단하게 인도 음식을 맛볼 수 있다.

시간 09:30~21:30
위치 어퍼 딕슨 로드 중간에 위치한다.

올드 헨 커피 바 Old Hen Coffee Bar

맛있는 콜드 브루와 칠리 크랩

시원하게 콜드 브루 커피를 마실 수 있는 캐주얼한 느낌의 커피 바. 올드 헨 커피 바는 커피 바와 키친을 동시에 운영하고 있다. 칠리 크랩 프라이즈와 콜드 브루 커피를 함께 먹으며 더위를 식혀 보자. 이 외에도 믹스 베리 스무디 볼은 물론 각종 토스트, 버거 그리고 파스타 올데이 브런치 메뉴를 오픈 시간 내내 제공하고 있다.

전화 +65 6341 5458 시간 09:30~18:30 홈페이지 www.oldhencoffee.com 위치 랑군 로드에 위치하며, MRT 패러 파크(Farrer Park) 역에서 도보로 약 2분 소요된다.

체 셍 홧 하드웨어 Chye Seng Huat Hardware (CSHH 커피 바)

커피 향이 감도는 야외 테이블

만약 싱가포르에 산다면 아지트로 만들고 싶을 정도로 매력적인 공간이다. 커피와 함께 간단한 디저트와 식사를 즐길 수 있으며, 커피 볶는 향이 솔솔 나는 야외 좌석이 인상적이다. 메뉴 고르기가 힘들다면 직원의 추천을 받는 것도 좋다. 식사한 뒤 아쉽거나 식사 전에 가볍게 목을 축이고 싶다면 같은 공간에 있는 맥주 바에서 시원한 생맥주를 한잔 주문해 보자.

전화 +65 6396 0609 시간 화~목요일, 일요일 09:00~22:00(마지막 음식 주문 21:30, 마지막 음료 주문 21:45) /금~토요일 09:00~자정(마지막 음식 주문 22:30, 마지막 음료 주문 23:45) / 월요일 휴무 홈페이지 www.cshhcoffee.com 위치 MRT 패러 파크(Farrer Park) 역에서 도보로 약 10분 걸린다.

Hotel
리틀 인디아의 숙소

행 아웃 Hang Out

가격 대비 만족도가 높은 저렴한 호텔

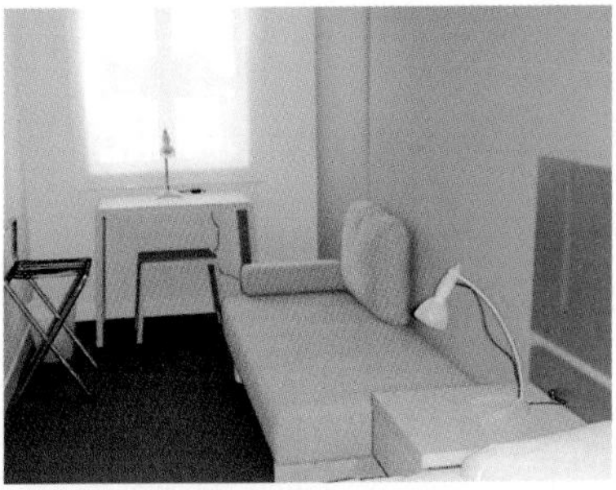

배낭 여행자나 저가 숙소를 찾는 여행자들에게 인기 있는 숙소이다. 저렴한 가격이지만 감각적인 인테리어와 잘 관리되고 있는 객실 등 가격 대비 만족도가 높다. 여럿이 함께 쓰는 도미토리는 2층 침대가 아닌 싱글 침대로 되어 있고, 어느 정도 간격이 유지되어 있다.

전화 +65 6438 5588 위치 MRT 리틀 인디아 역에서 도보로 10분 정도 걸린다. 마운트 에밀리 파크 앞에 위치해 있다.

더 다울라트 부티크 호텔 The Daulat Boutique Hotel

전통과 현대가 어우러진 따뜻한 호텔

리틀 인디아에 있는 부티크 호텔로 예전 숍하우스를 개조하여 전통적인 요소와 모던한 디자인을 조화롭게 믹스했다. 객실은 나무 소재를 사용하여 전체적으로 따뜻하고 편안한 느낌을 주며 수페리어, 디럭스, 디럭스 발코니, 루프트, 루프트 스위트 등의 타입으로 나누어져 있다. 옥상에는 작지만 야외 수영장이 있어 특별한 시간을 보낼 수 있다.

전화 +65 6408 5555 홈페이지 www.thedaulat.com
위치 MRT 잘란 비사르(Jalan Besar) 역 또는 리틀 인디아(Little India) 역에서 도보로 5분 걸린다.

이스트 코스트 & 카통

East Coast & Katong

시푸드와 칠리 크랩의 천국

이스트 코스트는 싱가포르 현지인들에게는 바닷바람을 맞으며 자전거도 타고 해양 스포츠도 즐기는 공원이지만, 여행자들에게는 칠리 크랩과 해산물을 먹을 수 있는 대형 식당들이 모여 있는 곳으로 유명하다.
이스트 코스트가 아니라도 칠리 크랩을 먹을 수 있는 식당은 많지만, 바다를 바라보면서 먹는 맛은 좀 색다르다. 이스트 코스트에는 해산물 전문 식당이 모여 있으며 분위기와 위치, 가격 등을 비교해서 원하는 곳에 들어가면 된다.
카통 지역은 이스트 코스트 로드나 주 치아트 로드 주변을 일컫는데, 싱가포르의 전통문화인 페라나칸 문화가 잘 보존되어 있다. 이스트 코스트의 시푸드 레스토랑에서 식사를 하고 둘러보면 좋다.

Access

이스트 코스트는 택시로 이동해야 한다. 시내에서 택시로 약 20분 거리로, S$ 15~18 정도의 비용이 든다.

관광 ★★★ 탁 트인 바다 전망을 보고 해양 스포츠도 즐길 수 있다.
쇼핑 ★ 쇼핑을 할 만한 것들이 별로 없다.
식사 ★★★★★ 먹으러 오는 동네라고 해도 과언이 아니다.
나이트 라이프 ★ 밤공기를 쐬며 바닷가 근처를 산책할 수 있다.

미리 가 보는

이스트 코스트 & 카통

이스트 코스트는 시푸드와 해양 스포츠를 즐기기에 최적인 지역이다. 싱가포르 외곽에 위치해 있어 시내에서 찾아간다면 택시 외에는 별다른 교통수단이 없는데, 택시로 20분 정도 걸린다.

Best Choice

• 시푸드 레스토랑

택시를 타고 시푸드 레스토랑에 가자고 하면 된다. 아니면 유명한 레스토랑 중 하나인 점보에 가자고 하면 내려 준다. 여기서 배부르게 해산물을 먹고, 해변을 따라 주변을 산책하자.

• 짜릿한 해양 스포츠

해산물 식당이 있는 곳에서 바다를 오른쪽에 두고 올라가면 라군 스포츠 센터가 보인다. 이곳에 가면 물살을 가르며 케이블 스키를 타는 모습을 구경할 수 있다.

• 페라나칸 문화가 보존된 카통 지역

카통 지역은 페라나칸 스타일의 독특한 전통 건축물이 보존되어 있으며, 싱가포르 전통 음식을 맛볼 수 있는 맛집이 많기로도 유명하다. 관광객들이 몰리는 곳이라기보다는 실제 싱가포르 인들이 거주하는 지역이므로 로컬 문화를 체험하기에 좋다.

Best Tour

이스트 코스트 & 카통 추천 코스

싱가포르에서 유일하게 해양 스포츠를 즐길 수 있는 곳이다.
저녁 시간에 칠리 크랩을 먹으러 가도 좋다.

이스트 코스트
라군 시푸드 센터
추천 식당 : 점보

도보 5분

라군 스포츠 센터 또는
카통 전통 지구

도보 10분

이스트 코스트
라군 푸드 빌리지

카통 전통 지구 Katong Traditional Area

페라나칸 문화가 잘 보존되어 있는 곳

카통 지역의 중심지인 이스트 코스트 로드와 주 치아트 로드가 만나는 사거리 일대를 카통 전통 지구로 본다. 중국인과 말레이인 사이에서 태어난 혼혈인을 일컫는 페라나칸 문화가 가장 잘 보존되어 있는 곳이다. 수공예품 상점과 페라나칸 음식을 하는 음식점 등이 남아 있고, 독특한 건축물들도 보존되어 있어 도보로 구경하는 소소한 재미가 있다. 하지만 특별한 관광거리가 있는 게 아니라서 일부러 이곳을 찾아오는 여행자들은 많지 않다. 오히려 맛있는 로컬 음식점이 많아 맛집을 찾는 여행자들의 발길이 잦다.

위치 MRT 파야 레바 역에서 내려 주 치아트 로드를 따라 내려가면 된다. 도보로 20분 이상 걸어야 한다.

이스트 코스트 파크 East Coast Park

해양 스포츠와 크랩 요리로 대표되는 곳

싱가포르 사람들이 주말을 즐기고 바람을 쐬러 오는 곳이다. 커다란 공원이 있고 8km가 넘는 해안선을 따라 자전거를 타거나 조깅을 하는 현지인들을 쉽게 볼 수 있다. 칠리 크랩을 하는 대형 식당들이 모여 있어서 크랩 요리를 먹으려는 사람들이 찾는다. 윈드서핑, 카약 같은 해양 스포츠를 즐기기도 한다. 공원은 상당히 큰 편으로 내부에서 자전거도 대여할 수 있고, 중간중간에 푸드코트도 있어 식사를 해결할 수 있다.

위치 대중교통으로는 접근이 어렵다. 보통 도심에서 택시를 타고 이동한다.

Shopping
이스트 코스트 & 카통의 쇼핑

파크웨이 퍼레이드 Parkway Parade

이스트 코스트 & 카통 지역에서 가장 큰 쇼핑몰

이스트 코스트와 카통 지역에서 가장 큰 쇼핑몰이다. 중저가 브랜드가 많고, 이세탄 백화점과 막스 스펜서 백화점이 입점해 있다. 지하 1층에는 식당가가 모여 있다.

카통 지역으로 올 때는 MRT를 이용하면 많이 걸어야 하므로 시내에서 들어올 때 택시로 이동해서 여기서부터 카통 지역을 돌아보는 것이 좋다. 파크웨이 퍼레이드 쇼핑몰 뒤편은 바로 이스트 코스트 파크 방향이다.

전화 +65 6344 1242 시간 10:00~22:00 홈페이지 www.parkwayparade.com.sg 위치 이스트 코스트 파크 바로 앞이다.

주 치아트 복합 건물 Joo chiat Complex

현지인이 찾는 쇼핑몰

주 치아트 로드 초입에 위치한 작은 쇼핑몰로 인근에 사는 현지인들이 주로 이용한다. 1층에는 패브릭을 파는 상점들이, 2층에는 옷 가게가 많이 모여 있다. 가격이 저렴하고 분위기가 소박해 부담 없이 금방 한 바퀴 돌아볼 수 있다.

시간 매일 09:30~21:00 위치 MRT 파야 레바 역에서 도보로 10분 정도 걸린다. 주 치아트 로드 입구 초입에 위치한다.

I12 카통 I12 Katong

현지인들의 인기 쇼핑몰

옛 카통몰 자리에 생긴 쇼핑몰로 유동 인구가 많은 이스트 코스트 로드와 주 치아트 로드 사이에 있다. 유명 브랜드보다는 현지인들에게 인기 있는 브랜드가 주를 이루고 있으며 식사를 할 수 있는 다양한 레스토랑이 입점해 있다.

전화 +65 6636 2112 시간 10:00~22:00 홈페이지 i12katong.com.sg 위치 이스트 코스트 로드에 위치해 있다.

카통 앤티크 하우스 Katong Antique House

타임머신 같은 페라나칸 수공예품 숍

페라나칸 전통 수공예품을 판매하는 숍하우스다. 오너가 외할아버지로부터 물려받은 이곳을 박물관이자 가게로 꾸며 놓았는데 오래된 사진과 가구, 옷 등이 가득해 마치 과거로 온 것 같은 기분이 든다. 페라나칸 문화에 관심이 있는 사람에게는 친절하게 설명도 해 준다. 방문 전, 전화 예약은 필수다.

전화 +65 6345 8544 시간 11:00~16:30 위치 이스트 코스트 로드에 위치한다.

루마 베베 Rumah Bebe

알록달록한 외관이 눈길 끄는 가게

1928년 숍하우스로 쓰였던 건물을 개조하여 만든 곳이다. 알록달록한 색감의 외관이 멀리서도 눈에 띈다. 페라나칸 디자인의 옷, 신발, 액세서리, 찻잔, 수공예품 등을 판매할 뿐 아니라 한쪽에 페라나칸 음식을 먹을 수 있는 레스토랑도 있다. 페라나칸 전통과 문화를 체험할 수 있는 다양한 이벤트와 클래스가 열리기도 하니 관심이 있다면 홈페이지를 통해 신청해 보자.

전화 +65 6247 8781 시간 화~토요일 09:30~18:30, 월요일 휴무 위치 이스트 코스트 로드에 위치한다.

Restaurant

이스트 코스트 & 카통의 식당

점보 시푸드 Jumbo Seafood

싱가포르에서 가장 유명한 해산물 식당

칠리 크랩 하면 가장 먼저 떠오르는 식당 중의 하나일 정도로 싱가포르에서는 유명한 해산물 전문점이다. 이스트 코스트의 여러 해산물 식당 중에서도 여행자들에게 가장 많이 알려진 곳이기도 하다. 싱가포르 내 6개 지점이 있는데 이곳이 본점이다. 2005년 9월에 매장 리뉴얼 후 지금은 아주 현대적인 모습으로 바뀌었다. 외부의 넓은 좌석에 앉아서 바다를 바라볼 수 있는 것이 큰 장점이다. 음식을 주문하면 차와 땅콩을 주는데, 나중에 추가 요금을 내야 하니 원치 않으면 가져가라고 하면 된다.

전화 +65 6442 3435 시간 월~금요일 17:00~23:45, 토~일요일 11:30~24:00(마지막 주문 23:15) 홈페이지 www.jumboseafood.com.sg 위치 이스트 코스트 라군 시푸드 센터 내에 있다.

롱 비치 Long Beach

시푸드 센터에서 가장 오래된 집

롱 비치에서는 '가장 오래된 집'이라는 한국어 간판이 제일 눈에 먼저 띈다. 이곳은 칠리 크랩도 인기이지만, 매운 것을 좋아하는 한국인들에게는 매콤한 블랙 페퍼 크랩이 인기가 있다. 해변을 바로 앞에 두고 있어서 전망이 좋고 종업원들이 친절하다.

전화 +65 6448 3636 시간 일~금요일 11:00~24:00, 토요일 · 공휴일 전날 11:00~01:00 홈페이지 www.longbeachseafood.com.sg 위치 이스트 코스트 라군 시푸드 센터 내에 있다.

이스트 코스트 라군 푸드 빌리지 East Coast Lagoon Food Village

바다 전망을 즐기며 저렴하게 식사하기

이스트 코스트에 위치한 호커 센터이다. 대부분 호커 센터는 커다란 실내에 위치해 있지만, 이곳은 야외 스타일로 각 호커 식당도 단독 코티지 형태로 되어 있다. 이스트 코스트 푸드 빌리지의 가장 큰 장점은 바로 시푸드 바비큐를 취급하는 곳이 많다는 것이다. 숯불에 직접 굽는 사테 구이와 같은 직화 바비큐 메뉴가 많다.

시간 일~금요일 17:00~24:00, 토요일 12:00~24:00
위치 시내에서는 택시로 이동하는 것이 가장 편하다. 택시 기사에게 이스트 코스트 라군 푸드 빌리지로 가자고 하면 된다.

친미친 컨펙셔너리 Chin Mee chin Confectionery

현지인에게 사랑받는 카야 토스트점

메뉴가 달랑 카야 토스트밖에 없는 허름한 카야 토스트 집이지만 인근에서 모르는 사람이 없을 정도로 유명한 곳이다. 여행자들에게는 야쿤 카야 토스트가 가장 잘 알려져 있지만, 현지인들에게는 카야 토스트 하면 빼놓지 않는 곳이 바로 친미친이다.

카야 토스트와 커피 가격이 매우 합리적이다. 다른 카야 토스트와 다른 점이 있다면 식빵이 아니라 모닝빵을 이용한다는 것인데, 모닝빵을 숯불에 구워서 나온다. 잼은 따로 사 갈 수도 있어 토스트를 테이크아웃해 가는 사람이 많다. 그래도 역시 따뜻할 때 먹는 것이 맛있으니 되도록 그 자리에서 먹고 나오는 편이 좋다.

전화 +65 6345 0419 시간 화~토요일 08:30~16:00, 일~월요일 휴무 위치 이스트 코스트 로드에 위치한다.

글로리 케이터링 Glory catering

페라나칸의 대표적인 음식 포피아 전문점

50년이 넘은 포피아 전문점이다. 포피아는 페라나칸의 대표적인 음식으로 무를 흐물흐물해질 때까지 푹 삶아서 얇은 전병으로 감싼 뒤 안에 땅콩 소스, 마늘 소스, 칠리 소스, 스위트 소스를 뿌리고 새우와 죽순, 상추 등을 넣은 음식이다. 우리 입맛에도 잘 맞는데 푹 삶은 무가 꽤 맛있다. 가격도 상당히 저렴하다. 한 끼 식사보다는 가벼운 간식으로 즐기기에 좋다.
입구에서 주문을 먼저 하고 안으로 들어가 자리를 잡으면 된다. 현지인들은 테이크아웃으로도 많이 사 간다. 식어도 맛있는 음식이다.

전화 +65 6344 1749 시간 화~일요일 08:30~ 20:30, 월요일 휴무 홈페이지 www.glorycatering.com.sg 위치 이스트 코스트 로드에 위치한다. 주 치아트 로드와 교차점 근처이다.

분 통 키 Boon Tong Kee

현지인들의 사랑을 받는 치킨 라이스 전문점

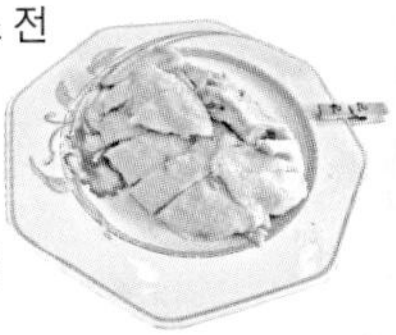

싱가포르에서 유명한 치킨 라이스 전문점이다. 현지인들은 모르는 사람이 없을 정도로 유명하지만 대부분 현지인들이 사는 주거 단지에 위치해 있어서 여행자들에게는 상대적으로 잘 알려지지 않은 곳이다.
입구 쪽에는 치킨 라이스를 만드는 주방장이 있고 안으로 들어가면 언제나 테이블이 꽉 차 있다. 다른 메뉴도 많은데, 대부분 해산물이나 닭을 이용한 요리이다. 치킨 라이스 말고 좀 더 새로운 요리를 먹고 싶다면 타이 호 에라는 메뉴를 주문해 보자. 분 통 키에서 인기 있는 몇 가지 메뉴를 모아서 하나의 메뉴로 구성했다. 싱가포르에 총 7개의 지점이 있다.

전화 +65 6478 1462 시간 월~금요일 11:00~14:45, 17:15~22:00 / 토~일요일 11:00~15:00, 15:30~22:00 홈페이지 www.boontongkee.com.sg 위치 이스트 코스트 로드에 위치한다.

328 카통 락사 328 Katong Laksa

싱가포르 전통 국수와 딤섬

싱가포르 전통 락사를 맛볼 수 있는 곳으로 카통에서 가장 유명한 맛집 중 하나다. 카통 락사(Katong Laksa)는 고유어가 될 정도로 싱가포르 동부 카통 지역에서 먹는 대표적인 락사를 말하는데, 코코넛 밀크로 국물을 내어 매운 맛을 완화시킨 것이 특징이다. 또한 새우, 조개, 숙주, 어묵 등의 다양한 고명이 올라가며 국수 길이가 짧아 젓가락이 아닌 숟가락으로 떠먹을 수 있다는 점에서 다른 락사와 차별성을 가진다. 푸짐한 한끼 식사를 즐기고 싶다면 락사와 함께 딤섬을 주문해 보자. 주문과 결제는 먼저 카운터에서 해야 하며 락사는 작은 것 5.5달러, 큰 사이즈 7.5달러, 딤섬은 3.2달러 정도다.

전화 +65 9732 8163 시간 매일 10:00~22:00 홈페이지 328katonglaksa.com 위치 이스트 코스트 파크에서 차로 약 7~10분 걸린다.

킴 츄 쿠에 창 Kim Choo Kueh Chang

70년 전통의 만두 가게

킴 츄(Kim Shoo) 여사가 논야 쌀 만두를 만들어 팔기 시작, 70년 넘는 전통을 가진 숍 & 만두 가게다. 가게 앞에는 논야 쌀 만두를 사기 위한 사람으로 항상 북적인다. 안쪽에는 알록달록한 페라나칸 전통 디저트가 놓여 있고, 앉아서 먹을 수 있는 공간도 따로 마련되어 있다. 가게 옆에는 그녀의 부티크 갤러리가 있어 페라나칸 스타일의 의류, 신발, 다기, 액세서리, 공예품 등을 판매한다. 옷은 무료로 피팅이 가능하며 맞춤 제작도 해 준다.

전화 +65 6731 2125 시간 일~목요일 09:00~21:00, 금~토요일 09:00~21:30 홈페이지 www.kimchoo.com 위치 이스트 코스트 파크에서 차로 약 10분 걸린다.

래빗 캐롯 건 Rabbit Carrot Gun

분위기는 캐주얼, 음식은 수준급

부티크 호텔과 함께 운영하고 있는 캐주얼 레스토랑이다. 분위기는 편하지만 메뉴는 꽤 수준급이다. 오픈 시간부터 밤 10시까지 주문 가능한 올 데이 다이닝 메뉴는 스몰 플레이트부터 빅 플레이트, 디저트까지 다양하다. 그중에서도 삶은 달걀을 소시지, 아보카도 등 다양한 재료로 감싼 뒤 빵가루를 입혀 튀긴 영국식 간식 스카치 에그(Scotch Egg)는 이곳에서 꼭 먹어봐야 하는 인기 메뉴다.

전화 +65 6348 8568 시간 식사 : 월요일 11:00~16:30, 18:00~21:45 / 화~일요일 09:00~16:30, 18:00~21:45 음료 : 월요일 11:00~22:30, 화~일요일 08:30~22:30 홈페이지 www.rabbit-carrot-gun.com 위치 이스트 코스트 로드에 위치한다.

알리바바 더 호커 바 Alibabar the Hawker Bar

스포츠를 보며 세계 맥주를 마실 수 있는 곳

낮에는 커피숍, 밤에는 바(Bar)로 변신하며 현지인뿐 아니라 외국인에게도 사랑받는 곳이다. 특히 이곳은 스포츠 경기를 볼 수 있는 스포츠 바로 유명한데, 상영하는 경기 일정은 홈페이지를 통해 알 수 있으며 전화로 예약이 가능하다. 사테부터 버거까지 다양한 종류의 식사가 준비되어 있고 세계 각국의 유명 맥주를 즐길 수 있다.

전화 +65 6440 6147 시간 월~목요일 09:00~자정, 금요일 09:00~01:00, 토요일 08:00~01:00, 일요일 08:00~자정 홈페이지 alibabar-hawker-bar-east-coast.business.site 위치 이스트 코스트 로드에 위치한다.

멜스 플레이스 Mel's Place

주말 라이브 밴드 공연이 멋진 곳

오후에만 문을 여는 비스트로 겸 바이다. 식사가 가능하지만 주종목은 맥주나 칵테일 등의 음료다. 꽤 넓은 공간에 야외 자리와 내부 자리가 나누어져 있으며, 편안하고 여유롭게 시간을 보내기 좋다. 매주 금요일과 토요일 저녁 7시 30분부터 11시까지는 라이브 밴드의 공연으로 핫한 분위기를 느낄 수 있다.

전화 +65 6440 3573 시간 월~목요일 16:00~01:00, 금요일 16:00~02:00, 토요일 11:00~02:00, 일요일 11:00~01:00 홈페이지 melsplace.com.sg 위치 이스트 코스트 파크에서 차로 약 5분 걸린다.

Hotel
이스트 코스트 & 카통 의 숙소

빌리지 호텔 카통 Village Hotel Katong

쾌적한 객실과 최고의 위치

카통의 중심에 자리하고 있어 최고의 위치를 자랑하는 인기 호텔이다. 객실은 수페리어, 디럭스 카통, 메이드 인 싱가포르 룸, 패밀리 룸 등 8개 타입으로 나누어져 있으며 상당히 넓은 편이라 쾌적한 느낌을 준다. 야외 수영장, 피트니스 센터, 레스토랑, 라운지, 무료 공항 셔틀 서비스 등의 부대시설도 훌륭하다.

전화 +65 6344 2200 홈페이지 www.villagehotels.com.sg/en/hotels/village-hotel-katong 위치 i12 카통몰 근처에 위치하며, 이스트 코스트 파크에서 차로 약 5분 걸린다.

호텔 인디고 싱가포르 카통 Hotel Indigo Singapore Katong

페라나칸풍 디자인의 부티크 호텔

옛 주 치아트 경찰서 자리에 자리하고 있는 부티크 호텔로 총 131개의 객실이 페라나칸 문화가 고스란히 느껴지는 독특한 디자인으로 꾸며져 있다. 옥상에 있는 인피니트 수영장에서는 멋진 카통의 전경을 감상할 수 있으며, 피트니스 센터는 24시간 운영되어 늦은 밤에도 편하게 이용할 수 있다. 그 밖에 레스토랑, 바 등의 부대시설도 잘 갖추어져 있다.

전화 +65 6 7237001 홈페이지 www.ihg.com/hotelindigo/hotels/us/en/singapore/sinki/hoteldetail?cm_mmc=GoogleMaps-_-IN-_-SG-_-SINKI 위치 이스트 코스트 로드에 위치한다.

센토사 & 하버 프런트

Sentosa & Harbour Front

싱가포르에서 즐기는 휴양 여행

센토사 섬은 싱가포르의 가장 큰 관광지이자, 휴양 섬으로 해변을 즐기러 오는 여행자들로 북적이는 곳이다. 싱가포르에 이틀 이상 머무르는 여행자라면 열에 일곱은 한 번씩 들르는 곳이다.
싱가포르는 영국에 의해 요새로 사용되었던 센토사 섬을 1960년대에 반환받자마자 휴양지로 만들었다. 센토사 섬은 리조트와 스파, 해변, 테마파크로 이루어져 있고 지금도 끊임없이 변화하는 중이다.
현재 센토사 섬은 유니버설 스튜디오을 비롯하여 S.E.A 아쿠아리움과 어드벤처 코브 워터파크의 인기가 대단하다. 그리고 고급 호텔을 비롯한 레스토랑, 숍들도 대거 들어서서 하루 종일 센토사 섬에서 즐기는 일정을 짜기에도 손색이 없다.

Access

MRT 하버 프런트 역의 E 출구로 나온다. 대형 쇼핑몰 비보 시티 3층으로 올라가 모노레일을 타고 들어간다.

관광 ★★★★★ 센토사 섬은 관광이 최고이다.
쇼핑 ★★★★ 비보 시티로 가면 해결된다.
식사 ★★★ 비보 시티의 푸드코트가 매우 훌륭하다.
나이트라이프 ★★★★★ 사람들이 즐겨 찾는 탄종 비치 클럽이 있다.

미리 가 보는

센토사 & 하버 프런트

센토사 섬으로 가는 방법은 여러 가지가 있다. 그중 가장 보편적이고 저렴한 교통수단은 모노레일을 이용하는 것이다. MRT 하버 프런트 역까지만 가면 모노레일뿐만 아니라 케이블카나 버스를 타고 들어갈 수도 있다.

Best Choice

• 센토사 섬 들어가기

MRT와 모노레일(센토사 익스프레스)

센토사 섬으로 가는 가장 간단한 방법이다. MRT 하버 프런트 역에서 E 출구로 나와서 대형 쇼핑몰인 비보 시티 3층으로 올라가면 센토사 섬으로 출발하는 모노레일이 있다. 운행 시간은 07:00~24:00이다. 섬 입장료가 포함된 왕복 티켓이 S$ 4인데 매 5분마다 한 대씩 출발한다. 비보 시티에 위치한 역 이름은 센토사 역, 그 다음 역은 임비아 역(센토사 섬 초입)이고 마지막 역은 비치 역이다. 대부분 첫 번째 역인 임비아 역에서 내린다. 이 티켓은 하루 동안 무제한으로 이용할 수 있다.

케이블카

전망 감상 등 관광의 차원으로 케이블카를 이용하는 사람도 많다. MRT 하버 프런트 역에 내려서 케이블카 표시를 따라가면 된다. 운행 시간은 08:45~22:00이다. 섬 입장료가 포함되어 있으며 요금은 성인 S$ 35, 어린이 S$ 25이다.

버스

MRT 하버 프런트 역에서 하차해서 버스 정류장 쪽으로 나가면 정류장에 주황색의 센토사 버스가 보인다. 입장료 포함하여 S$ 3이다.

택시

다른 교통수단 모두 MRT 하버 프런트 역에서 갈아타게 되어 있는데 이것이 불편하다면 호텔에서부터 택시를 타면 된다. 택시를 타면 섬 입장료 S$ 2를 따로 내고 들어가면 되고 차량당 S$ 10가 추가로 붙는다. 센토사 섬 내에서 숙박하는 사람들은 숙박 확인서를 보여 주면 무료로 입장할 수 있다.

• 센토사 섬 내 이동

무료 노선버스

섬 안의 교통수단은 택시를 제외하고는 모두 무료이다. 주요 지점마다 버스 정류장이 있고 섬 내의 버스는 노선이 잘 정리되어 있는데다 요금도 무료이기 때문에 주요 교통수단으로 이용되고 있다. 노선은 버스 A, 버스 B, 버스 C가 있다. 각 버스 정류장에 노선표가 그려져 있어서 각 버스가 어디를 들르는지 안내되어 있다. 모노레일(센토사 익스프레스)을 타고 첫 번째 정류장에서 내리면 이 3개의 노선이 모두 모이므로 원하는 버스를 타면 된다. 참고로 버스는 모두 한쪽 방향으로만 달린다.

Sentosa Bus

운행 시간 버스 A (07:00~00:10, 매일) / **버스 B** (07:00~00:10, 매일) / **버스 C** (08:00~22:00, 매일)
배차 간격 버스 A (10~15분) / **버스 B** (15~20분) / **버스 C** (15분)

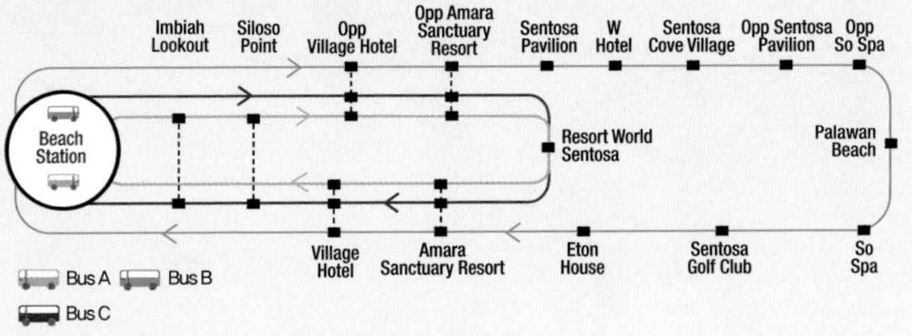

비치 셔틀

센토사의 해변 도로를 따라 운행하는 교통수단이다. 비치 역을 시작으로 실로소 비치, 팔라완 비치, 탄종 비치 등을 순환하므로 해변으로 이동하는 사람들에게 특히 유용하다. 배차 간격도 짧고, 오전부터 밤 늦게까지 무료로 운행하니 꼭 이용해 보자.

Beach Shuttle

운행 시간 09:00~22:30(일~금요일) / 09:00~24:00(토요일)
배차 간격 10분

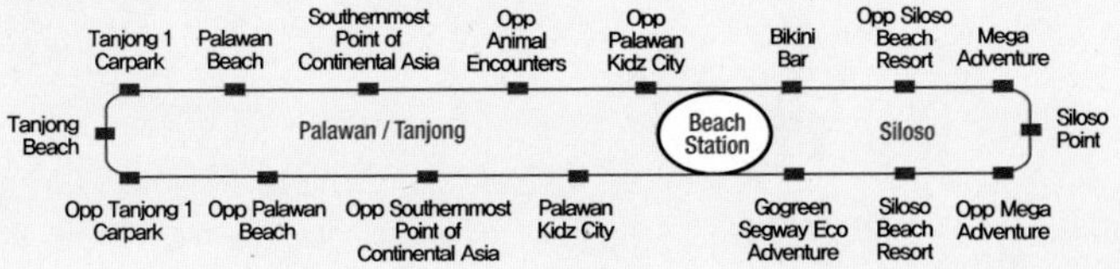

센토사 & 하버 프런트

Ocean Way
W 싱가포르 센토사 코브
W Singapore–Sentosa Cove
Ocean Dr.
Road R
Brani Terminal Ave.
Allanbrooke Rd
Mt.Serapong
Sentosa Golf Club
탄종 비치 클럽
Tanjong Beach Club
센토사 리조트&스파
The Sentosa Resort&Spa
탄종 비치
Tanjong Beach
소 스파
So Spa
아마라 생크추어리
Amara Sanctuary
Artillery Ave.
Maritime Museum
푸드 리퍼블릭
Food Republic
어플리 초콜릿
Awfully Chocolate
노 사인보드
No Signboard Seafood Restaurant
센토사 익스프레스(모노레일)
센토사 카지노
Resorts World Sentosa CasinoCasino
어드벤처 코브 워터파크
Adventure Cove Waterpark
S.E.A. 아쿠아리움
S.E.A. Aquarium
Causeway Bridge
NE1/CC29
Harbour Front
하버 프런트
센토사 역
비보 시티
Vivo City
센토사 페리 터미널
Sentosa Ferry Terminal
호텔 마이클
Hotel Michael
리조트 월드
Resorts World
유니버셜 스튜디오
Universal Studios
임비아 역
아이 플라이
I FLY
윙스 오브 타임
Wings of Time
비치 역
페스티브 워크
Festive Walk
하드 록 호텔
Hard Rock Hotel
싱가포르 크루즈 센터
Singapore Cruise Centre
케이블카
Cable Car
페스티브 호텔
Festive Hotel
갤러리아
The Galleria
싱가포르 라이브
Singapore LIVE
나비 공원과 곤충 왕국
Butterfly Park & Insect Kingdom
센토사 4D 어드벤처랜드
Sentosa 4D Adventureland
이미지 오브 싱가포르
Images of Singapore
센토사 루지 앤 스카이 라이드
Sentosa Luge & Skyride
실로소 비치 리조트
Siloso Beach Resort
실로소 비치
Siloso Beach
Siloso RD
렝기스 섬
Renggis Is.
케펠 섬
Keppel Is.
트라피자
Trapizza
샹그릴라 라사 센토사
Shangri-La's Rasa Sentosa Resort
포트 실로소
Fort Siloso

Best Tour

센토사 & 하버 프런트 추천 코스

센토사의 유니버설 스튜디오와 아쿠아리움 등 가장 재미있는 어트랙션들만 재빨리 이용하고 수영까지 할 수 있는 코스이다.

비보 시티 3층

센토사 익스프레스 3분

유니버설 스튜디오

도보 7분

어드벤처 코브 워터파크

도보 5분

S.E.A. 아쿠아리움

센토사 익스프레스 3분

센토사 루지 앤 스카이라이드

추천 식당 :
테이스트 오브 싱가포르, 피자리아

실로소 비치 Siloso Beach

센토사의 가장 대표적인 비치

센토사에 해변을 보러 간다고 하면 십중팔구는 실로소 비치를 말하는 것이다. 대형 리조트 앞 실로소 비치는 그늘을 만들어 주는 야자수와 밤이 되면 붉게 물드는 석양이 있고, 야외형 레스토랑과 바들이 해변가를 따라 위치하고 있다. 센토사 섬의 세 해변 중 사람들의 발걸음을 제일 많이 끄는 해변이며, 위락 시설도 가장 많이 갖추고 있어 센토사의 대표 해변이라고 할 수 있다. 하루 종일 센토사 섬에서 시간을 보내고 즐겼다면 저녁 시간에는 해변을 걸으면서 휴양지의 편안한 기분을 느껴 보는 것도 좋다.

위치 섬의 가장 서쪽에 있는 해변이다. 비치 역에서 실로소 비치행 트램으로 5분 정도 걸린다. 종점에서 하차한다.

탄종 비치 Tanjong Beach

두 가지의 모습을 가지고 있는 해변

실로소 비치의 동쪽 끝에 위치한 해변으로 조용하지만, 때로는 가장 럭셔리한 분위기로 바뀌기도 하는 해변이다. 평소에는 상당히 조용하지만, 해변 바로 앞에 위치한 탄종 비치 클럽의 밤은 클럽을 찾은 젊은이들로 상당히 활발한 분위기이다. 가장 피크를 이루는 때는 일요일로 해변을 즐기러 온 젊은이들로 북적인다. 특히 일요일에는 오후 시간부터 디제잉이 시작돼 제대로 클럽 분위기가 난다.

위치 비치 역에서 팔라완~탄종 비치행 트램으로 이동하여 종점에서 하차한다.

아이 플라이 I Fly

하늘을 나는 놀라운 체험

영화에서나 보던 하늘을 나는 체험을 실제로 할 수 있는 곳이다. 현재 센토사에서 가장 인기 있고 주목을 받고 있는 곳이기도 한데, 특수 제작된 스카이다이빙 캡슐에 들어가면 누구나 하늘을 나는 신비한 체험을 할 수 있다. 입장하기 전에 미리 전문 강사에게 30분에서 한 시간가량 교육을 받아야 하며, 꼼꼼한 교육을 거쳐 터널 안에 들어가 한 번에 45초씩 원하는 회수를 정해 체험할 수 있다. 요금은 다소 비싼 편이지만 미리 예약을 해야 할 정도로 인기 있다.

전화 +65 6571 0000 시간 목~화요일 09:00~21:30, 수요일 11:00~21:30 요금 스카이다이빙 패키지 2회 S$ 119 홈페이지 www.iflysingapore.com 위치 센토사섬의 가장 중심인 비치 역 바로 옆에 위치한다.

리조트 월드 센토사 카지노 Resorts World Sentosa Casino

싱가포르에서 즐기는 카지노 게임

싱가포르에는 마리나 베이 샌즈와 센토사, 두 곳에 카지노가 있다. 카지노는 호텔 크록포드 타워 지하 1층에 위치하고 있으며, 외국인의 경우는 꼭 여권을 지참해야 입장이 가능하다. 내국인은 입장료가 상당히 비싸지만, 외국인은 무료로 입장할 수 있다. 단, 21세 미만은 입장할 수 없다. 크록포드 타워는 전 객실이 스위트룸으로 구성된 럭셔리 호텔인데, 이곳에 머무르는 투숙객은 추가 비용 없이 식사와 카지노 게임을 즐길 수 있다.

위치 센토사 익스프레스로 워터 프런트 역에서 내려서 도보로 3분 정도 걸린다.

센토사 루지 앤 스카이 라이드 Sentosa Luge & Skyride

아이들도 재미있어 하는 무동력 카트

봅슬레이를 개조한 듯한 무동력 카트를 타고 12층 높이의 언덕에서 중력의 힘으로 650m의 트랙을 내려간다. 자전거 손잡이 같은 핸들로 방향과 속도를 마음대로 조종할 수 있고 탑승 전에 직원의 안내와 간단한 테스트가 있어서 누구나 쉽게 이용할 수 있다. 몇 번 더 타고 싶다면 최종 지점인 실로소 비치에서 스카이 라이드를 타고 출발점으로 다시 올라오면 된다. 스카이 라이드는 4인승 리프트로 루지 이용객뿐만 아니라 센토사 섬을 한눈에 보고 싶은 관광객도 많이 이용한다.

전화 +65 6274 0472 시간 10:00~21:30 요금 루지+스카이 라이드(2회) S$ 24, 루지+스카이 라이드(3회) S$ 27, 스카이 라이드(1회) S$ 11 홈페이지 www.skylineluge.com 위치 센토사 익스프레스 비치 역에서 도보로 3분 걸린다.

이미지 오브 싱가포르 라이브 Images of Singapore LIVE

밀랍 인형으로 보는 싱가포르의 모습

싱가포르의 역사와 현재를 밀랍 인형을 통해 자세하고 알기 쉽게 보여 준다. 짧은 역사임에도 불구하고 중국, 인도, 말레이시아, 유럽의 다민족이 모여 국가를 이루고 번영했다는 싱가포르 사람들의 자부심을 느낄 수 있는 곳이다.

치킨 라이스, 칠리 크랩, 락사 등 싱가포르 요리를 맛볼 수 있는 레스토랑도 있다. 대표 메뉴는 싱가포르를 구성하는 네 민족을 의미하는 4가지 요리법으로 만든 '테이스트 오브 싱가포르'이다.

전화 +65 6715 4000 시간 11:00~20:30(마지막 쇼 19:00) 요금 이미지 오브 싱가포르 라이브+마담 투소 성인 S$ 42, 어린이 S$ 32 홈페이지 www.imagesofsingaporelive.com 위치 센토사 익스프레스 임비아 역을 나와 맞은편 에스컬레이터를 타고 이동한다.

나비 공원과 곤충 왕국 Butterfly Park & Insect Kingdom

수천 마리의 나비와 곤충을 한눈에

울창한 나무들 사이에 위치한 나비 공원에는 약 1,500마리, 50여 종이 넘는 나비가 살고 있다. 열대 정원 속을 산책하면서 자유롭게 나비와 만날 수 있어 체험하는 자연 학습장이나 다름 없다. 번데기가 나비로 부화하는 것과 약 3,000종의 희귀한 곤충도 볼 수 있다. 세계에서 가장 큰 160mm 대왕 헤라클레스 딱정벌레도 전시되어 있다.

전화 +65 6275 0013 시간 09:30~19:00(마지막 입장 18:30) 입장료 성인 S$ 20, 어린이(3~12세) S$ 14 홈페이지 www.sentosa.com.sg 위치 센토사 익스프레스 임비아 역에서 도보로 1분 걸린다.

싱가포르 번지점프 AJ Hackett Sentosa

스릴 만점의 수직 낙하 액티비티

센토사에서 아찔한 경험을 원한다면 번지점프 만한 것도 없다. 47미터 높이에서 수직 하강해 다시 튕겨 올라오는 스릴 만점의 액티비티로, 아래에 있는 수영장 물에 몸을 적시고 목 터지게 비명을 지르다 보면 그동안 쌓였던 스트레스가 시원하게 날아갈 것이다. 사진과 비디오 촬영을 원한다면 요금을 추가하면 된다.

전화 +65 6911 3070 시간 일~목요일 11:30~19:00, 금~토요일 · 공휴일 11:30~21:00 홈페이지 www.ajhackett.com/sentosa 위치 실로소 비치 워크에 위치한다.

싱가포르 키자니아 Singapore Kidzania

직업 체험도 하고 영어 공부도 하고

2016년 오픈 이래 어린아이가 있는 가족 여행객들에게 가장 인기 있는 곳으로, 다양한 역할 놀이를 통해 아이가 실제 직업을 체험할 수 있는 테마파크다. 승무원, 의사, 배우, 모델, 요리사, 경찰관 등 48가지의 직업 체험이 가능하며 키자니아 화폐를 이용해 돈을 쓰는 등의 경제 활동도 할 수 있다. 싱가포르 키자니아에서는 영어를 사용하기 때문에 직업 체험뿐 아니라 자연스럽게 영어 공부를 할 수 있다는 점도 이곳만의 장점이다. 8세 이하의 어린이는 반드시 어른과 동행해야 하며, 어른은 단독으로 입장할 수 없다.

전화 +65 6653 6888 시간 매일 10:00~18:00 홈페이지 kidzania.com.sg 위치 모노레일 비치 역에서 팔라완 비치 방향으로 도보로 약 7분 걸린다.

마담 투소 싱가포르 Madame Tussauds Singapore

밀랍인형으로 만나는 세계의 유명인

마담 투소는 런던을 시작으로 암스테르담, 뉴욕, 홍콩 등 전 세계 여러 도시에 있는 밀랍인형 박물관이다. 200년이 넘는 전통을 가지고 있으며 프랑스 출신인 마담 투소가 만든 밀랍인형 작품을 전시하면서 시작되었다. 싱가포르에는 2014년에 오픈해 세계 유명 인사들을 밀랍인형으로 만들어 재현해 내고 있다. 마이클 잭슨, 오드리 헵번과 사진을 찍으며 멋진 추억을 만들어 보자.

전화 +65 6715 4000 시간 매일 10:00~20:30 홈페이지 www.madametussauds.com/singapore/en 위치 모노레일 임비아 역에서 도보로 약 5분 걸린다.

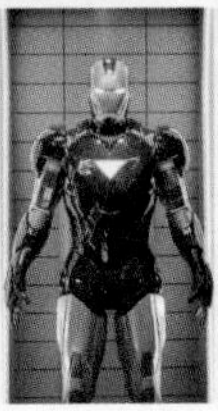

메가 어드벤처(메가집) Mega Adventure Singapore

쾌속으로 날아가는 짜릿한 경험

와이어 로프를 이용해 반대편으로 빠르게 이동하는 액티비티로, 75미터 높이에서 시속 60킬로미터의 속도로 하강한다. 짜릿한 경험을 할 수 있을 뿐 아니라 탁 트인 실로소 비치의 전경을 360도로 만끽할 수 있다. 3개의 와이어 집이 함께 있어 가족이나 친구와 함께 탈 수 있다. 메가집 외에도 메가 클라임(Mega Climb), 메가 점프(Mega Jump), 메가 월(Mega Wall), 메가 바운스(Mega Bounce) 등의 액티비티도 즐길 수 있다.

전화 +65 6480 7199 시간 11:00~19:00 홈페이지 sg.megaadventure.com 위치 실로소 비치 워크에 위치한다.

센토사 4D 어드벤처랜드 Sentosa 4D Adventureland

움직이는 영화관

동남아시아에서 최고 규모를 자랑하는 4차원 양방향 영화관이다. 영화 속의 장면에 따라 소리, 조명, 바람, 진동, 냄새와 비 오는 것까지 느낄 수 있다. 진동 기능이 있는 시트는 영상에 따라 움직이기 때문에 더 실감 난다. 상영 시간은 20분 정도이며 영화 내용은 정기적으로 바뀐다.

전화 +65 6274 5355 시간 11:00~19:30 입장료 성인 S$ 39.90, 어린이 S$ 29.90 홈페이지 4dadventureland.com.sg 위치 센토사 익스프레스 임비아 역에서 도보로 1분 걸린다.

윙스 오브 타임 Wings of Time

저녁에 즐기는 레이저 쇼

송스 오브 더 시가 윙스 오브 타임으로 바뀌면서 한 층 업그레이드 되었다. 빛과 물, 레이저로 만들어 내는 스토리가 있는 쇼이다. 불꽃, 워터 제트, 레이저, 컴퓨터 이미지 그리고 돌비 사운드의 특수 효과를 이용하여 감각적인 쇼를 만들어 낸다. 일반 좌석의 자리는 선착순으로 배정된다.

시간 19:40, 20:40 요금 S$ 18, 프리미엄 좌석 S$ 23 홈페이지 www.sentosa.com.sg/en/things-to-do/attractions/wings-of-time/ 위치 센토사 익스프레스 비치 역에서 도보로 3분 걸린다.

유니버설 스튜디오 Universal Studios

영화를 주제로 한 테마파크

영화를 주제로 한 유니버설 스튜디오는 처음 미국 LA에서 시작해서 일본의 오사카를 거쳐 아시아에서는 두 번째로 싱가포르에 문을 열었다. 총 44억 달러가 투자되어 오픈 초기부터 큰 관심을 받았다. 총 21개의 놀이 시설과 7개의 테마존을 가지고 있는데, 이중 18개는 오직 싱가포르에만 있는 새로운 시설이다. 또한 세상에서 가장 긴 롤러코스터를 가지고 있는 것도 싱가포르 유니버설 스튜디오만의 자랑거리이다. 테마파크 주변으로는 여러 개의 리조트 단지, 세계적 요리사들의 격전지로서 손색이 없는 레스토랑들이 들어서 있다. 거기에 20여 곳의 쇼핑 아웃렛까지 갖추고 있어 유니버설 스튜디오를 중심으로 리조트 월드 센토사라 불리는 이 단지 자체가 하나의 커다란 테마파크처럼 보인다.

유니버설 스튜디오 밖으로 한 번 나가면 못 들어오는 것은 아니다. 입구에서 손목에 찍어 주는 스탬프를 받으면 재입장이 가능하다. 예약을 하지 않은 경우에는 입장하지 못할 수도 있으니, 되도록이면 한국에서 예약을 하고 가는 것이 좋다. 유니버설 스튜디오는 일정 인원 이상이 되면 더 이상 입장시키지 않는다. 모든 놀이 시설을 먼저 이용할 수 있는 익스프레스 패스를 구매할 수도 있는데, 매일 정해진 수량만 판매하며 입장권과 함께 사용할 수 있다.

시간 10:00~19:00(시즌별로 상이) 요금 원 데이 티켓 성인 S$ 81, 4~12세 어린이 S$ 61 홈페이지 www.rwsentosa.com/en/attractions/universal-studios-singapore 위치 모노레일 이용시 워터 프런트역에서 하차하면 된다.

잃어버린 세계 Lost World

유니버설 팬들에게 오랫동안 사랑을 받아 온 시설을 새롭게 단장하였다. 테마파크 안의 테마파크인 쥐라기 공원은 스티븐 스필버그 감독의 고전적인 모험 액션 영화를 테마로 하고 있다. 영화 〈워터월드〉를 테마로 세워진 워터월드 존에서는 스턴트 배우들의 실감나는 공연을 감상할 수 있다.

*** 쥐라기 파크 래피드 어드벤처(Jurassic Park rapids Adventure)**

쥐라기 공원에서 원형 래프트를 타고 거친 물살 위를 표류하는 콘셉트의 어트랙션으로, 급류 타기라고 할 수 있다. 래프트는 360도 회전이 가능하며 세계 최초로 만들어진 것이라고 한다.

할리우드 Hollywood

극장과 레스토랑, 아웃렛이 모여 있는 곳

할리우드 판타지 극장을 모델로 한 브로드웨이 스타일의 극장이다. 내부에는 레스토랑과 쇼핑 아웃렛이 있다. 영화 〈청춘의 낙서〉의 배경을 그대로 재현해 놓은 멜즈 드라이브 인에서는 뉴욕식 정통 햄버거를 즐길 수 있으며, 유명한 헐리우드의 명소인 '워크 오브 페임'도 재현해 놓았다. 유니버설 스튜디오 스토어도 입점되어 있는데, 7개의 테마존 중에서 가장 다양하게 쇼핑을 즐길 수 있는 곳이다. 스타 캐릭터 숍에서는 드림웍스 애니메이션 속 캐릭터 상품을 구입할 수 있고, 유명 영화를 배경으로 기념 촬영도 할 수 있다.

＊판타지 할리우드 극장(Pantages Hollywood Theater)

1,500명의 관객을 수용할 수 있는 브로드웨이 스타일의 뮤지컬 극장이다. 유니버설 몬스터들의 로큰롤 공연을 볼 수 있다.

뉴욕 New York

뉴욕을 한눈에 살필 수 있는 곳

유명한 할리우드 판타지 극장을 모델로 한 브로드웨이 스타일의 극장과 레스토랑, 쇼핑 아웃렛이 들어서 있다. 뉴욕을 상징하는 여러 건물로 둘러싸여 있어 대도시 안에 들어와 있는 느낌이 든다. 1940년대 뉴욕 정찬 스타일을 재현한 KT 그릴 레스토랑과 루이스 뉴욕 피자 팔로라는 뉴욕식 피자 레스토랑이 있다.

＊조명! 카메라! 액션! (Lights! Camera! Action!) by 스티븐 스필버그

다른 유니버설 스튜디오에는 없는 세계 최초의 어트랙션이다. 영화 제작자가 특수 효과를 이용하여 어떻게 무대를 옮기는지 감상할 수 있으며, 뉴욕의 보트 하우스로 무대를 옮겨 카테고리 5의 막강한 허리케인이 막 도시를 강타하려고 하는 아찔한 순간을 경험할 수 있다.

©shutterstock / saiko3p

마다가스카 Madagascar

마다가스카를 테마로 한 존

애니메이션 영화 〈마다가스카〉를 테마로 한 존이다. 어린이들이 가장 좋아하는 테마존 중 한 곳이다. 입구 쪽에 영화 속 캐릭터들로 꾸며진 포토존은 기념 촬영을 하려는 사람들로 항상 붐빈다. 꼬치구이를 즐길 수 있는 레스토랑, 카사 델 와이드 레스토랑 등이 입점해 있다.

*** 마다가스카: 크레이드 어드벤쳐**(Madagascar: A Crate Adventure)

최첨단 기술로 제작된 애니메이션과 디지털 영사기와 다양한 음향 효과 및 영상이 어우러진 세계 최초의 어트랙션이다.

아주 먼 왕국 Far Far away

가장 인기 있는 테마존으로 애니메이션 〈슈렉〉의 영화 속 인물들을 만날 수 있다. 슈렉의 늪지대 집을 보거나 〈아주 먼 왕국〉의 매혹적인 로미오를 따라 산책을 즐길 수 있다

*** 동키 라이브 쇼**(Donkey Live)

슈렉의 친구 동키가 진행하는 이 쇼는 고객들과 함께 노래하고 웃고 떠드는 유쾌한 라이브 쇼이다.

*** 인챈티드 에어웨이즈**(Enchanted Airways)

어린이들도 즐길 수 있는 롤러코스터이다. 돼지 삼형제와 늑대, 진저브레드 맨, 피노키오의 모양을 한 미니 롤러코스터를 타고 슈렉의 마을로 여행을 떠난다.

고대 이집트 Ancient Egypt

1930년대 이집트를 재현한 테마존이다. 카터의 골동품점에서는 고대 이집트와 관련된 역사적 유물과 골동품을 구입할 수 있다.

*** 미라의 복수**(revenge of the Mummy)

암흑 속에서 급커브를 돌며 빠른 속도로 달리는 스릴 만점의 라이드이다. 한 바퀴를 다 돌고 끝나는 듯하다가 곧바로 다시 빠른 역주행이 시작된다. 로봇 미라 군단과 마주치는 스릴 만점의 어트랙션이다.

사이 파이 시티 Sci Fi City

미래 도시를 체험해 볼 수 있는 곳으로 이곳에서 가장 유명한 것은 세계에서 가장 긴 롤러코스터인 배틀 갤럭티카이다. 2012년에 문을 연 트랜스포머 역시 사이 파이 시티 테마존 안에 위치하는데 영화 인기만큼이나 큰 사랑을 받는다.

*** 배틀스타 갤럭티카: 휴먼**(Battlestar Galactica: HUMAN)

미국의 인기 TV 드라마 〈배틀스타 갤럭티카〉를 테마로 한 세계에서 가장 긴 듀얼 롤러코스터이다. 높이 42.5m 상공에서 시속 90km의 속도로 달리며 탑승자들은 무중력 회전, 코브라 회전, 코르크 회전, 수직 낙하 등 다양한 반전을 통해 짜릿한 경험을 할 수 있다.

*** 엑셀러레이터**(Accelerator)

빠르게 회전하는 엑셀러레이터를 타고 각자의 갤럭티카 능력을 테스트해 볼 수 있다.

*** 트랜스포머**(Transformers)

영화 〈트랜스포머〉에서 따온 어트랙션이다. 2012년 헐리우드 유니버설 스튜디오보다 먼저 오픈한 어트랙션이라 기대를 한 몸에 받는다.

S.E.A. 아쿠아리움 S.E.A. Aquarium

매혹적인 해양 동물을 만날 수 있는 아쿠아리움

유니버설 스튜디오 다음으로 센토사에서 인기 있는 어트랙션이다. 매혹적인 49개의 해양 서식지와 10개 테마존에 걸친 800종이 넘는, 약 10만 마리의 해양 동물을 만나볼 수 있다. 거대한 선함을 볼 수 있는 해양 체험 박물관과 동시에 본격적인 바다 속 탐험이 시작된다. 너스상어, 은상어 등 12종 200여 마리의 상어를 관찰할 수 있는 샤크 씨(Shark Seas), 몽환적 느낌을 자아내는 해파리를 감상할 수 있는 오션 저너리(Ocean Journey) 등 볼거리가 대단하다. 그중에서도 최고의 백미는 초대형 메인 수조인 오픈 오션(Open Ocean)이다. 지름 6.2m의 거대한 수중 아크릴 돔 너머로 환상적인 바다 세계가 펼쳐진다. 알록달록 수많은 종류의 물고기를 보다 보면 시간 가는 줄 모른다. 조금 더 특별한 체험을 원한다면 이곳에서 1박 2일을 보낼 수 있는 오션 드림스(Ocean Dreams)를 신청해 보자. 평생 잊을 수 없는 추억을 만들 수 있다.

시간 매일 10:00~19:00(시즌별로 조금씩 다르다.) 요금 원 데이 티켓 성인 S$ 41, 4~12세 어린이 S$ 30 홈페이지 www.rwsentosa.com/Homepage/Attractions/SEAAquarium 위치 센토사 익스프레스 워터 프런트 역에서 도보로 3분 걸린다.

어드벤처 코브 워터파크 Adventure Cove Waterpark

다양한 즐길거리가 있는 워터파크

테마파크보다 물놀이를 선호하는 사람들에게 추천한다. 어린이뿐만 아니라 어른들도 만족시키는 어트랙션이 많아 가족 여행객들에게 인기가 좋다. 7개의 스릴 넘치는 워터 슬라이드와 물고기와 상어 등을 직접 만져볼 수 있는 체험관, 오감을 자극하는 레스토랑 등이 있다. 그 중에서도 가장 인기 있는 어트랙션은 립타이드 로켓(Riptide Rocket)으로 동남아 최초의 수중 자기 코스터인데, 튜브를 타고 짜릿한 수직 상승, 하강을 경험할 수 있다.

바닷속 세계를 그대로 재현하여 스노클링을 즐길 수 있는 레인보우 리프(Rainbow Reef) 또한 인기 만점이다. 신비로운 산호초와 다양한 물고기를 눈앞에서 만날 수 있다. 인기 어트랙션은 기본 30분 이상 줄을 서서 기다리는 수고를 감내해야 하지만 그 가치는 분명 있다. 워터파크 내에 있는 돌핀

아일랜드(Dolphin Island)에서는 인도양의 돌고래와 교감의 시간을 가질 수 있는 다양한 프로그램이 진행 중이다. 단, 워터파크 입장과 별도의 비용이 발생한다.

시간 10:00~18:00(시즌별로 조금씩 다르다.) 요금 성인 S$ 38, 4~12세 · 60세 이상 S$ 30 홈페이지 www.rwsentosa.com/language/en-US/Homepage/Attractions/AdventureCoveWaterpark 위치 센토사 익스프레스 워터 프런트 역에서 도보로 5분 걸린다.

톡톡 싱가포르 이야기

잉글리시? 싱글리시!

싱가포르는 영어를 공용어로 사용한다. 그러나 싱가포르에서 듣는 영어는 미국, 영국 영어와는 다르다는 느낌을 받을 것이다. 그 이유는 '싱글리시(Singlish)' 때문이다. 싱글리시란 Singapore와 English의 합성어로 말레이어·중국어가 뒤섞인 싱가포르만의 독특한 영어를 말한다.

싱글리쉬에는 된소리가 많다. t, p, g, j를 ㄸ, ㅃ, ㄲ, ㅉ로 발음하고, 2시 30분은 '뚜 떠띠'로, 'No Problem'은 '노 쁘라블름'으로 들린다. 또 문장의 끝부분에 'lah'를 붙이는 경우가 많은데 'OK lah! (오케이 라)', 'Thanks lah!(땡사!)'가 그것이다. 잘못 쓴 게 아닌가 하고 의문이 들 정도의 생소한 영어 표현을 쓰는 부분도 있다.

- **No through road** 일반적으로 No entry road 라고 쓴다.
- **Ticket sold here** 티켓이 다 팔렸다? 아니다! 티켓 판매 장소라는 의미이다.

간혹 말레이 어를 영어와 섞어서 사용하기도 한다.

- **Makan** 마깐 식사
- **Alamak** 알라막 영어의 Oops! 정도
- **Acha** 아차 맞아, 맞아
- **Cofeetiam** 코피티암 커피 숍

싱가포르 현지인들이 자주 쓰는 싱글리시 몇 개 정도는 외워 두자!
그들 속으로 더욱 가깝게 다가갈 수 있는 방법이다.

©shutterstock / mukura

Shopping
센토사 & 하버 프런트의 쇼핑

비보 시티 Vivo City

싱가포르 최고, 최대의 쇼핑몰

비슷비슷한 쇼핑몰에 지루해진 현지인들에게 비보 시티는 꽤 신선한 곳이다. 단순한 쇼핑몰의 수준을 뛰어넘어 커다란 하나의 문화 센터, 놀이동산, 데이트 장소가 되고 있다. 규모로는 현재 싱가포르에서 가장 큰 쇼핑몰로 꼽히는데, 이곳을 구석구석 제대로 보려면 반나절 정도는 투자해야 한다. 명품 숍보다는 인기 있는 중급 브랜드 위주로 채워져 있고 센토사에 들어가는 관문과 같은 곳이라서 많은 여행자가 찾아온다. 1층에 인기 있는 브랜드들이 모여 있는데 찰스 앤 키스, 갭, 톱숍, 망고, 나인 웨스트 등이 입점해 있다. 3층의 푸드코트인 푸드 리퍼블릭은 시설이 상당히 좋다.

전화 +65 6377 6870 시간 10:00~22:00 홈페이지 www.vivocity.com.sg 위치 3층에는 센토사 섬으로 들어가는 모노레일(센토사 익스프레스)을 탈 수 있는 곳이 있다. 지하 2층에서 MRT 하버 프런트 역과 바로 이어진다.

Restaurant
센토사 & 하버 프런트의 식당

푸드 리퍼블릭 Food Republic

추천

깔끔한 푸드코트

다른 푸드코트와 달리 고급스러운 인테리어와 디자인으로 큰 사랑을 받는 곳이다. 음식의 맛과 종류 또한 뛰어나다. 싱가포르 로컬 음식에서부터 세계 각국의 다양한 음식을 맛볼 수 있다. 꽤 넓은 공간에 약 30개의 식당이 입점해 있으며 주방은 오픈 키친 스타일로 음식을 만드는 것을 구경하는 재미가 쏠쏠하다. 각 식당마다 개성 있는 인테리어와 장식으로 꾸며져 있으며 주로 나무 인테리어를 사용하여 편안한 느낌을 자아낸다. 비보 시티 외에 위스마 아트리아와 선텍 시티에도 지점이 있다.

전화 +65 6276 0521 시간 일~목요일 10:00~22:00, 금~토요일 · 공휴일 10:00~22:30 홈페이지 www.foodrepublic.com.sg 위치 비보 시티 3층에 위치한다.

어플리 초콜릿 Awfully Chocolate

진한 초콜릿을 맛보고 싶다면

초콜릿과 초콜릿으로 만든 케이크와 아이스크림을 판매하는 초콜릿 전문점이다. 매장은 테이블 2개가 들어갈 정도로 작은 편이지만, 화이트와 블랙의 컬러만을 사용한 인테리어가 무척이나 감각적이다. 메뉴의 종류가 다양하지는 않지만, 퀄리티만은 대단하다. 본연의 진한 맛을 즐기고 싶다면 가장 기본인 올 초콜릿 케이크를 주문해 보자. 그램(g)당으로 판매하니 참고하자. 싱가포르 외에도 상하이, 베이징, 홍콩 등 아시아 곳곳에 지점을 넓히고 있다.

전화 +65 6410 9725 시간 10:00~22:00 홈페이지 www.awfullychocolate.com 위치 비보 시티 1층에 있다.

노 사인보드 No Signboard Seafood Restaurant

색다른 페퍼 크랩을 맛보고 싶다면

1970년대 후반에 이름 없는 작은 해산물 레스토랑으로 시작하여 지금은 싱가포르 대표 크랩 전문점으로 이름을 날리고 있는 곳이다. 칠리 크랩과 함께 얼얼하게 매운맛이 일품인 화이트 페퍼 크랩은 이곳의 대표 메뉴 중 하나이다. 비보 시티점은 쇼핑몰 내에 위치하여 접근성이 좋을 뿐 아니라 세련되고 깔끔한 인테리어로 사람들의 발길이 끊이지 않는다. 원하는 날짜와 시간에 식사하고 싶다면 홈페이지에 들어가서 예약을 하는 것이 좋다.

전화 +65 6376 9959 시간 11:00~22:30 홈페이지 nosignboardseafood.com 위치 비보 시티 3층.

탄종 비치 클럽 Tanjong Beach Club

탄종 비치의 숨은 보석

조용하기만 한 탄종 비치에도 핫 플레이스가 있다. 레스토랑과 바, 수영장이 결합된 공간으로 탄종 비치 앞에 위치하고 있다. 수영장과 함께 다이닝 레스토랑과 바를 갖추었는데 수영장과 비치 주변에는 쿠션과 베드가 마련되어 있어 여유롭게 시간을 보낼 수 있다. 특히 주말이 되면 수준급의 디제이가 한껏 실력을 발휘하며 기존의 모습과는 전혀 다른 흥겨운 분위기를 연출한다. 분위기도 분위기이지만 이곳의 매력은 파인 다이닝 못지않은 깔끔한 음식과 세심한 서비스에 있다. 식사가 부담스럽다면 수영장 근처 야외 좌석에 앉아 시원한 음료를 즐기며 여유로운 시간을 보내는 것도 좋다.

전화 +65 6270 1355 시간 주중 11:00~19:00, 주말 09:00~22:00 홈페이지 www.tanjongbeachclub.com 위치 팔라완-탄종 비치 트램을 타고 종점에서 하차.

트라피자 Trapizza

아이들과 함께 즐기는 맛있는 피자집

캐주얼하면서도 조용한 분위기에서 맛있는 피자를 먹을 수 있는 곳이다. 피자의 종류도 다양해 취향에 따라 골라 먹는 재미가 있다. 메뉴판에는 채식주의자들을 위한 메뉴, 셰프의 추천 메뉴, 어린이들을 위한 메뉴 등이 친절하게 표시되어 있어 처음 이곳을 찾는 사람들도 쉽게 메뉴를 결정할 수 있다. 거기다 가격까지 합리적이기에 늘 빈자리가 없을 만큼 사람들이 가득 차 있다. 내부는 오픈 키친으로 디자인되어 셰프가 화덕에서 피자를 직접 굽는 모습을 볼 수 있다. 아이들을 위한 알록달록한 테이블과 의자, 놀이터, 오락 시설이 잘 갖추어져 있어 가족 여행객들에게 특히 인기이다.

전화 +65 6376 2662 시간 주중 11:00~22:00, 주말 09:00~22:00 홈페이지 www.shangri-la.com/singapore/rasasentosaresort/dining/restaurants/trapizza 위치 실로소 비치 끝자락에 자리 잡고 있다.

오시아 스테이크 앤 시푸드 그릴 Osia Steak and Seafood Grill

모던한 호주 요리를 맛볼 수 있는 곳

호주의 국민 셰프인 스콧 웹스터의 요리 철학을 그대로 받아들여 신선한 재료를 이용하여 재료 본연의 맛을 그대로 살린 퓨전 레스토랑이다. 오너 셰프인 스콧은 항상 상주해 있지는 않지만 세 달에 한두 번 방문하여 특별한 이벤트를 마련한다. 깔끔한 인테리어가 특징인 다이닝 공간은 오픈 키친 스타일로 되어 있어 셰프들의 분주하고도 활기찬 모습을 볼 수 있다. 상시로 새로운 메뉴를 선보이며 웨스턴 음식과 아시아 음식을 결합한 퓨전 요리가 주를 이룬다. 기발하고 창의적인 요리로 입과 눈을 즐겁게 한다.

전화 +65 6577 6560 시간 점심 12:00~14:30, 저녁 18:00~22:00, 선데이 브런치 12:00~14:30 홈페이지 www.rwsentosa.com/en/restaurants/osia 위치 호텔 마이클 1층 페스티브 워크에 있다.

FOC 센토사 FOC Sentosa

싱가포르 최고의 지중해식 요리

싱가포리언의 사랑을 듬뿍 받고 있는 자타공인 싱가포르 최고의 스페니시 레스토랑이다. 신선한 재료를 사용하여 최고의 지중해식 요리를 선보인다. 주방이 공개되어 있어 음식 만드는 과정을 직접 볼 수 있으니 그 재미 또한 쏠쏠하다. 야외 좌석도 잘 갖추어져 있어 바닷바람을 맞으며 분위기 있게 식사하기 좋은 장소다.

전화 +65 6100 1102 시간 수~일요일 11:30~23:00, 월~화요일 휴무 홈페이지 www.focsentosa.com 위치 탄종 비치 워크에 위치한다.

코 너트 잉크 Co + Nut + Ink

달콤 고소한 코코넛 아이스크림

방콕 차투착 시장에서 맛볼 수 있는 코코넛 아이스크림을 센토사에서도 즐길 수 있게 되었다. 코코넛 아이스크림을 주문하면 작은 크기의 코코넛 워터를 무료로 주는데, 깔끔한 마무리를 위해 아이스크림을 먹은 후 맨 마지막에 마실 것을 추천한다. 코코넛, 마차, 아보카도 셰이크 등도 맛있다.

시간 10:00~19:30 홈페이지 www.conutink.com 위치 실로소 비치 워크에 위치한다.

비키니 바 Bikini Bar

젊음이 가득한 클럽 분위기의 비치 바

실로소 비치에서 가장 인기 있는 바(Bar) 중 하나로 발리에 있는 비치 바를 연상케 한다. 낮에는 간단한 식사와 술을 즐기는 바이지만, 밤이 되면 신나는 음악을 즐기려는 젊은이들로 가득 찬 클럽 분위기를 느낄 수 있다. 다양한 종류의 맥주와 칵테일이 있어 취향대로 골라 마실 수 있다.

전화 +65 6631 8938 시간 월~목요일 14:00~23:00, 금요일 14:00~01:00, 토요일 12:00~01:00, 일요일 11:00~23:00 홈페이지 www.bikinibar.sg 위치 실로소 비치에 위치한다.

Hotel
센토사 & 하버 프런트의 숙소

하드 록 호텔 Hard Rock Hotel

젊은 분위기가 물씬 나는 호텔

리조트 월드 센토사에 위치한 호텔 중 하나로 하드 록 체인 호텔이다. 리조트 월드 센토사에 있는 호텔 중 가장 젊은 분위기가 느껴진다. 여느 하드 록 호텔과 같이 유명 가수들의 사진과 소품들이 호텔 곳곳에 걸려 있다.

총 360개의 객실을 보유하고 있으며 룸 타입은 크게 디럭스 룸, 스위트, 록스타 스위트로 나뉜다. 각 룸에는 열정적인 아티스트들의 사진이 있으며 욕실에서도 하드 록만의 재미를 발견할 수 있다. 그 밖에 카페, 레스토랑, 기념품 숍에서도 하드 록만의 재치 넘치고 유쾌한 분위기를 느낄 수 있다.

전화 +65 6577 8888 홈페이지 www.rwsentosa.com/en/hotels/hard-rock-hotel-singapore 위치 리조트 월드 센토사에 있다.

페스티브 호텔 Festive Hotel

가족을 위한 시설이 잘 갖추어진 호텔

리조트 월드 센토사에 있는 호텔 중 가족을 위한 시설이 가장 잘 갖추어져 있어 가족들에게 인기가 많은 곳이다. 모든 객실은 천장이 돔 스타일로 되어 있어 공간이 넓어 보이는 장점을 가지며 난초 그림으로 꾸며져 있어 생동감 넘치는 분위기를 자아낸다. 아이가 있다면 디럭스 패밀리 킹 룸을 선택해 보자. 부모들을 위한 분리된 침실과 아이들을 위한 2층 침대가 구비되어 있으며 아이들이 좋아하는 캐릭터 인형들과 선물 꾸러미가 준비되어 있다.

전화 +65 6577 8888 홈페이지 www.rwsentosa.com/en/hotels/festive-hotel/overview 위치 리조트 월드 센토사에 있다.

호텔 마이클 Hotel Michael

미술관 같은 독특한 호텔

미국의 유명 건축가이자 디자이너인 마이클 그레이브즈가 디자인한 호텔이다. 실용적이고 편안한 느낌의 인테리어가 인상적이다. 객실에는 마이클 그레이브즈가 디자인한 작품과 소품이 있어 마치 미술관에 온 것 같다. 팔리오 레스토랑 또한 마이클 그레이브즈의 세심한 디자인이 묻어나는 곳으로 맛있는 이탈리아 요리를 맛볼 수 있다.

전화 +65 6577 8888 홈페이지 www.rwsentosa.com/en/hotels/hotel-michael/overview 위치 리조트 월드 센토사에 있다.

W 싱가포르 센토사 코브 W Singapore-Sentosa Cove

도시적인 감각의 최신식 리조트

스타우드 계열에서 운영하는 2012년 9월에 오픈한 리조트이다. W의 도시적인 감각과 유니크한 디자인이 센토사의 아름다운 자연과 잘 어우러져 완벽한 공간을 만들어 냈다. 240개의 객실은 모던하고 세련된 인테리어로 꾸며져 있고, 야자수로 휴양지 분위기를 물씬 풍기는 야외 수영장을 비롯해 W만의 어웨이 스파, 우바 등의 부대시설도 이곳의 빠질 수 없는 즐거움이다.

전화 +65 6808 7288 홈페이지 www.marriott.com/hotels/travel/sinwh-w-singapore-sentosa-cove 위치 센토사 섬에 위치하며, 비보 시티에서 무료 셔틀을 운행한다.

카펠라 싱가포르 Capella Singapore

북미정당회담이 열린 역사적인 장소

2018년 6월에 첫 북미정상회담이 열려 더욱 유명해진 호텔로 1880년대 영국군들을 위한 휴양 시설로 이용되었던 건축물을 복원해 지어졌다. 빨간 지붕과 하얀 본체로 이루어진 콜로니안 스타일의 외관은 고풍스럽고 우아한 분위기를 자아낸다. 객실은 총 112개로 크게 일반 룸, 스위트룸, 빌라, 저택 등으로 구분되며 전망과 위치에 따라 정원 또는 바다 등의 객실 타입으로 나뉜다. 모든 객실은 발코니와 욕조가 있어 개인적이고 편안한 쉼을 즐기기에 좋다. 그 밖의 레스토랑, 바, 스파, 수영장, 피트니스 센터 역시 최고급 시설로 이루어져 있어 이곳에서만 시간을 보내도 지루함과 불편함을 전혀 느끼지 못할 정도다. 호텔에서 팔라완 비치까지 연결되어 있어 산책하기도 좋다.

전화 +65 6377 8888 홈페이지 www.capellahotels.com/en/capella-singapore 위치 모노레일 임비아 역에서 도보로 약 11분 걸린다.

소피텔 싱가포르 센토사 & 스파 Sofitel Singapore Sentosa Resort & Spa

자연과 함께하는 완벽한 휴식

완전한 휴식을 원하는 사람들에게 추천하는 리조트로 주변이 녹음과 나무로 둘러싸여 있어 자연친화적 분위기가 난다. 객실은 일반 룸, 스위트룸, 빌라 & 방갈로로 구성되어 있으며 모든 객실은 고급스럽고 우아한 인테리어로 꾸며져 있다. 리조트 내에 있는 더 가든(The Garden), 더 클리프(The Cliff) 레스토랑과 소 스파(So Spa)는 투숙객이 아닌 외부인들도 일부러 찾아올 정도로 유명하다. 다소 외진 곳에 있지만 비보 시티에서 리조트까지 운행하는 셔틀버스가 있어 이동이 편리하다.

전화 +65 6708 8310 홈페이지 www.sofitel-singapore-sentosa.com 위치 팔라완 비치 또는 탄종 비치에서 도보로 약 17분 걸린다.

빈탄 섬

Bintan Island

여유 있게 즐기는 해변 리조트 섬

빈탄 섬은 싱가포르 영토가 아닌 인도네시아 영토의 섬이다. 그런데 많은 여행자가 이 사실을 잘 모른다. 그도 그럴 것이 빈탄 섬으로 들어가는 대부분의 여행자는 싱가포르에 여행 온 사람들이고, 싱가포르 현지인들도 빈탄 섬으로의 여행을 즐긴다.
싱가포르는 1997년 인도네시아와 공동으로 빈탄 섬에 리조트를 지으면서 본격적인 휴양 섬으로 개발했다. 쇼핑과 식도락을 위해 싱가포르를 찾아오던 여행자들이 빈탄 섬과의 일정을 연계해 휴양까지 즐기면서 여행자들의 만족도가 높아졌다. 빈탄 리조트들은 아주 매력적인 가격으로 손님을 끌어모으는 데 주력하고 있고 여행자들은 더 많은 선택권이 생겨 행복하다. 빈탄 섬은 싱가포르 섬보다도 큰데, 대부분의 리조트가 섬의 북쪽에 몰려 있다.

Access

빈탄 섬에는 페리를 타고 들어가는데, 싱가포르 창이 국제공항 근처의 타나 메라 페리 터미널에서 출발한다.

관광 ★★★ 탁 트인 바다 전망을 보고 해양 스포츠도 즐길 수 있다.
쇼핑 ★ 거의 없다.
식사 ★★★★★ 식도락을 위한 동네라고 해도 과언이 아니다.
나이트라이프 ★ 밤공기를 쐬며 바닷가를 거니는 게 전부이다.

미리 가 보는 빈탄 섬

싱가포르보다 1시간 빠른 빈탄 섬은 4~10월이 건기, 11~3월이 우기다. 우기에는 가끔 파도가 높고 날씨가 변덕스러운 편이기 때문에 숙박 가격이 내려가고 운영을 하지 않는 해양 스포츠도 있다. 빈탄 섬에서는 싱가포르 달러와 루피아를 사용하면 된다. 언어는 인도네시아어를 쓰지만, 여행자들을 상대하는 대부분의 관광 종사자들은 영어를 잘하기 때문에 영어로 의사소통을 하면 된다.

Best Choice

Go! 빈탄 섬

빈탄 섬은 싱가포르에서 가까운 거리에 위치한 섬이지만 엄연히 인도네시아 영토이기 때문에 출입국 심사를 받아야 한다.
빈탄 섬으로 들어가는 페리는 싱가포르 창이 국제공항 근처의 타나 메라 페리 터미널에서 출발한다. 평소에 멀미를 하는 사람이라면 멀미약을 준비하자. 특히 파도가 많이 치는 11~3월의 우기 때는 멀미를 하는 사람이 많아진다.

페리 예약하기

빈탄 섬으로 들어가는 페리 예약은 www.brf.com.sg에서 직접 할 수 있다. 예약이 꽉 차는 경우가 빈번히 발생하기 때문에 미리 예약을 하는 것이 좋은데, 직접 예약하는 것이 어렵다면 현지 여행사나 호텔의 투어 데스크를 통해서도 예약이 가능하다. 예약을 할 때는 빈탄 섬이 싱가포르보다 1시간 빠르다는 것을 꼭 기억해야 한다. 정확한 페리의 스케줄은 페리 예약 사이트에 들어가서 확인하면 된다. 보통 하루에 5회 정도 운행한다. 요금은 성인 왕복 기준 S$ 58(성수기 S$ 70) 정도 예상하면 된다.

싱가포르에서 빈탄 섬 들어가기

싱가포르 시내에서 빈탄으로 들어가는 페리를 탈 수 있는 타나 메라 터미널까지는 50분 정도 소요된다. 빈탄 섬으로 가기 위해서는 이 페리 터미널로 와서 싱가포르를 출국해 인도네시아 빈탄 섬으로의 입국 절차를 거치면 된다. 절차는 아래와 같다.

❶ 싱가포르 창이 국제공항 근처에 위치한 MRT 타나 메라 역에서 하차한다.

❷ 페리 출발 시간 1시간 30분 전에 도착한다.

❸ 체크인 카운터에서 구입한 페리 티켓을 보여 주고 승선 티켓과 출입국 카드를 받는다. 짐으로 보낼 것이 있으면 체크인 카운터에서 보낸다.

❹ 출발(Departure) 표지판을 따라간다.

❺ 해당 게이트 앞에서 대기했다가 탑승하면 된다. 빈탄 섬의 반다 빈탄 페리 터미널까지는 약 50분이 걸린다.

빈탄 섬에서 입국하기

❶ 빈탄 페리 터미널(Bandar Bentan Telani, 반다 빈탄 터미널)에 도착한다.

❷ 부친 짐이 있으면 짐을 찾아 나오면 된다.

❸ 리조트에서 무료로 픽업해 주는 곳이 대부분이므로 그 서비스를 이용하여 이동한다.

빈탄 섬에서 싱가포르로 나오기

예약한 페리호 출발 시간 1시간 30분 전에 페리 터미널로 나와서 빈탄으로 들어올 때 했던 과정대로 하면 된다. 체크인 카운터에서 예약한 페리 티켓을 보여 주고 승선 티켓을 받아 출국 심사를 받고 페리에 탑승하면 된다.

빈탄 섬 리조트 지역

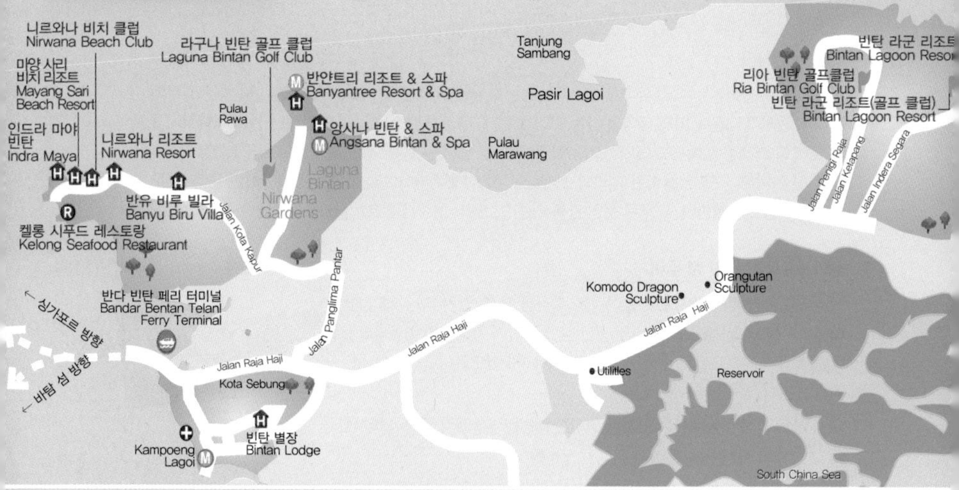

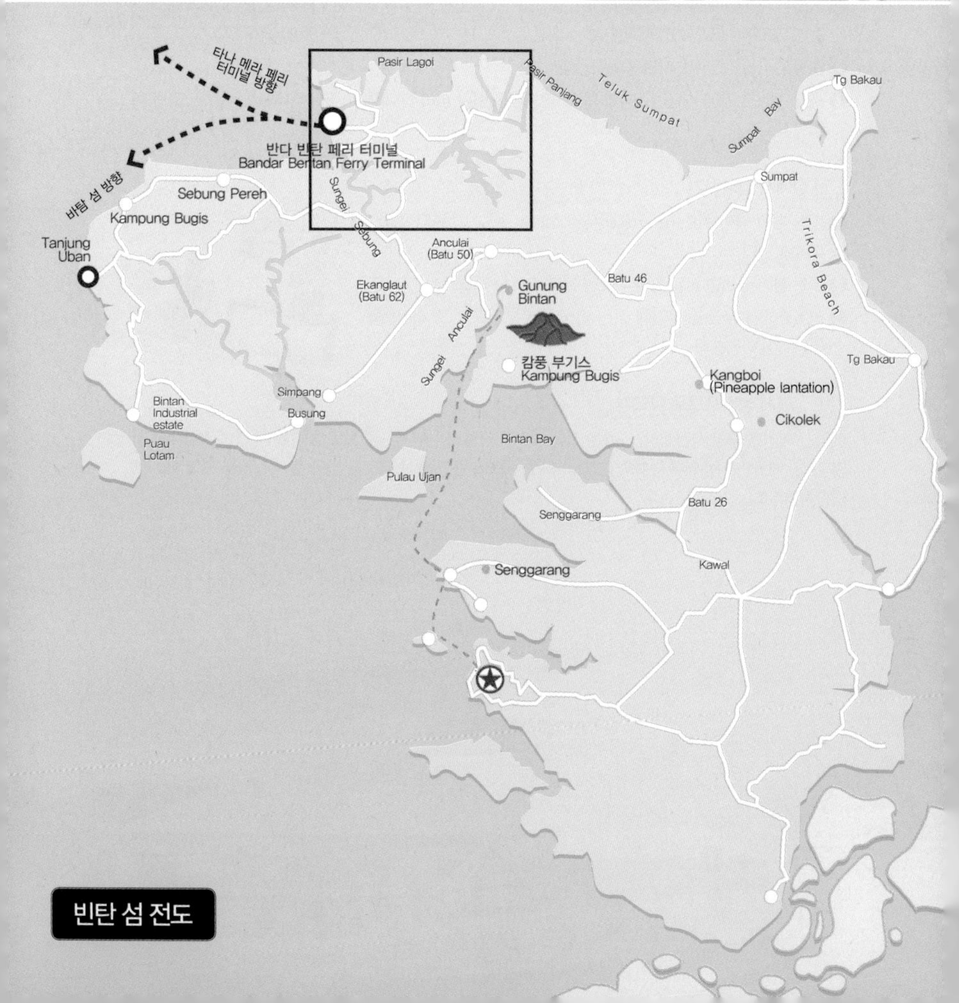

빈탄 섬 전도

리아 빈탄 골프 클럽 Ria Bintan Golf Club

아시아에서 손꼽히는 유명한 골프 클럽

게리 플레이어가 설계한 바다가 보이는 코스이다. 빈탄에서 가장 유명한 골프 클럽으로 아시아 베스트 골프 코스로 여러 번 뽑혔다. 특히 바다가 한눈에 내려다보이는 홀 때문에 인기가 많다. 총 27홀 중에서 18개의 홀에서 바다 전망이 가능하다. 특히 8번 홀과 9번 홀은 바다로 분리되어 있어, 바다로 공을 치는 기분이 든다. 잘 가꾸어진 산림을 배경으로 해변까지 펼쳐져 있는 골프 코스가 장관이다.

전화 +62 770 692 839 시간 첫 라운딩 06:00, 마지막 라운딩 14:00(18홀 기준) 요금 주중 S$ 150, 주말 S$ 210 홈페이지 www.riabintan.com 위치 빈탄 섬 북쪽 중앙에 있다.

빈탄 라군 리조트(골프 클럽) Bintan Lagoon Resort

잭 니클라우스가 설계한 곳

빈탄 라군 리조트 내에 위치한 골프 클럽으로 싱가포르에 거주하는 사람들도 많이 찾는 곳이다. 잭 니클라우스가 설계한 바다 전망의 골프 코스와 이안 베이커가 설계한 숲에서 골프를 즐길 수 있는 2개의 골프 코스가 있다. 31타석의 드라이빙 레인지, 프로 숍, 커피 하우스 등의 시설도 함께 있다. 빈탄 라군 로비 바로 옆에 위치하여 이동이 편리하다. 빈탄 라군 리조트 홈페이지에서 수시로 프로모션을 진행하기 때문에 파격적인 조건으로 예약할 수 있다.

전화 +62 770 693 188 시간 첫 라운딩 시간 06:45, 마지막 라운딩 시간 14:30(18홀 기준) 홈페이지 www.bintanlagoon.com/bintan-golf/golf-in-bintan/ 위치 빈탄 라군 리조트 내에 있다.

라구나 빈탄 골프 클럽 Laguna Bintan Golf Club

다양한 골프 코스를 즐길 수 있는 곳

라구나 빈탄 골프 클럽은 반얀트리와 앙사나 빈탄과 가까이 있다. 앙사나 빈탄과 반얀트리 투숙객은 10% 할인된다. 그렉 노먼이 설계한 골프 코스로 숲과 습지대, 해변 및 채석장까지 다양한 코스를 가지고 있어 흥미로운 골프 플레이를 할 수 있다.

전화 +62 770 693 188 홈페이지 www.bintanlagoon.com/bintan-golf/golf-in-bintan/ 위치 반얀 트리 & 앙사나 빈탄 내에 있다.

Restaurant

빈탄 섬의 식당

켈롱 시푸드 레스토랑과 칼립소 플로팅 바 Kelong Seafood Restaurant and Karlipso Floating Bar

빈탄에서 꼭 가 봐야 할 식당

바다 위에 지어진 큰 규모의 수상 가옥 형태의 시푸드 레스토랑이다. 가격이 저렴하고 메뉴가 다양하며 요리도 수준급이다. 전망이 좋아 식욕을 돋우는 좋은 장치가 된다. 2인 기준으로 크랩은 600g, 새우는 중간 사이즈를 기준으로 4~6마리 정도 주문하고 그 외에 먹고 싶은 메뉴를 시키면 좋다.
켈롱 시푸드 레스토랑과 다리로 연결된 칼립소 바는 노을이 지는 저녁에 더 분위기가 있다.

전화 +65 6323 6636 시간 켈롱 11:00~22:30 / 칼립소 16:00~22:30 홈페이지 www.nirwanagardens.com 위치 니르와나 리조트 내에 있다.

Hotel
빈탄 섬의 숙소

빈탄 라군 리조트 Bintan Lagoon Resort

빈탄의 대표 리조트

바다를 바라보는 부채꼴 모양의 리조트 건물로 이스트 윙과 웨스트 윙으로 나뉘며, 총 412개의 객실을 가지고 있다. 가장 일반적인 슈페리어 룸과 디럭스 룸은 크기와 구조가 같고 디럭스 룸은 살라 공간에 매트리스가 있는 것만 다르다. 해변 가까운 쪽에는 앙소카, 춤바, 부겐필 빌라 등 서로 다른 규모와 구조의 57개 빌라가 있다. 빌라는 대부분 3~4개의 침실과 2개의 욕실, 주방 및 거실 등을 갖춘 별장식이다. 해변은 모래가 곱고 수심도 깊지 않아 물놀이하기에 좋다. 바로 옆에 있는 해양 스포츠 센터에서 제트 스키, 카약 등도 빌릴 수 있다.

전화 +62 770 691 388 홈페이지 www.bintanlagoon.com 위치 빈탄 섬 북쪽 중앙에 있다.

반얀트리 빈탄 Banyantree Bintan

신혼 여행객들에게 인기 있는 풀빌라

빈탄 섬의 북쪽 해변에 언덕을 따라서 70개의 단독 빌라가 위치해 있는 곳으로, 빈탄에서는 최고급 숙소로 꼽힌다. 빌라는 크게 자쿠지 빌라와 풀 빌라로 구분되며, 전망과 위치에 따라서 밸리뷰, 시뷰, 베이 프런트뷰 빌라 등으로 나뉜다. 빌라가 있는 언덕 아래에는 예쁜 공영 수영장이 있는데, 큰 암초가 많아서 수영하기에는 적당하지 않다.

전화 +62 770 693 100 홈페이지 www.banyantree.com/en/indonesia/bintan 위치 빈탄 섬 북서쪽, 앙사나 빈탄 바로 옆에 있다.

니르와나 리조트 Nirwana Resort

커다란 단지의 초대형 리조트

니르와나 리조트, 마양사리, 인드라마야, 반유비루, 니르와나 비치 클럽이 니르와나 가든이라는 하나의 단지를 이루고 있다. 단지 내 리조트와 부대시설을 포함하여 종류와 규모 면에서 빈탄 내에서 최고이다. 니르와나 리조트는 리조트 안에만 있어도 전혀 불편함을 느낄 수 없을 만큼 다양한 부대시설을 갖추고 있다. 리조트 앞 해변은 모래가 곱고 해안선이 길어서 해양 스포츠를 하기에 적합하다. 리조트 내를 순환하는 셔틀버스가 있어 이동이 쉽다.

전화 +62 770 692 505 **홈페이지** www.nirwanagardens.com **위치** 니르와나 가든 리조트 단지 내에 있다.

인드라 마야 풀빌라 Indra Maya Poolvilla

식구가 많은 가족 여행자들에게 추천

독채 스타일의 개별 빌라인 이곳은 객실이 2개 있는 2베드룸부터 객실이 4개 있는 4베드룸까지 있다. 약 10m 규모의 개인 풀장과 개별 전용 해변을 이용할 수 있다. 니르와나 가든의 전체 시설을 이용할 수 있다. 리조트 안으로만 다녀도 끝에서 끝까지 가 보기가 힘들 정도로 굉장히 큰 규모의 리조트이다. 여러 개의 리조트가 큰 부지를 나누어 쓰는 식이지만, 해변도 독립성이 있고 각자 개별 공간을 가지고 있어서 전혀 번잡스럽지 않다.

전화 +62 770 692 505 **홈페이지** www.nirwanagardens.com/hotel/indra-maya-pool-villas **위치** 니르와나 가든 리조트 단지 내에 있다.

마양 사리 비치 리조트 Mayang Sari Beach Resort

저렴한 가격에 해변이 가까운 대중적인 리조트

저렴한 가격에 해변을 즐기고 해양 스포츠를 하고 싶은 사람들에게 추천할 만한 곳이다. 해변이 리조트와 바로 붙어 있고 독채 스타일의 객실이기 때문에 실용적인 면이 중요한 여행자들에게 인기이다. 총 50개의 단독 코티지 형태로 지어졌으며, 바다 조망 또는 가든 조망의 개별 전용 테라스도 있다. 바로 앞에 해변이 있지만, 수영장이 없어서 수영장이나 레스토랑 등의 시설을 이용하려면 니르와나 리조트 쪽으로 가야 한다. 니르와나 비치 클럽이 가까워서 해양 스포츠를 즐기기 쉽다.

전화 +62 770 692 505 홈페이지 www.nirwanagardens.com/hotel/mayang-sari-beach-resort 위치 니르와나 가든 리조트 단지 내에 있다.

반유 비루 빌라 Banyu Biru Villa

니르와나 가든 내에 위치한 가족 대상 빌라

총 36개 동으로 이루어진 빌라로 2베드룸과 3베드룸으로 구성되어 있다. 니르와나 가든 내에 위치해 있으며 니르와나 리조트와 가깝게 위치하고 있어서 니르와나의 부대시설을 이용하기에 편리하다. 빌라 주변은 녹음이 우거져 있고 나무들로 둘러싸여 있어 별장과 같은 분위기가 난다.

전화 +62 770 692 505 홈페이지 www.nirwanagardens.com/hotel/banyu-biru-villas 위치 니르와나 가든 리조트 단지 내에 있다.

니르와나 비치 클럽 Nirwana Beach Club

저렴하게 즐기는 방갈로 숙소

방갈로 타입의 저렴한 숙박 시설이다. 저렴한 가격 때문에 싱가포르의 젊은 학생들이 많이 찾아온다. 위치는 니르와나 가든 안의 마양 사리와 가까운데 방갈로 스타일의 두 숙소는 분위기도 비슷한 면이 있다. 저렴한 객실이지만 모든 객실에 에어컨 시설이 구비되어 있고 주변에 나무들이 많아 제법 휴양지 분위기가 난다.

전화 +62 770 692 505 홈페이지 www.nirwanagardens.com/hotel/nirwana-beach-club 위치 니르와나 가든 리조트 단지 내에 있다.

앙사나 빈탄 Angsana Bintan

깔끔한 객실에 조용한 해변

반얀트리 계열의 리조트로 해변을 두고 반얀트리와 이웃해 있다.

총 객실 수는 135개로 다른 리조트에 비해 조용한 분위기이다. 빈탄의 리조트 중 가장 최근에 지어진 것으로 객실이 고급스럽고 깔끔하다는 평이 많다. 부대시설로는 앙사나 스파, 라구나 골프 클럽, 테니스 코트, 갤러리, 수영장, 3개의 레스토랑 등이 있다. 가족 여행객뿐만 아니라 신혼 여행객과 연인들도 많다.

객실이 고급스럽다는 것이 장점이지만 수영장이 좀 작다는 것은 단점이다. 1층에 앙사나 스파가 유명하고 가격대도 괜찮다.

전화 +62 770 693 111 홈페이지 www.angsana.com/en/indonesia/bintan 위치 빈탄 섬 북서쪽 해변과 맞닿아 있다.

앙사나 스파 Angsana Spa

앙사나 빈탄 내의 유명한 스파

앙사나 스파는 다른 리조트 투숙객들이 일부러 셔틀을 타고 올 만큼 유명하다. 스파 로비에서 프로그램을 선택하면 2층 야외 개별 스파룸으로 가서 마사지를 받게 되는데 바다와 가까운 곳에 위치해 있어 파도 소리를 들으면서 마사지를 받을 수 있다.

13개의 마사지실과 8개의 야외 마사지룸이 있다. 태국식 마사지와 인도네시아식 오일 마사지가 대표적이다.

위치 빈탄 섬의 앙사나 빈탄 내에 있다.

6222 2224
6222 2224
Tiger
CHINATOWN SEAFOOD
CHINATOWN SEAFOOD
Tiger
Chinatown Seafood
OLDE CUBA

테마 여행

- 다양한 매력을 품은 싱가포르 즐기기
- 싱가포르 대표 관광지
- 다양한 투어 프로그램
- 산책하기 좋은 싱가포르
- 싱가포르 나이트라이프 즐기기
- 도심 속 비밀스런 공간 루프트톱 바
- 싱가포르 쇼핑 즐기기
- 저렴하게 즐기는 싱가포르 맛집

다양한 매력을 품은

싱가포르 즐기기

1 해가 지는 늦은 오후, 리버 크루즈 타고 싱가포르 강변 따라 로맨틱한 시간 만들기

리버 크루즈는 싱가포르의 전통 범보트를 개조한 보트이다. 싱가포르에서 전경이 가장 아름다운 곳을 보트를 타고 도는 코스인데 한 바퀴를 다 도는 데 30분 정도 걸린다. 저렴한 가격이지만, 아름다운 싱가포르의 모습을 눈에 담을 수 있기 때문에 꼭 한 번은 경험해 봐야 할 투어이다.

2 이스트 코스트의 해산물 식당에서 칠리 크랩 배부르게 먹기

식도락에 관심 있는 여행자라면 싱가포르에 가기 전에 가장 먼저 알아야 할 것이 바로 칠리 크랩이다. 칠리 크랩은 싱가포르의 대표적인 음식이다. 특히 해산물을 좋아하고 매콤한 맛을 좋아하는 한국 여행자들에게는 칠리 크랩을 먹는 것이 필수 코스가 되었다. 이왕이면 강변 쪽 전망이 좋은 식당이나 바다가 보이는 이스트 코스트 해산물 식당가로 가 보자.

3 멋지게 차려입고, 마리나 베이 샌즈 호텔 57층 세라비 바에 가서 칵테일 마시기

여전히 마리나 베이 샌즈 호텔의 인기는 상상 그 이상이다. 이곳에서 숙박하기 위해 싱가포르로 여행하는 사람들이 생겨날 정도이다. 비싼 숙박료가 부담스럽다면 호텔 꼭대기 층에 있는 세라비 바를 이용해 보자. 57층에서 보이는 아름다운 전망뿐 아니라 멋진 건축물 또한 볼 수 있다. 특히 야경이 눈부시게 펼쳐지는 저녁 시간의 분위기는 정말 낭만적이다.

4 센토사 섬에 있는 유니버설 스튜디오에서 하루 종일 놀기

아시아에서는 일본에 이어 두 번째로 싱가포르에 유니버설 스튜디오가 문을 열었다. 전 세계에서 싱가포르 유니버설 스튜디오에만 있는 테마도 있고, 입장객 수를 제한하는 정책 때문에 지루하게 긴 줄을 서서 기다릴 필요도 없다. 테마파크를 좋아하는 여행자라면 망설일 필요가 없다.

5 세계 최초의 야간 개장 동물원 나이트 사파리에 가서 야생 동물 구경하기

싱가포르에서 가장 인기 있는 관광 코스라고 해도 과언이 아니다. 남녀노소 누구나 좋아하는 곳으로, 저녁 7시에 문을 여는 세계 최초의 야간 동물원이다. 일반 동물원보다 훨씬 가까이에서 동물을 볼 수 있고, 위험하지 않은 동물은 울타리 없이 사육하고 있어서 코앞에서 사슴이나 염소 같은 동물을 볼 수 있다.

6 식도락의 천국 싱가포르에서 각국의 음식 제대로 맛보기

싱가포르는 다국적 민족이 모여 사는 국가인 만큼 다양한 세계 음식을 맛볼 수 있는 식당이 많다. 쇼핑몰의 푸드코트나 저렴한 가격으로 다양한 음식을 먹을 수 있는 호커 센터만 가도 수준급의 다양한 음식을 맛볼 수 있다.

7 세계적 수준의 파인 다이닝 레스토랑에서 근사한 한 끼 식사하기

글로벌 도시인 만큼 미슐랭 스타들의 레스토랑도 많고 미슐랭이 아니더라도 세계 각국에서 갈고닦은 실력을 뽐내는 다국적 셰프들의 수준급 레스토랑이 많다. 여행 중 한 끼 정도는 레스토랑에 가서 잊지 못할 식사를 경험해 보자.

8 다리가 뻐근해질 때까지 쇼핑하기

쇼핑 하면 싱가포르이다. 싱가포르에 갔다면 수많은 쇼핑몰 중에 한 곳쯤은 들르지 않을 수 없을 것이다. 6~7월에 있는 싱가포르 대 세일 기간에 맞춰 싱가포르 여행 계획을 세워 보자.

9 다민족 국가 싱가포르의 다양한 문화 엿보기

리틀 인디아에 가면 인도에 있는 것 같고, 아랍 스트리트에 가면 아랍의 어느 도시에 있는 것 같은 기분이 드는 곳이 바로 싱가포르이다. 가는 곳마다 모여 사는 사람들도 다르고, 도시의 색깔도 다르기 때문에 마치 여러 나라를 여행하는 기분이 든다. 구석구석 걸으면서 도보 여행을 해 보자. 또 다른 모습의 싱가포르를 발견할 수 있을 것이다.

| THEME TRAVEL 01 |

싱가포르
대표 관광지

싱가포르 여행지 중에서 가장 비중 있게 고려해야 하는 장소가 어느 곳인지 싱가포르에 가면 꼭 둘러볼 만한 대표 관광지를 소개한다.

싱가포르 최고의 관광지 센토사 섬
Sentosa Island

센토사 섬은 섬 하나가 통째로 테마파크처럼 꾸며져 있는 싱가포르 최고의 관광지라고 할 수 있다. 센토사 섬에 위치한 유니버설 스튜디오는 가장 인기 있는 테마파크이다. 유니버설 스튜디오와 함께 여러 개의 호텔과 카지노까지 들어서 있어 몇 년 전의 센토사와는 전혀 다른 새로운 모습을 선보인다. 유니버설 스튜디오 외에도 실로소 비치를 비롯한 해변 지역을 중심으로 여러 개의 놀이 시설이 들어서 있다. 센토사 섬을 제대로 구경하려면 하루가 모자란다고 해도 과언이 아니다. 테마파크와 놀이 시설 등을 좋아하는 여행자라면 유니버설 스튜디오에서 하루 일정을 잡고, 센토사 루지 앤 스카이 라이드와 같은 놀이 시설 등을 이용하는 데 하루 일정을 잡으면 된다.
센토사 섬은 각종 관광거리도 많지만, 대형 리조트를 갖추고 있어 휴양지의 역할을 하는 곳이기도 하다. 섬을 돌아보고 섬 안에 있는 놀거리를 즐기려면 시간이 꽤 걸리기에 섬을 알차게 돌아보려면 최소한 반나절 이상의 일정을 잡아야 한다.

정글 속 탐험 싱가포르 동물원

Singapore Zoo

싱가포르 동물원은 언뜻 보면 우리가 없는 것처럼 보여 금방이라도 동물들이 뛰어나올 것 같은데 자세히 보면 우리가 없는 대신 땅을 파서 사람들이 있는 쪽으로는 건너오지 못하게 한 것이다. 우리가 없기 때문에 사람들은 동물들과의 경계를 덜 느낀다.

동물원의 또 다른 특징은 원숭이와 오랑우탄이 많다는 것인데 커다란 나무를 타는 이들의 모습을 실감나게 구경할 수 있다. 1973년에 개장한 싱가포르 동물원은 약 8만 5천 평의 대규모 대지에 4백여 종이 넘는 동물들이 서식하고 있다. 시간별로 다양한 쇼가 행해지는데 입장할 때 동물원 팸플릿을 챙겨서 몇 시에 무슨 쇼가 있는지 체크하는 것이 좋다. 또 동물들에게 직접 먹이를 주는 프로그램도 다양한데 거의 매 시간마다 정해진 시간에 동물들을 가까이에서 보고 먹이를 나눠 줄 수 있어서 아이들에게 인기가 많다. 동물원 안에서는 트램을 타고 다닐 수 있는데 한 번 티켓을 사면 제한 없이 타고 내릴 수 있어 이동이 편리하다.

전화 +65 6269 3411 시간 08:30~18:00 입장료 성인 S$ 39, 3~12세 S$ 26 / 무제한 트램 탑승 이용권 성인 S$ 5, 어린이 S$ 3 홈페이지 www.wrs.com.sg/en/singapore-zoo.html 이동 방법 **MRT+버스** MRT를 타고 한 번에 갈 수 있는 방법은 없고, 버스로 갈아타야 한다. MRT 앙 모 키오(Ang Mo Kio)역 C번 출구로 나와 버스를 탈 수 있는 인터체인지에서 138번 버스를 타고 종점에서 내린다. 약 30분 정도 이동한다. MRT 초아 추 캉 역에서 내린다면 927번 버스로 갈아타면 되는데, 1시간 정도 소요된다. **택시** 택시를 타게 되면 시내에서 약 30분 정도 소요되며, 택시비는 S$ 20~25 정도이다. **셔틀버스** 셔틀버스를 이용하는 방법도 있다. 사파리 게이트 버스 요금은 편도 S$ 7, 왕복 S$ 12이다. 픽업 장소는 선텍 시티로 오전 08:30, 09:30, 10:30, 11:30, 12:30, 14:00, 15:00, 16:00에 출발한다. 보다 자세한 내용은 사이트(www.safarigate.com)를 통해 확인할 수 있다.

Best Schedule 추천 일정

모닝 하이라이트

09:30~10:20 **정글 아침 식사**

아 멩 레스토랑에서 뷔페로 아침 식사를 즐긴다. 오랑우탄을 비롯한 동물들과 함께 식사를 할 수 있다.

10:30~10:50 **스플래시 사파리** Splash Safari

캘리포니아 바다사자를 비롯해 다양한 바다 동물의 쇼를 구경할 수 있는 시간이다. 가장 인기 있는 쇼 중의 하나이다.

11:30~11:50 **엘리펀트 프레젠테이션** Elephants Presentation

태국에서 온 거대한 코끼리가 조련사와 호흡을 맞춰 영리한 쇼를 보여 준다. 코끼리를 가까이에서 볼 수 있고 끝난 뒤에 코끼리를 타고 기념 촬영도 할 수 있어서 어린이들에게 최고로 인기 있는 쇼이다.

애프터눈 하이라이트

14:30~14:50 **레인 포레스트 파이 백 쇼** Rainforest Fight Back Show

원숭이, 뱀 등 15여 종의 동물들이 환경 오염으로부터 레인 포레스트를 구하기 위해 팀을 꾸려 싸우는 내용을 담고 있다. 동물들의 다양한 묘기를 감상할 수 있어 어린이들의 많은 사랑을 받는 쇼이다. 쇼가 끝나면 동물들과 사진 촬영이 가능하다.

16:00~16:20 **동물 친구들** Animal Friends

싱가포르 동물원에서 가장 인기 있는 동물은 오랑우탄이다. 우리에 있는 오랑우탄을 만나는 것이 아니라 가까이에서 손도 잡을 수 있고 만질 수도 있다. 30여 마리 남짓 동물원에 살고 있으며 항상 많은 사람으로 둘러싸여 있다.

동물원에서 식사하기

동물들과 아침 식사를 함께할 수 있는 기회이다. 코끼리들이 아침에 목욕하는 모습을 감상하고 뱀이나 수달 같은 동물들을 가까이에서 보거나 만져 볼 수 있다. 아침 식사를 하고 있으면 오랑우탄들이 나타나서 사람들과 함께 사진을 찍기도 한다. 인기가 좋으므로 미리 예약하는 것이 좋다. 예약은 홈페이지에서 가능하다.

전화 +65 6360 8560 시간 09:00~10:30 입장료 S$ 35(6~12세 어린이 S$ 25) 장소 아 멩 레스토랑

주롱 새 공원 + 싱가포르 동물원 + 리버 사파리 + 나이트 사파리 하루에 모두 구경하기

싱가포르 동물원과 리버 사파리, 나이트 사파리는 위치가 인접해 있고 세 곳의 성격도 비슷해 오후에 싱가포르 동물원과 리버 사파리를 구경하고 저녁 시간에는 나이트 사파리를 구경하는 일정으로 하기에 안성맞춤이다. 세 군데만 돌아보는 것도 꽤 체력을 필요로 하는 일정이지만 좀 더 욕심내서 돌아보고 싶다면 아침 일찍 주롱 새 공원을 먼저 돌아본 후 싱가포르 동물원과 리버 사파리를 보고 마지막으로 나이트 사파리를 구경하는 일정을 짤 수도 있다. 싱가포르 동물원과 리버 사파리, 나이트 사파리는 모두 가까워 서로 걸어서 이동 가능하니 참고하자.

***주롱 새 공원 -> 싱가포르 동물원(나이트 사파리) 이동하기**

주롱 새 공원과 싱가포르 동물원 사이를 오고 가는 셔틀버스를 탄다. 셔틀버스는 13:30, 16:45 등의 시간에 입구 옆 코치 스탠드에서 운행한다.

***패키지 입장권 구입하기**

네 곳 모두를 구경할 예정이라면 패키지 티켓을 구입하면 된다. 꼭 하루에 다 돌아볼 필요 없이 구매 후 7일 안으로만 이용하면 된다. 홈페이지를 통해 구입 시 30~50% 할인된 가격으로 구입할 수 있으니 미리 구입하는 것이 좋다.

입장료 4-in-1 성인 S$ 80.75, 어린이 S$ 59.85 (홈페이지 예약 시 적용, 약 50% 할인)

새롭게 탄생한 리버 사파리
River Safari

아시아 최초이자 유일한 강을 테마로 한 야생 공원으로 2014년 2월에 오픈하였다. 이곳에는 강에서 서식하고 있는 40여 종의 멸종 위기 동물을 포함하여 6천 종 이상의 동물이 살고 있으며 세계 최대의 민물 수족관도 존재한다. 이곳에서 절대 놓치지 말아야 할 것은 자이언트 판다 숲(Giant Panda Forest)에 살고 있는 자이언트 판다 카이카이(KaiKai)와 지아지아(JiaJia)다. 잠자는 시간이 대부분이지만 운이 좋으면 대나무를 먹는 귀여운 모습을 볼 수도 있다. 또한 거대한 미시시피 강부터 양쯔 강에 이르기까지 세계 최고의 강들을 만나 보자. 그리 크지 않으니 3~4시간이면 충분히 감상할 수 있다.

전화 +65 6269 3411 시간 10:00~19:00 입장료 성인 S$ 36, 3~12세 S$ 24 홈페이지 www.wrs.com.sg/en/river-safari.html 이동 방법 MRT 전철, 택시 혹은 셔틀버스로 이동할 수 있다. (싱가포르 동물원 이동 방법과 같다.)

Best Schedule 추천 일정

15:00 리버 사파리 도착
싱가포르 동물원을 둘러본 후 리버 사파리 도착.

15:15 미시시피 강 & 콩고 강 & 나일 강 Mississippi River & Nale River & Congo River
미시시피 강으로 이동, 다양한 민물고기를 본 후 콩고 강과 나일 강 쪽으로 가서 아프리칸 악어를 만나 본다.

15:45 메콩 강 & 자이언트 판다 숲 Mekong River & Giant Panda Forest
메콩 강에서 초대형 메기를 보고, 양쯔 강 구역으로 이동하여 자이언트 판다를 만나 보자.

16:20 아마존 리버 퀘스트 Amazon River Quest
와일드 아마조니아에서 보트를 타고 열대 우림에서 서식하는 야생 동물을 만나 보자.

17:00 다람쥐원숭이 숲 Squirrel Monkey Forest
다람쥐원숭이 숲에서 자유롭게 돌아다니는 다람쥐원숭이를 본다.

17:30~18:00 아마존 담수 수족관 Amazon Flooded Forest
아마존 열대 우림에서 매너티, 파쿠, 아라파이마 등이 거대한 수족관 속을 고요하게 헤엄치는 모습을 감상할 수 있다.

아마존 리버 퀘스트 보트 라이드 즐기기

와일드 아마조니아(Wild Amazonia)에서는 아마존에서 서식하는 동물인 재규어나 갈기늑대 등을 만나 볼 수 있다. 10분 동안 보트를 타고 다양한 열대 우림 동물들을 만나 볼 수 있어 아이들에게 인기가 좋다. 티켓은 리버 사파리 입구 매표소에서 미리 구입해야 한다.

요금 성인 S$ 5, 어린이 S$ 3

아마존 리버 사파리 크루즈 타기

유람선을 타고 싱가포르 최대 자연 보호 구역인 어퍼 셀레타 저수지(Upper Seletar Reservoir)를 돌아볼 수 있다. 별다른 볼거리가 있지는 않지만 아름다운 풍경을 감상하며 쉬어가기 괜찮다.

밤에만 입장할 수 있는 나이트 사파리
Night Safari

나이트 사파리는 세계에서 처음으로 생긴 밤에만 입장할 수 있는 동물원이다. 싱가포르에서 가장 인기 있는 관광지 중 한 곳으로 동물들을 바로 코앞에서 구경할 수 있다. 주로 밤에 활동하는 야생 동물들을 구경할 수 있으며 이곳도 싱가포르 동물원과 마찬가지로 동물들을 우리에 가둬 두지 않는다. 위험한 동물들은 우리 대신 웅덩이를 파서 넘어오지 못하게 해 두었고 위험하지 않은 동물들은 그대로 풀어 두었다.

밤에 보는 야생 동물은 낮에 보는 것과는 전혀 다른 느낌인데 낮보다 좀 더 야생에 가까운 동물을 만날 수 있다. 나이트 사파리에는 사람들을 위해 동물원이 존재하는 것이 아니라 동물들이 사는 정글에 사람들이 조용히 방문하는 것을 콘셉트로 한다. 그렇기 때문에 동물들을 방해해도 안 되고 시끄럽게 떠드는 것도 금지하고 있다. 카메라 플래시도 물론 금물이다. 130여 종의 2,500여 마리 이상의 동물이 서식하고 있는 나이트 사파리는 1994년 오픈했다.

전화 +65 6269 3411 시간 19:15~23:00 입장료 성인 S$ 51, 3~12세 S$ 34 홈페이지 www.wrs.com.sg/en/night-safari.html 이동 방법 MRT 전철, 택시 혹은 셔틀버스로 이동할 수 있다.(싱가포르 동물원 이동 방법과 같다.)

트램 타고 나이트 사파리 투어하기

나이트 사파리는 트램을 타고 3.2km가 되는 사파리를 40분 동안 돌아보는 코스이다. 트램에서는 안내 방송이 나오고 야생 동물이 있는 곳에 멈춰서 구경하기도 한다. 총 7개의 구역을 돌아보는데 동물들을 가까이에서 본다고 해서 위험하지는 않으니 안심해도 된다. 무료로 이용할 수 있으며 약 5분 간격으로 출발한다. 트램을 타고 한 바퀴 돌았다고 나이트 사파리를 다 구경한 것은 아니다. 워킹 트레일을 따라 돌아보면 훨씬 더 다양한 동물을 구경할 수 있다. 어둡지만 중간중간 안내원들이 있어 길을 잃을 걱정은 하지 않아도 된다.

Best Schedule 추천 일정

19:00 나이트 사파리
나이트 사파리 도착!

19:15~19:45 피싱 캣 트레일 Fishing Cat Trail
물고기를 잡아먹는 표범 고양이, 피싱 캣이 있는 곳이다. 어두운 숲속에서 사냥을 하는 피싱 캣을 가까이에서 구경할 수 있고 수달, 악어 등을 볼 수 있다.

19:45~20:15 포레스트 자이언츠 트레일 Forest Giant's Trail
오래된 숲속을 걸어 볼 수 있는 기회이다. 100년이 넘은 식물들을 볼 수 있는데 키가 40m가 넘는 나무도 있다. 밤에만 활동하는 두꺼비, 개구리, 귀뚜라미를 관찰할 수 있고 올빼미, 박쥐도 볼 수 있다.

20:30~21:00 나이트 쇼 Creatures of the Night Show
앰피시어터(Amphitheatre)에서 펼쳐지는, 절대 놓쳐서는 안 되는 야간 동물 쇼 중의 하나이다. 온갖 맹금류가 총출동하고 후반부는 작은 동물들이 나와 쇼를 재미있게 마무리한다. 19:15, 20:30, 21:30에 약 25분간 공연을 한다.

21:00~21:20 트램 타기
트램을 타고 한 바퀴를 다 돈다면 40분이 걸린다. 반 정도만 트램으로 구경한 후 이스트 로지 정류장에 내려 하이라이트인 레오파드 트레일로 이동한다.

21:20~21:45 레오파드 트레일 Leopard Trail
레오파드 트레일은 나이트 사파리의 하이라이트라고 할 수 있다. 어둠 속에 숨어 있는 표범을 비롯해 도마뱀과 거미도 볼 수 있다. 또 쉽게 볼 수 없는 사향 고양이도 이곳에서 만날 수 있다. 천장에 매달려 있는 박쥐와 사자도 가까이에서 볼 수 있다.

21:45~22:15 트램 타기
다시 트램을 타고 나머지 구역을 구경하고 입구에서 하차한다.

세계 최대 새 공원, 주롱 새 공원
Jurong Bird Park

주롱 새 공원이 아니었다면 여행자들이 주롱 지역까지 가는 일은 별로 없을 것이다. 주롱 새 공원은 세계 최대의 새 공원으로 1만여 마리의 새가 살고 있는 공원이다. 주롱 새 공원에서는 그림책에서만 볼 수 있었던 세계의 희귀 새들을 한 번에 볼 수 있다.

플라밍고가 연못을 가득 채우고 있고 잉꼬 새장으로 가면 천여 마리의 잉꼬를 볼 수 있는 등 새 공원에서만 볼 수 있는 것들로 가득 채워져 있다. 주롱 새 공원은 싱가포르 동물원이나 나이트 사파리처럼 규모가 크지 않기 때문에 충분히 걸어서 돌아보는 것이 가능하다. 또한 공원 전체를 한눈에 담아 보고 싶다면 트램을 타고 한 바퀴 돌아볼 수 있다. 새 공원은 패키지 관광객들에게도 단골 코스이기 때문에 언제나 공원 안은 사람들로 북적인다. 사람이 덜 붐비는 시간대에 가고 싶다면 오전 시간에 찾아가자.

전화 +65 6269 3411 시간 08:30~18:00 입장료 성인 S$ 32, 3~12세 S$ 21 홈페이지 www.wrs.com.sg/en/jurong-bird-park.html 이동 방법 **대중교통** MRT 분 레이 역에 내려 194번이나 251번으로 갈아탄다. 버스로 10분 소요된다. MRT 역에서 택시로 이동해도 된다. 시내에서 택시를 탄다면 20분 정도 소요되며 S$ 15 정도 요금을 예상하면 된다. 셔틀버스 셔틀버스를 이용하는 방법도 있다. 사파리 게이트 버스 요금은 편도 S$ 7, 왕복 S$ 12로 선텍 시티에서 09:30, 11:30, 14:00에 출발한다. 보다 자세한 내용은 사이트(www.safarigate.com)를 통해 확인할 수 있다.

주롱 새 공원 베스트 인기 코너

＊잉꼬 새장(Lory Loft)

아이들에게 가장 인기 있는 곳으로 잉꼬들이 살고 있는 초대형 새장에 들어가 잉꼬를 가까이에서 관찰하고 먹이를 줄 수 있다. 새장 안은 호주 북부의 열대 우림을 재현해 놓았는데 우림 숲을 거니는 기분도 꽤 흥미롭다. 잉꼬가 좋아하는 과일을 사서 직접 먹일 수도 있고 어깨에 앉힐 수도 있다. 이곳에 모인 잉꼬들은 호주, 인도네시아, 파푸아 뉴기니 등지에서 왔기 때문에 생김새가 다양하다.

＊하이 플라이어스 쇼(High Flyers Show)

앵무새를 비롯해 펠리컨, 코뿔새, 플라밍고 등 인기 있는 새들이 묘기를 부린다. 앵무새가 자전거를 타고 링을 통과하는 등의 묘기를 보여 준다. 하이 플라이어스 쇼는 언제나 좌석이 만원이다. 그 밖에 킹스 오브 더 스카이스 쇼(Kings of the Skies Show)도 있으니 입장할 때 쇼가 안내되어 있는 팸플릿을 확인하자.

시간 11:00, 15:00 장소 Pools Amphitheatre

＊플라밍고 호수(The Lodge of Flamingo Lake)

플라밍고는 가장 아름다운 새 중의 하나이다. 무리 생활을 하는 플라밍고가 연못에 모여 있는 것을 보면 사진을 찍지 않을 수 없다. 주롱 새 공원에서 가장 아름다운 곳이라고 할 수 있는 플라밍고 호수는 가까이에 가서 보는 것도 좋지만 무리를 지어 있는 새들을 멀리에서 바라보는 것도 멋지다.

＊펭귄 코스트(Penguin Coast)

싱가포르처럼 더운 열대 국가에도 펭귄이 살 수 있을까? 신기하게도 그렇다. 물론 온도가 맞춰진 실내 우리 안에서 산다. 주롱 새 공원에서 유일하게 에어컨이 있는 공간이기도 하다. 총 5종의 펭귄이 이곳에 모여 살고 있다.

＊아프리칸 폭포 새장(African Waterfall Aviary)

폭포 새장은 세계에서 가장 큰 인공 새장이다. 이곳에는 총 1,500여 마리의 새들이 살고 있는데 구경하러 들어가면 이곳이 새장인지 그냥 숲인지 구별하기 힘들 정도로 규모가 상당하다.

트램 타기

주롱 새 공원 안을 돌아보는 교통수단이다. 전체를 한눈에 조망할 수 있고, 무더운 날씨를 피해 공원 안을 살펴볼 수 있어 인기가 있다. 내부에는 각 구역별 설명을 들을 수 있도록 되어 있는데, 한국어 방송도 준비되어 있다. 요금은 성인 기준 S$ 5(어린이 S$ 3)이다.

싱가포르 과학 센터
Singapore Scince Centre

주롱 새 공원이 있는 주롱 공원에 위치해 있다. 이곳은 특히 아이들과 함께 여행 온 부모가 많이 찾는 곳으로 신기한 과학 체험을 직접 해 볼 수 있는 공간이다. 몇 개의 주제별로 섹션이 나뉘어져 있는데 항공과 바이오, 인류와 환경 등 아이들의 흥미를 끌 만한 테마들로 꾸며져 있다. 이곳과 같은 과학 센터가 우리나라를 비롯해 아시아 각국에 있지만 가장 볼거리가 풍부하고 구경할 거리가 많다. 주롱 새 공원을 가 보는 일정을 생각한다면 근처에 있는 과학 센터를 들러 보자.

전화 +65 6425 2500 시간 10:00~18:00 가격 S$ 12(3~16세 S$ 8) 홈페이지 www.science.edu.sg 이동 방법 MRT 주롱 이스트 역에서 걸어갈 수 있다. 도보로 10분 정도 걸린다.

어드벤처 코브 워터파크
Adventure Cove Waterpark

어드벤처 코브 워터파크는 우리나라의 캐리비안 베이를 떠올리면 된다. 유니버설 스튜디오 다음으로 인기가 좋은데, 7개의 스릴 넘치는 워터 슬라이드와 물고기와 상어 등을 직접 만져볼 수 있는 체험관, 오감을 자극하는 레스토랑 등이 있다. 그중에서도 가장 인기 있는 어트랙션은 립 타이드 로켓(Rip Tide Rocket)으로 동남아 최초의 수중 자기 코스터다. 튜브를 타고 짜릿한 수직 상승과 하강을 경험할 수 있다. 그리고 바닷속 세계를 그대로 재현하여 스노클링을 즐길 수 있는 레인보우 리프(Rainbow Reef) 또한 인기 만점이다. 인기 어트랙션은 기본 30분 이상 줄을 서서 기다리는 수고를 감내해야 하지만 그 가치는 분명 있다. 인기 어트랙션의 기다림이 싫다면 약간의 비용을 더 들여 패스트 패스(Fast Pass)를 구입하자. 워터파크 내에 있는 돌핀 아일랜드(Dolphin Island)에서는 인도양의 돌고래와 교감의 시간을 가질 수 있는 다양한 프로그램이 진행 중이다. 단, 워터파크 입장과 별도의 비용이 발생한다.

시간 10:00~18:00(시즌별로 조금씩 다르다.) 요금 성인 S$ 38, 4~12세 · 60세 이상 S$ 30 홈페이지 www.rwsentosa.com/language/enUS/Homepage/Attractions/AdventureCoveWaterpark 이동 방법 센토사 익스프레스 워터프런트(waterfront) 역에서 도보로 5분 정도 걸린다.

S.E.A. 아쿠아리움
S.E.A. Aquarium

유니버셜 스튜디오 다음으로 센토사에서 인기 있는 어트랙션이다. 매혹적인 49개의 해양 서식지와 10개 테마 존에 걸친 800종이 넘는, 약 10만 마리의 해양 동물을 만나볼 수 있다. 거대한 선함을 볼 수 있는 해양 체험 박물관과 동시에 본격적인 바닷속 탐험이 시작된다. 너스상어, 뱀부상어, 은상어 등 12종 200여 마리의 상어를 관찰할 수 있는 샤크 씨(Shark Seas), 몽환적 느낌을 자아내는 해파리를 감상할 수 있는 오션 저니(Ocean Journey) 등 볼거리가 대단하다. 그중에서도 최고의 백미는 초대형 메인 수조인 오픈 오션(Open ocean). 지름 6.2m의 거대한 수중 아크릴 돔 너머로 환상적인 바다 세계가 펼쳐진다. 알록달록 수많은 종류의 물고기를 보다 보면 시간이 어떻게 가는지 모를 정도이다. 조금 더 특별한 체험을 원한다면 이곳에서 1박 2일을 보낼 수 있는 오션 드림스(Ocean Dreams)를 신청해 보자. 평생 잊을 수 없는 추억을 만들게 될 것이다.

시간 매일 10:00~19:00(시즌별로 조금씩 다르다) 요금 원 데이 티켓 성인 S$ 41, 4~12세 어린이 S$ 30 홈페이지 www.rwsentosa.com/Homepage/Attractions/SEAAquarium 이동 방법 센토사 익스프레스 워터프런트(waterfront) 역에서 도보 3분 정도 걸린다.

다양한
투어 프로그램

시내를 돌아다니다 보면 화려하게 꾸며진 투어 버스를 쉽게 볼 수 있다. 그만큼 싱가포르에는 여행자들을 위한 투어 프로그램이 많다. 보통 차량을 타고 도시 전체를 둘러보는 투어가 많다.

물 위와 육지를 동시에 달리는 덕 투어

수륙 양용차를 이용한 투어로 물 위와 육지를 동시에 이동할 수 있다. 베트남 전쟁 때 사용했다고 하는 수륙 양용차를 응용해 관광화시킨 것이다. 싱가포르에서 강과 바다가 중요한 관광 포인트인 것을 감안하면 싱가포르와 꽤 잘 어울리는 투어라고 할 수 있다. 코스는 선텍 시티의 덕 투어 부스 앞에서 출발해서 '파당 지역 → 마리나 파크 → 마리나 베이 → 머라이언 파크와 에스플러네이드 → 선텍 시티'까지다. 한 바퀴를 다 도는 데 한 시간 정도 소요된다.

전화 +65 6338 6877 시간 10:00~18:00(매시간 정시 출발) 요금 S$ 43(3~12세 S$ 33) 홈페이지 www.ducktours.com.sg 위치 선텍 시티 쇼핑몰 1층의 티켓 부스 앞에서 시작한다. 티켓은 오차드 로드 싱가포르 비지터 센터에서도 살 수 있다.

가장 대중적인 리버 크루즈

리버 크루즈는 가장 대중적인 투어로 많은 사람이 이용한다. 가격도 저렴하고 강변으로 나가면 정거장도 많아서 장소에 구애받지 않고 탈 수 있다. 화물 운송 배로 사용되었던 범선을 타고 해 질 무렵 마리나 베이로 나가면 로맨틱하고 이국적인 분위기를 느낄 수 있다.

투어 시간은 40분으로 예약할 필요 없이 정거장에서 기다렸다가 바로 타면 된다. 싱가포르 강변을 따라 총 8개의 정거장이 있는데 어느 곳에서 타든 원하는 곳에서 내릴 수 있다.

전화 +65 6336 6111 시간 09:00~23:00 요금 성인 S$ 25, 어린이 S$ 15 홈페이지 www.rivercruise.com.sg 위치 싱가포르 강변을 따라 8개의 부스가 있다.

2층 버스로 즐기는 빅버스

2층 버스를 타고 시내를 돌아보는 투어 버스로 총 40개의 정류장에 자유롭게 타고 내릴 수 있다. 버스의 2층이 오픈되어 있어서 시내를 구경하고 싶은 여행자라면 재미있게 돌아볼 수 있다. 옐로, 레드, 블루, 그린 라인은 주요 랜드마크와 관광지를 돌아볼 수 있으며 2개의 사파리 빅버스 라인을 타면 싱가포르 동물원, 나이트 사파리, 리버 사파리, 주롱 새 공원을 갈 수 있다. 투어는 보통 15분에서 30분 간격으로 운행한다. 정확한 시간과 루트는 홈페이지에서 확인이 가능하다.

전화 +65 6338 6877 시간 09:30~18:00 홈페이지 www.bigbustours.com/en/singapore/singapore-bus-tours 위치 선텍 시티 쇼핑몰 1층의 티켓 부스 앞에서 시작한다. 티켓은 오차드 로드의 싱가포르 비지터 센터에서도 살 수 있다.

저렴한 펀비 버스

빅버스와 같은 2층 오픈 톱 버스로 차이나타운, 클락 키, 마리나 베이 샌즈 등의 유명 관광지를 오디오 가이드(한국어 설명)를 들으며 돌아볼 수 있다. 펀비 버스는 빅버스보다 정차하는 정류장 수는 적지만 가격이 저렴하다는 장점이 있다. 그린(시티 호퍼), 오렌지(마리나 호퍼), 레드(센토사 호퍼) 총 3개의 노선을 운행하며 1일권을 구매하면 이용 시간 내에 자유롭게 타고 내릴 수 있다. 노선별로 시간과 코스가 다르니 홈페이지에서 미리 확인하고 타자.

전화 +65 6738 3338 시간 그린 라인 09:00~17:00(배차 간격 20~30분) / 오렌지 라인 10:45~16:45(배차 간격 1시간) / 레드 라인 09:30, 11:30, 15:30, 17:30(하루 4번 운행한다.) 홈페이지 www.citytours.sg/funveetour.html 위치 마리나 스퀘어 쇼핑몰 1층에 있는 시티 투어리스트 허브에서 티켓을 구매할 수 있으며, 정류장은 마리나 스퀘어 맞은편에 있다.

| THEME TRAVEL 03 |

산책하기 좋은 **싱가포르**

작지만 알찬 도시, 싱가포르에는 숲과 나무가 많다. 이는 싱가포르 정부의 가든 시티 정책 덕분으로 도심 근처에 나무를 심고 숲을 만들 뿐 아니라 공원과 산책로를 조성한다는 취지로 생겨난 것이다. 푸르름이 가득한 도심 속 공간을 즐겨 보자.

포트 캐닝 파크

싱가포르 한가운데에 위치한 공원으로 보타닉 가든과 함께 싱가포르에서 가장 큰 공원 중의 하나다. 과거 말레이 술탄이 세운 군사 요새 지역으로서의 모습이 공원 곳곳에 남아 있다. 공원 한가득 울창하게 우거진 푸른 나무들 덕분에 포트 캐닝 파크에 들어선 순간 산림욕을 하는 듯한 기분이 든다. 주말뿐 아니라 평일에도 산책로를 따라 조깅을 하거나 산책하는 사람을 많이 볼 수 있다.

홈페이지 www.nparks.gov.sg/gardens-parks-and-nature/parks-and-nature-reserves/fort-canning-park

보타닉 가든

싱가포르의 최대 규모를 자랑하는 보타닉 가든은 싱가포르 시민들의 휴식처와 같은 공간이다. 평일 주말 할 것 없이 언제나 공원에는 조깅과 산책을 즐기는 사람들로 가득하다. 현지인뿐 아니라 관광객들도 보타닉 가든의 아름다운 자연을 즐기기 위해 시간을 내서 이곳을 찾는다. 공원이 워낙 크고 넓기 때문에 한 번에 모두 둘러보기 무리가 있을지 모르니 지도를 보고 자신의 위치에 맞게 산책 코스를 정하는 것이 좋다.

홈페이지 www.nparks.gov.sg/sbg

▶ 가든스 바이 더 베이

2012년 6월에 오픈한 싱가포르 최대 규모의 공원으로 오픈하자마자 싱가포르를 대표하는 인기 명소로 사랑받게 되었다. 야외 정원과 실내 정원으로 이루어진 이곳은 도심 속의 자연이라는 콘셉트에 맞게 깨끗한 초록색 녹지와 형형색색의 아름다운 꽃들로 가득하다. 시간이 된다면 나무 산책로가 조성된 야외 정원을 따라 여유롭게 걸어 보자. 푸르름이 가득한 이곳을 걷는 것만으로도 충분히 힐링을 할 수 있다.

홈페이지 www.gardensbythebay.com.sg

▶ 머라이언 파크

싱가포르 전설 속에 등장하는 머라이언 주변 공원으로 머리이언상 이외에 별다른 볼거리는 없지만 풀러톤 호텔 바로 앞에 위치하여 한눈에 멋진 마리나 지역의 모습을 볼 수 있는 최적의 장소로 손꼽히는 곳이다. 밤이 되면 더 멋진 모습으로 변신하니 기념 사진도 찍고 산책도 할 겸 야경도 감상할 겸 꼭 한번 들러 보자.

이스트 코스트 파크

싱가포르 동쪽에 위치한 공원으로 싱가포르 현지인들이 주말을 즐기고 바람을 쐬러 오는 안식처와 같은 곳이다. 넓게 뻗은 8km가 넘는 해안선과 푸른 나무들 사이로 길게 산책로가 조성되어 있는데 자전거를 타거나 조깅을 하는 사람들을 쉽게 볼 수 있다. 또한 칠리 크랩을 먹을 수 있는 다양한 레스토랑이 존재하며 윈드서핑, 수상스키 같은 해양 스포츠와 자전거, 스케이트보드 등을 즐길 수도 있다. 공원의 규모가 상당히 큰 편이므로 체력을 잘 분배하여 돌아보도록 하자.

©shutterstock / MJ Prototype

실로소 비치

센토사뿐 아니라 싱가포르에서도 가장 유명한 비치로 센토사에서 해변을 보러 간다면 10명 중에 9명은 실로소 비치에 간다고 할 수 있을 정도다. 실로소 비치에는 그늘을 만들어 주는 야자수와 밤이 되면 붉게 물드는 석양이 있고 해변을 따라 자리 잡은 레스토랑과 바가 있다. 낮 시간 동안 다양한 어트랙션을 즐기며 시간을 보냈다면 저녁 시간에서 실로소 비치 해변을 걸으며 휴양지의 분위기를 만끽해 보자. 바닷가 모래 위에 알록달록한 색을 하고 자리한 실로소(SILOSO) 조형물에서 사진을 찍는 것도 잊지 말자.

©shutterstock / Olga Kashubi

플라우 우빈

싱가포르 북서쪽에 있는 작은 섬으로 훼손되지 않은 자연과 1960년대의 싱가포르 마을을 볼 수 있다. 싱가포르 중심에서 가려면 버스나 택시를 타고 창이 포인트 터미널에 가서 작은 페리(약 3달러)를 타고 들어가야 해서 다소 힘든 여정일 수도 있지만, 도착한 순간 새로운 싱가포르를 발견하게 된다. 규모가 꽤 큰 편이니 입구에 있는 지도를 보고 미리 시간과 코스를 정해 움직이는 것이 좋다. 플라우 우빈을 경험하기 가장 좋은 방법은 산책로를 따라 걷거나 자전거를 타는 것이다. 입구에서 조금만 걸으면 자전거 렌털 숍이 나오는데 가격은 대부분 비슷하니(약 8~12달러) 자전거 상태가 좋은 곳에서 빌리자. 자전거를 타거나 걸어서 섬을 돌아보다 보면 울창한 숲과 호수, 멧돼지 등의 야생동물을 만날 수 있다. 주변에 가게가 없어 물조차 구하기 힘들고 소나기가 잦으니 물과 우비를 챙겨 가는 것이 좋다.

| THEME TRAVEL 04 |

싱가포르
나이트라이프 즐기기

끝내주는 야경, 분위기 좋은 클럽이 많기로 소문난 싱가포르는 나이트라이프를 즐기기에 더없이 매력적인 곳이다. 최고의 야경 플레이스에서 바라보는 싱가포르의 아름다운 스카이라인은 바라만 봐도 황홀하다. 화려한 조명과 신나는 음악이 있는 클럽에서 여행의 밤을 즐기는 것도 한 방법!

싱가포르 대표 클럽
Singapore Best Club

주크 Zouk

싱가포르의 가장 대표적인 클럽으로 R&B, 힙합, 재즈, 하우스, 팝 등의 음악을 즐길 수 있다. 주크, 퓨처, 벨벳 언더그라운드, 와인 바까지 총 4구역을 모두 주크라고 부르는데 그중에서도 주크는 플로어 중앙에 돌아가는 원형 무대가 있다. 신나는 음악과 댄스를 즐기는 10대 후반에서 20대 초반에게 특히 인기가 많다. 싱가포르에서 손꼽히는 DJ들이 최고의 실력을 뽐낸다. 음악을 잘 알지 못해도 흥겨워지는 곳이다.

전화 +65 6738 2988 시간 **주크** 수 · 금 · 토요일 23:00~새벽 **퓨처** 수 · 금 · 토요일 21:00~새벽 **벨벳 언더그라운드** 수~토요일 21:00~새벽 **와인 바** 화요일 18:00~02:00, 수~목요일 18:00~03:00, 금~토요일 18:00~04:00 / 일 · 월요일 휴무 홈페이지 www.zoukclub.com 위치 헤블록 지역에 있는 그랜드 콥튼 워터 프론트 호텔 앞에 있다.

마키 싱가포르 Marquee Singapore

주크와 더불어 싱가포르의 최고 인기 클럽 중 하나이다. 1층에는 아티카가, 2층에는 아티카 투가 자리하고 있다. 아티카에서는 R&B 음악이, 아티카 투에서는 하우스 음악이 흘러나와 이곳만의 개성 넘치는 분위기를 형성한다. 디제잉은 밤 10시부터 시작되지만 자정 전에는 썰렁한 편이다. 이곳 역시 다른 클럽과 마찬가지로 최고로 분위기가 달아오르는 피크 타임은 새벽 1시경이다. 세계 각국에서 초청된 DJ를 보기 위해 싱가포르 현지인뿐 아니라 많은 외국인도 이곳을 찾는다. 신나게 즐길 마음의 준비가 되어 있다면 아티카 & 아티카 투로 달려가 보자.

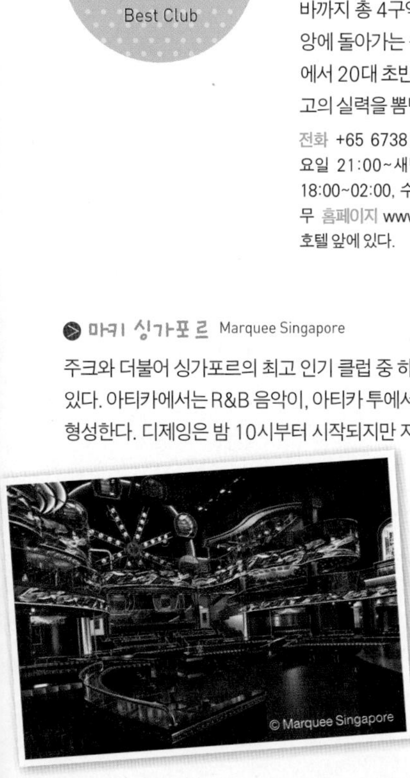
© Marquee Singapore

전화 +65 6688 8660 시간 10:00~심야 홈페이지 marqueesingapore.com 위치 마리나 베이 샌즈의 더 숍스, 갤러리아층(Galleria Level), B1-67

싱가포르 야경 감상하기
Singapore Night View

에스플러네이드 Esplanade

에스플러네이드는 뾰족뾰족한 지붕이 동남아시아 사람들이 즐겨 먹는 과일인 두리안을 닮아 두리안이라는 별칭으로 불리는 곳이다. 라이브 공연이나 오페라, 뮤지컬, 콘서트, 전시 등이 열리는 예술 복합 문화 공간으로 우리나라의 예술의 전당과 비슷한 곳이다. 하지만 여행자들이 에스플레네이드를 찾아가는 이유는 건축물이나 공연을 보러 가기 위해서는 아니다. 마리나 베이를 마주하고 있어 주변의 멋진 경관을 감상할 수 있는 식당가를 가기 위해 찾는 경우가 많다. 노 사인보드와 글루톤스 베이 호커 센터에서는 바다 전망을 바라보며 식사를 할 수 있어 특히 저녁에는 자리가 없을 정도로 인기가 많다. 굳이 이곳에서 식사를 하지 않아도 좋다. 에스플러네이드 앞 계단에 앉아 마리나 베이 샌즈 쪽 전망을 바라보자. 밤에는 조명으로 인해 더욱 아름답다.

전화 +65 6828 8377 홈페이지 www.esplanade.com 위치 MRT 시티 홀 역에서 도보로 약 10분 거리에 위치한다.

싱가포르 리버 크루즈 Singapore River Cruise

싱가포르 강변을 따라 크루즈를 타고 돌면서 싱가포르의 유명한 경관을 한눈에 감상하는 투어이다. 싱가포르를 처음 방문하는 여행자들에게 특히 인기가 많다. 마리나 베이 샌즈에서부터 머라이언 파크, 보트 키, 클락 키, 로버트슨 키까지 중간중간 선착장이 위치하고 있어 원하는 곳에서 쉽게 타고 내리는 것이 가능하다. 하이라이트는 풀러턴 호텔을 지나 머라이언상과 에스플러네이드가 양쪽으로 보이는 경관으로, 해가 뉘엿뉘엿 넘어갈 때 가장 근사하고 아름다운 모습을 연출한다. 저렴한 가격에 싱가포르에서 가장 멋진 야경을 감상할 수 있다.

전화 +65 6336 6111 시간 09:00~23:00 홈페이지 www.rivercruise.com.sg
탑승 장소 머라이언 파크, 보트 키, 클락 키 등에 있다.

싱가포르 플라이어 Singapore Flyer

영국에 런던 아이가 있다면 싱가포르에는 싱가포르 플라이어가 있다. 165m 높이의 세계 최대 규모를 자랑하는 대관람차로, 투명한 유리로 되어 있는 캡슐 안에서 싱가포르의 파노라믹한 전망을 감상할 수 있다. 싱가포르 스카이라인을 비롯하여 마리나 베이, 센토사 섬, 이스트 코스트, 멀리는 인도네시아 섬까지 보인다. 특히 해 질 무렵에는 그림처럼 아름다운 싱가포르의 전경을 즐길 수 있으니 최고의 선셋 플레이스라 해도 과언이 아니다. 바와 레스토랑, 산책로가 마련되어 있어 대관람차를 타고 난 뒤 식사와 휴식을 즐기기에 좋다. 티켓 부스는 입구 1층에 위치하고 있으며 오전 8시부터 오후 10시까지 운영된다. 홈페이지에서 예약을 할 경우 할인된 가격으로 티켓을 구입할 수 있으니 참고하자.

전화 +65 6333 3311 시간 08:30~22:30 홈페이지 www.singaporeflyer.com 위치 MRT 시티 홀 역에서 도보로 약 15분 소요된다.

©shutterstock / Hatchapong Palurtchaivong

도심 속 비밀스런 공간 **루프트톱 바**

싱가포르의 새로운 트렌드로 자리 잡게 된 것 중의 하나가 바로 루프트톱 바이다. 루프트톱 바는 건물의 맨 꼭대기 층인 옥상에 위치한 바를 말한다. 센트럴의 금융가 고층 빌딩을 비롯하여 마리나 베이 샌즈가 생겨나기 시작하면서 싱가포르의 스카이라인은 변하게 되었고 이에 따라 싱가포르의 멋진 전망과 야경을 즐기기 위한 루프트톱 바가 하나둘씩 생겨나기 시작했다.

랜턴 Lantern

싱가포르에서 아름다운 야경을 감상하며 로맨틱한 시간을 보내기 위해 절대 놓쳐서는 안 되는 곳 중 하나가 바로 풀러턴 베이 호텔의 루프트톱에 위치한 랜턴 바이다. 낮에는 평범한 모습의 풀 사이드 바이지만 밤이 되면 전혀 다른 모습으로 변신한다. 그리 높은 곳에 위치하고 있지는 않지만 싱가포르 도심의 스카이라인에서부터 마리나 베이까지 싱가포르의 아름다운 전경을 한눈에 감상할 수 있다. 입구에 들어서면 가운데에 길게 뻗어 있는 수영장이 제일 먼저 눈에 들어온다. 수영장 양쪽에는 좌석이 넓게 배치되어 있고 흡연석과 금연석으로 나뉜다. 수영장 끝으로는 밴드 공연장이 있어 라틴 스타일의 밴드 음악을 라이브로 감상할 수 있다. 가장 인기 있는 좌석은 마리나 베이 샌즈 호텔과 싱가포르 플라이어가 보이는 곳으로, 베드 좌석은 예약이 필수이다.

전화 +65 6597 5299 시간 일~목요일 08:00~01:00 / **금 · 토요일, 공휴일** 08:00~02:00 홈페이지 www.fullertonbayhotel.com/dining-en.html 위치 풀러턴 베이 호텔의 맨 위층에 위치한다.

세라비 Ce la vi

트렌디한 곳에서 칵테일을 한잔하고 싶다면 주저 말고 세라비로 향하자. 마리나 베이 샌즈 호텔 57층에 있어 싱가포르의 파노라믹한 야경을 감상할 수 있다. 레스토랑, 바, 클럽, 라운지 등을 갖추고 있으며 싱가포르 전망을 360도 파노라마로 볼 수 있는 최고의 장소로 주목받고 있다. 거기에다 감각적인 인테리어와 세련된 분위기가 더해져 트렌드세터들의 취향을 만족시킨다. 레스토랑에서는 우아한 파인 다이닝을, 스카이 바와 클럽 라운지에서는 시원한 음료를 즐길 수 있다. 종종 유명 DJ를 초청하여 다양한 음악을 선보이기도 한다.

전화 +65 6508 2188 시간 **레스토랑** 점심 매일 12:00~15:00, 저녁 18:00~22:30 **클럽 라운지** 월~금요일 12:00~22:00, 토~일요일 11:00~22:00 **나이트 라운지** 매일 10:00~심야 **스카이 바** 12:00~심야 홈페이지 celavi.com 위치 North Sky Park 57층에 위치, 타워 3에서 엘리베이터를 타고 이동 가능하다.

스크리닝 룸 Screening Room

영화관, 바를 갖추고 있는 문화 복합 공간이다. 3층에 위치한 부티크 시어터에서는 세계적으로 사랑받았던 영화를 상영할 뿐 아니라 프라이빗한 작은 파티와 이벤트가 열리기도 한다. 4층에는 루프트톱 바가 있는데 현지인뿐 아니라 외국인에게도 큰 사랑을 받고 있다. 캐주얼한 분위기 속에서 차이나타운의 멋진 야경과 나이트라이프를 즐기기에 제격인 곳이다.

전화 +65 6221 1694 시간 **스크리닝 룸** 월~목요일 19:00~21:30, 금~토요일 20:30, **루프트톱 바** 월~목요일 17:30~밤늦게, 금~토요일 17:00~밤늦게 홈페이지 www.screeningroom.com.sg 위치 앤 시앙 로드에 위치해 있다.

피에스 카페 PS. Café

2010년 10월에 오픈한 곳으로 차이나타운의 보석과 같은 카페라 할 수 있다. 뎀시 힐에 자리하고 있는 피에스 카페와 같은 지점이지만 그곳과는 분위기가 확연히 다르다. 1층은 바, 2층은 레스토랑, 3층은 바와 야외 테라스로 되어 있다. 특히 3층은 피아노 연주와 라이브 밴드 음악을 감상할 수 있는 공간과 차이나타운의 멋진 야경을 감상할 수 있는 야외 테라스로 나뉘어 있다.

야외 테라스는 피에스 카페만의 푸른 정원이 가꾸어져 있어 도심 속의 작은 오아시스와 같은 분위기가 느껴진다. 그리 높은 곳은 아니지만 차이나타운의 스카이라인을 한눈에 감상할 수 있는 시원한 전망을 만끽할 수 있다. 리치와 람부탄, 레몬 소다 플라워가 들어간 예쁜 화이트 부케 샹그리아를 추천한다.

전화 +65 6708 9288 시간 월~수요일 11:30~23:00, 목~금요일 11:30~24:00, 토요일 09:30~24:00, 일요일 09:30~23:00 홈페이지 www.pscafe.com/pscafe-at-ann-siang-hill-park 위치 앤 시앙 로드에 위치해 있다.

싱가포르
쇼핑 즐기기

싱가포르 하면 가장 먼저 떠오르는 것이 바로 쇼핑이다. 싱가포르의 경제 수준은 선진국에 가깝지만, 물가는 한국보다 높지 않아서 쇼핑을 하기에 더없이 좋은 조건이다. 같은 브랜드 제품이라도 한국보다 저렴한 것이 많고 세계인이 모이는 국제도시인 만큼 브랜드의 종류도 다양해서 각자의 취향에 맞게 쇼핑할 수 있다. 한국인들이 좋아하는 브랜드들이 대거 입점해 있고, 저렴한 가격의 물건도 많으니 알뜰 쇼핑에 도전해 보자.

싱가포르의 독특한 쇼핑몰

싱가포르의 쇼핑몰은 규모가 상당하다. 전체를 다 둘러보기가 겁날 만큼 큰 쇼핑몰도 많고, 오차드 로드나 마리나 지역에 가면 대형 쇼핑몰들이 줄줄이 이어져 있기 때문에 쇼핑을 어디부터 어떻게 시작해야 할지 막막해진다.
쇼핑몰을 공략하는 첫 번째 방법은 우선 우리나라 백화점과 다른 쇼핑몰의 구조를 이해하는 것이다. 싱가포르의 쇼핑몰은 쇼핑몰 안에 백화점이 입점해 있는 식으로 구성된 곳이 많다. 이 말은 백화점이 쇼핑몰의 일부를 차지한다는 것인데 쇼핑몰의 규모는 백화점의 2배 이상이 되는 경우가 많다. 예를 들어 하버 프런트에 위치한 비보 시티에는 탕스라는 백화점이 입점해 있다. 이 백화점은 층별로 여성 의류, 남성 의류, 생활용품 등이 진열되어 있는 백화점의 구조를 하고 있다. 백화점 안에 에스컬레이터가 따로 설치되어 있어 원한다면 이 백화점만을 간단히 돌아보고 나올 수도 있다.
하지만 보통은 입점한 백화점보다 더 많은 숍이 백화점 밖 쇼핑몰에 있다. 백화점을 제외한 쇼핑몰 부분은 아케이드처럼 생겼다. 대부분 중앙에 커다란 로비 공간이 있고 그 주위를 둘러 매장들이 들어서 있는 게 보통이다. 때문에 효율적인 쇼핑을 위해 쇼핑몰 지도나 브랜드 정보가 담긴 디렉토리를 챙기는 것도 방법이다. 지도나 디렉토리는 1층 안내 데스크에서 찾도록 하자.

tip

쇼핑몰 할인 카드

싱가포르 대부분의 쇼핑몰에서는 여행자들에게 쇼핑 시 혜택을 주는 카드를 발급하는데 여권을 가지고 있는 여행자들이라면 누구에게나 발급된다. 프리빌리지 카드라고 하는 이것은 쇼핑몰의 고객 센터 등 지정된 곳에서 바로 발급 가능한데, 이 카드가 있으면 세일 기간이 아니라도 5% 내외의 할인을 받을 수 있다. 모든 매장에서 쓸 수 있는 것은 아니지만, 사용할 수 있는 다수의 매장이 있으니 발급받아 두는 것이 좋다.

알뜰하게 쇼핑하는 법

그레이트 세일

싱가포르는 가히 쇼핑의 천국이라 말할 수 있다. 6~7월에 있는 그레이트 세일은 한 달 동안 지속되는데 싱가포르의 가장 큰 세일 기간이며, 세일 폭도 가장 크다. 이때는 명품도 70~80% 세일을 하는 곳이 많은데, 다른 중급 브랜드는 말할 것도 없다. 세일 초반에는 세일 폭이 작지만 물건이 가장 많고, 세일 끝으로 갈수록 세일 폭은 크지만 원하는 물건은 이미 팔려 버렸을 가능성이 높다. 그레이트 세일이 끝나고 나면, 연말에 있는 크리스마스 세일과 구정에 열리는 차이니즈 뉴 이어 세일을 노려볼 만하다.

알면 돈이 되는 세금 환급 절차

1. 일단 제품을 사려는 상점에 'Tax Free Shopping' 혹은 'Premier Tax Free'라고 표기되어 있는지 확인한다. 싱가포르의 모든 상점에서 산 제품이 세금 환급되는 것은 아니고 이 표시가 되어 있는 곳에서 산 제품만 해당된다. 대부분의 쇼핑몰과 규모 있는 상점에는 이 표시가 있다.
2. 한 상점에서 S$ 100 이상 쇼핑했다면 계산하기 전에 'Tax Refund'를 원한다고 말하면 환급 증명서를 끊어 준다. 이때 여권의 정보를 제시해야 하니 여권을 가지고 있어야 한다.
3. 구매 영수증과 환급 증명서를 모두 모아 싱가포르 창이 국제공항에 위치한 관세 창구에서 구매한 제품, 영수증, 환급 증명서, 여권을 함께 보여 주면 세금을 환급받을 수 있다는 인증서를 제공받는다. 환급 시 상품을 보여 주어야 하기 때문에 꼭 짐을 붙이기 전에 창구를 찾아야 한다. 공항 내에 'GST(Goods & Service Tax) Refund'라고 적힌 표지판을 따라가면 쉽게 찾을 수 있다. GST Refund는 창이 국제공항 3개의 터미널에 모두 위치해 있다.
4. 관세 창구에서 받은 인증서를 가지고 바로 옆에 있는 'Premier Tax Free'나 'Global Refund'라고 표기된 창구에 가서 인증서를 제시하면 싱가포르 달러로 환급해 준다. 이때 은행 계좌나 신용 카드로의 환급도 가능하다. 공항 면세점에서 다시 쇼핑할 게 아니라면 계좌 이체나 신용 카드로의 환급이 좋다. 물론 이때 얼마간의 수수료가 발생한다.

tip

세금 환급 조건

1 싱가포르 국민, 영주권자가 아니어야 한다.
2 과거 6개월 동안 싱가포르에서 취업한 적이 없어야 한다.
3 과거 2년 동안 365일 이상 싱가포르에서 체류한 적이 없어야 한다.
4 구입한 지 2개월 이내에 상품을 국외로 가지고 나가야 한다.

©shutterstock / joyfull

지역별로 쇼핑하는 법

동대문 시장에서 쇼핑하는 것과 명동 거리에서 쇼핑하는 것이 다른 것처럼 싱가포르도 지역별로 쇼핑 특징이 있다. 이 특징을 제대로 파악해야 성공적인 쇼핑을 할 수 있다.

싱가포르 최대의 쇼핑 지역 오차드 로드

명실상부 싱가포르 최대, 최고의 쇼핑몰 운집 지역이다. 길 전체가 쇼핑을 위해 존재하는 곳이라고 해도 과언이 아닐 만큼 3km 정도 되는 길에 10여 개의 쇼핑몰이 나란히 운집해 있다. 명품 브랜드가 밀집해 있는 최고급 쇼핑몰부터 가전제품을 싸게 살 수 있는 전자 상가와 서민들이 가는 중급 브랜드의 쇼핑몰까지 그 수만큼 쇼핑몰의 특징도 다양하다.

쇼핑의 메카 마리나 지역

쇼핑의 천국 오차드 로드를 위협할 만큼 쇼핑의 메카로 하루가 다르게 성장하고 있다. 이곳에 위치한 쇼핑몰의 수는 오차드 로드보다는 적지만 규모는 오차드 로드의 쇼핑몰보다 크다. 오차드 로드가 명품 쇼핑을 하기에 좋다면 마리나 지역의 쇼핑몰은 중급 브랜드를 쇼핑하기에 더 좋은 곳이다. 마리나 지역은 몇 개의 쇼핑몰이 시티 링크라는 지하 상가로 이어져 있어 한 번에 여러 개의 쇼핑몰을 구경하기 편리하게 되어 있다. 마리나베이 샌즈 호텔 더 숍스, 선텍 시티, 래플즈 시티, 마리나 스퀘어가 마리나 지역의 대표적인 쇼핑몰이다.

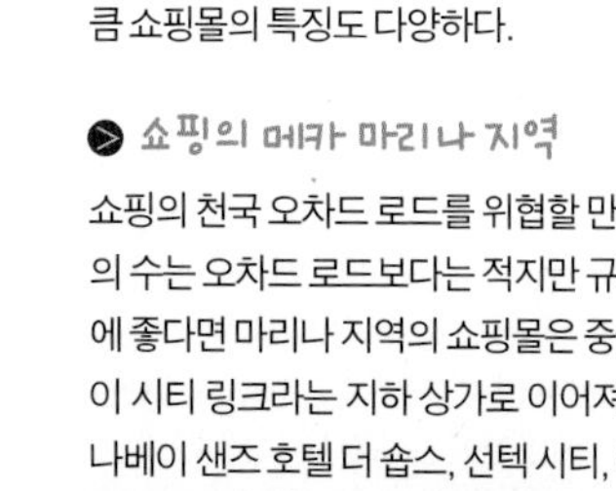

쇼핑과 식사, 두 마리 토끼를 잡아라. 클락 키, 보트 키

이곳은 식도락이나 관광을 위한 곳이지 본격적인 쇼핑을 위한 곳은 아니다. 이곳에서 쇼핑을 원한다면 센트럴이라는 대형 쇼핑몰로 가면 된다. 센트럴에는 주로 중급 브랜드가 입점해 있어 가벼운 마음으로 쇼핑을 즐기기에 좋다. 특히 입점해 있는 식당이 상당히 많은 편이라 식사와 쇼핑을 한 번에 할 수 있다.

특색 있는 쇼핑 차이나타운

차이나타운은 쇼핑몰에서 쇼핑을 하려고 가는 곳이 아니라 시장 구경을 하러 가는 곳이다. 차이나타운에서는 S$ 1 ~2만 가지고도 각종 기념품이나 선물을 살 수 있다. 싱가포르만의 특색 있는 제품이 많고 아기자기한 옷가지나 인테리어 소품이 많다. 시장과 같은 거리에 상점들이 늘어서 있기 때문에 쇼핑하면서 현지인의 삶의 모습을 느낄 수 있다.

아담한 쇼핑 지역 홀랜드 빌리지

홀랜드 빌리지는 여행자보다는 싱가포르에 사는 서양인을 위한 동네이다. 그렇기 때문에 쇼핑몰이나 상점은 이들을 소비 타깃으로 한 물건이 많다. 관광객이 아닌 현지에 사는 사람들을 대상으로 장사하는 것이기 때문에 물건의 질 측면에서는 다른 곳보다 좋은 것이 많다.

인도를 느낄 수 있는 리틀 인디아

리틀 인디아는 리틀 인디아 아케이드를 중심으로 쇼핑 구역이 형성되어 있다. 이곳에서는 주로 인도풍의 패브릭 제품이나 선물용으로 사면 좋을 만한 기념품을 쇼핑할 수 있다. 또 금 세공품을 파는 가게가 많이 모여 있다. 쇼핑만을 놓고 보면 다른 지역에 비해 그리 매력적인 동네는 아니다.

고유한 특색이 숨 쉬는 아랍 스트리트와 부기스 스트리트

아랍 스트리트는 이름 그대로 아랍계 사람들의 거리이다. 각국에서 들여온 카펫을 파는 가게가 많고 인도네시아나 태국 등지에서 들여온 인테리어 소품 가게도 많다. 특히 아랍 스트리트에서 최근 주목할 만한 곳은 하지 레인이다. 싱가포르의 젊은 아티스트들과 세련된 감각을 가진 젊은이들이 그들만의 개성을 담은 상점들을 열었다. 주로 의류 상점인 이곳에는 적당한 가격에 개성 있는 제품이 많아 최근에 뜨고 있다.
아랍 스트리트와 가깝게 위치한 부기스 역 주변도 꽤 큰 쇼핑 지역이다. MRT 부기스 역을 중심으로 쇼핑몰이 들어서 있고 우리나라의 남대문 시장을 연상시키는 부기스 스트리트도 현지인의 모습을 보며 쇼핑을 할 수 있는 장소이다.

내게 맞는 쇼핑몰

싱가포르에서의 명품 쇼핑

• 파라곤

쇼핑몰 전체가 마치 명품관처럼 우리가 아는 모든 명품 브랜드가 입점해 있다고 해도 과언이 아니다. 파라곤은 오차드 로드에서 가장 고급스러운 쇼핑몰로 통한다.

• 니안 시티

파라곤 맞은편에 위치한 쇼핑몰로 규모가 상당하다. 니안 시티에도 많은 명품 브랜드가 모여 있는데 명품은 주로 1~2층을 공략하면 된다.

• T 갤러리아

대부분 명품 숍이 입점해 있다. 고급스럽게 꾸며져 있고 매장 중간중간에 푹신한 소파까지 놓여 있어서 여유 있게 쇼핑하기에 좋다. 오차드 로드와 연계되는 스코츠 로드에 위치한다.

• 힐튼 아케이드

오차드 로드에 위치한 힐튼 호텔의 아케이드에는 명품 숍들이 입점해 있다. 구찌, 루이비통 매장부터 폴 스미스나 마르니, 마놀로 블라닉같이 다른 쇼핑몰에는 없는 브랜드들도 입점해 있다.

• 더 숍스

마리나 베이 샌즈 호텔과 연결된 쇼핑몰로 중저가 브랜드에서부터 명품까지 다양한 종류의 브랜드가 입점해 있어 쇼핑을 즐기기에 최적의 장소이다. MRT 베이 프론트 역과 연결되어 있다.

저렴하고 개성 넘치는 패션 잡화, 보세 의류

• 히렌

오차드 로드에 위치한 10~20대를 위한 쇼핑몰로 싱가포르 디자이너들이 주로 숍을 운영하며 저렴하고 개성 있는 의류와 패션 잡화들이 주를 이룬다. 우리나라의 동대문 쇼핑몰과 비슷하다.

• 부기스 정션

BHG 백화점을 중심으로 유명 브랜드 숍이 아니라 보세 제품들을 주로 파는 숍들이 운집해 있다. 아기자기한 제품과 저렴한 의류들을 팔고 있으며 10~20대 젊은이들의 취향에 잘 맞는다. MRT 부기스 역과 이어진다.

인기 많은 중급 브랜드와 로컬 의류

• 위스마 아트리아

MRT 오차드 역과 연결되어 있는 쇼핑몰로 여성들이 좋아하는 의류와 구두 브랜드가 모여 있다. 특히 한국 여성들에게 인기 많은 톱숍, 찰스 앤 키스 등의 매장이 있다.

• 래플스 시티

MRT 시티 홀 역과 이어져 있는 쇼핑몰로 규모는 그리 크지 않은데 필요한 것만 갖추어져 있어 쇼핑하기는 더 편하다. 특히 한국인들이 좋아하는 폴로, 리바이스, 캘빈 클라인 등 중급 브랜드들이 대거 몰려 있어 시간이 없으면 여기만 들러도 만족스럽다.

• 마리나 스퀘어

마리나 지역에 위치한 엄청난 규모를 자랑하는 쇼핑몰로 명품보다는 중급 브랜드들이 대거 몰려 있다.

전자 제품 대형 매장

• 선텍 시티

전자 제품만 파는 매장도 매우 크다. 하비 노먼이라는 대형 전자 매장이 입점되어 있다. 마리나 지역에 위치한다.

• 밀레니아 워크

규모가 그다지 크지 않고 2층에 있는 하비 노먼 전자 매장이 아니면 일반 쇼핑 매장은 그 수가 별로 없다.

• 럭키 프라자

오차드 로드에 위치하고 있는 다소 허름한 쇼핑몰이다. 대형 가전제품보다는 카메라 등의 소형 가전제품들을 취급한다.

최대 규모의 어린이 백화점

• 포럼

토이즈 알 어스를 비롯한 장난감 가게들이 모여 있고 게스 키즈, DKNY 키즈 같은 아이들 옷 브랜드들이 모여 있다. 아이 전용 서점도 있다. 규모가 크지 않아서 한 바퀴 돌아보는 데 그리 오래 걸리지 않는다.

오리엔탈 분위기의 인테리어 숍

• 탕린 쇼핑센터

오차드 로드의 탕린 쇼핑센터는 주로 동양적인 가구와 목공예품, 카펫 등을 파는 곳이다. 인도네시아나 캄보디아 등에서 온 골동품 전문 매장도 상당히 많다. 서양에서 온 여행자들은 꼭 한 번씩 들르는 곳이다.

저렴하게 즐기는 **싱가포르 맛집**

싱가포르는 외식 문화가 발달해 있기 때문에 평범한 서민들도 밖에서 사 먹는 외식 문화에 익숙하다. 그렇기 때문에 저렴하게 즐길 수 있는 음식들이 굉장히 많고 음식 수준도 가격 대비 높아 여행자들이 만족스럽게 식사할 수 있다.

서민들의 식당 호커 센터

호커 센터는 노점상을 뜻한다. 하지만 길거리 아무 곳에서나 음식을 파는 것이 아니라 정부의 허가를 받은 곳에서 위생 법규를 철저히 지키면서 파는 노점상들의 모임이 바로 호커 센터이다. 호커 센터는 한 끼 식사를 싱가포르 스타일로 저렴하게 즐길 수 있는 천국 같은 곳이다.

호커 센터의 가장 큰 장점은 저렴한 가격에 있다. 보통 S$ 7 내외 정도면 음식을 주문할 수 있다. 여러 개를 시켜 먹어도 전혀 부담스럽지 않은 가격이다. 게다가 대부분의 호커 센터는 사진으로 메인 요리들을 걸어 놓기 때문에 어떤 요리인지 보면서 시킬 수 있어 편리하다. 호커 센터는 우리나라 푸드코트와 같은 셀프서비스이다. 한 바퀴를 쭉 돌아보고 그중에 원하는 곳에 가서 주문을 하고 금액을 지불하면 된다.

예전의 호커 센터는 에어컨 시설이 없는 허름한 간이 식당이 모여 있는 곳이었지만 현재는 대부분의 호커 센터가 실내에 위치해 있고 에어컨 시설을 갖추고 있다.

라우 파 삿 Lau Pa Sat

싱가포르에서 가장 오래된 호커 센터 중의 하나이다. 높은 천장에 빅토리아풍의 실내는 굉장히 색다른 분위기를 풍긴다. 저렴한 음식을 파는 호커 센터이지만 마치 멋진 건축물 안에 들어온 것 같은 느낌이 든다. 위치가 위치이다 보니 평일 점심과 저녁을 해결하기 위한 직장인이 많다. 제대로 된 호커 센터를 찾아가고 싶을 때 가면 된다. 특히 저녁에 가면 바로 옆으로 사테 포장마차가 들어서기 때문에 호커 센터에서 음식을 시키고 사테와 함께 먹으면 된다. 주말보다는 평일 저녁에 분위기가 좋다. MRT로는 래플스 플레이스 역에서 내리는 게 가장 가깝지만, 꽤 걸어야 하므로 택시로 이동하는 게 편하다.

맥스웰 푸드 센터 Maxwell Food Centre

차이나타운에 위치한 호커 센터로 크고 깔끔해서 인기가 많다. 차이나타운에 위치하고 있기 때문에 주로 중국 요리와 페라나칸 로컬 음식이 많다. 천장도 높고 시원해서 아침부터 저녁까지 사람들로 붐빈다. 일부러 찾아가서 먹어야 하는 것은 아니지만, 차이나타운을 구경하러 왔다면 들르기 좋다. 돌아보면 유독 사람들이 길게 줄을 서서 주문하는 식당이 눈에 띈다. 인기 있는 식당을 알아보는 쉬운 방법이다.

tip

등급별 호커 센터

호커 센터에 입점한 음식점들을 보면 모두 알파벳 A, B, C 표시를 달고 있는데 이것은 그 음식점의 위생 상태를 이야기한다. 대부분의 음식점은 A나 B의 마크를 달고 있으며 일정 기준에 미달하게 되면 아예 문을 열지 못한다. 허름한 호커 센터처럼 보여도 정부가 정한 위생 규칙을 철저히 지키고 있으니 안심해도 된다.

라군 푸드 빌리지 East Coast Lagoon Food Village

이스트 코스트에 위치한 호커 센터로 현지인이 많이 찾는 곳이다. 30년 넘는 역사가 있는 호커 센터였는데 최근에 깔끔하게 업그레이드했다.

바닷가 바로 앞이기 때문에 식사를 마치고 해변 산책을 즐길 수 있다. 가격이 다른 호커 센터에 비해서 저렴할 뿐 아니라 현지인들이 주된 고객이다 보니 숨은 고수들의 식당이 빼곡히 들어서 있다. 인기 있는 가게는 식사 시간에 언제나 사람들로 북적거린다. 특히 사테를 구워 주는 곳과 해산물 위주의 메뉴를 갖추고 있는 곳이 인기 있다. 이스트 코스트에서는 칠리 크랩만 먹어야 한다는 고정관념을 깨고 저렴한 가격에 해산물을 즐기고 싶다면 추천할 만한 곳이다.

©shutterstock / Olga Kashubin

아모이 스트리트 푸드센터 Amoy Street Food Center

맥스웰 푸드코트가 외국인들에게 인기가 있다면 아모이 스트리트 푸드 센터는 현지인들에게 보다 더 잘 알려진 곳이다. 전통 음식에서부터 디저트까지 음식의 종류이 다양할 뿐 아니라 가격도 저렴하여 주변 직장인들이 점심을 먹으러 이곳에 들린다. 주말이나 저녁 시간대에는 닫는 점포가 많으니 기억해 두자.

홀랜드 빌리지 마켓 Holland Village Market

주로 홀랜드 빌리지에 거주하는 사람들을 위한 호커 센터이다. 총 20여 개의 음식점이 모여 있고 인도네시아, 태국, 한국 음식까지 종류가 다양하다. 실내에서 홀랜드 빌리지의 거리가 보여 식사를 하면서 거리 구경을 할 수 있다. 점심 시간보다 저녁 식사 시간이 더 붐빈다. 홀랜드 빌리지 로롱 리풋 로드와 로롱 맘봉 로드가 만나는 곳에 위치한다.

차이나타운 스미스 스트리트 Smith St.

호커 센터는 아니지만 저녁때 차이나타운의 스미스 스트리트에 가면 노점 식당들이 줄줄이 늘어서 있는 것을 볼 수 있다. 이곳은 다른 곳과 달리 차도를 막아 저녁때에만 문을 여는 것이 특징이다. 본격적인 호커 센터에 비해서는 음식점의 수가 적은 편이고 가격도 비싸지만 차이나타운에 왔다면 차이나타운의 분위기를 느끼면서 들러 보자.

©shutterstock / Korkusung

마칸수트라 글루톤스 베이 Makansutra Gluttons Bay

에스플러네이드가 있는 강변 옆에 위치한 호커 센터로 싱가포르의 호커 센터 중에 가장 분위기 좋은 곳 중의 하나이다. 강바람을 맞으면서 식사할 수 있으며 여느 호커 센터처럼 가격이 저렴하다. 주변 경관도 좋고 야경을 보러 일부러 들르기에도 좋은 곳이라 여러모로 추천할 만하다. 마칸 수트라라는 유명한 싱가포르 음식 전문 잡지에서 선정한 맛집들만 모여 있기 때문에 어느 곳에서 주문을 해도 기본적으로 일정 수준 이상의 음식들을 맛볼 수 있다. 이곳은 점심때는 문을 열지 않고, 저녁때만 문을 열기 때문에 낮에 가서 허탕을 치지 않도록 주의하자. 이곳에서 저녁 식사를 하고 천천히 산책하면서 에스플러네이드 앞 광장에서 야경을 보는 코스를 짜면 좋다.

또 다른 저렴한 식당 푸드코트

푸드코트는 주로 쇼핑몰 등 여행자들의 발길이 몰리는 곳에 위치하기 때문에 호커 센터보다 찾아가기 더 쉽다. 한 집 건너 한 집이 쇼핑몰이라고 해도 과언이 아닌 싱가포르에서 푸드코트는 그만큼 흔하게 찾을 수 있는 곳이다. 싱가포르의 푸드코트는 규모가 상당히 크고 푸드코트 브랜드가 따로 있을 정도로 발전되어 있다. 말레이, 중국, 태국 음식에서 한국 음식이나 인도 음식까지 종류가 굉장히 많다. 최근 쇼핑몰들이 점점 더 대형화되면서 푸드코트의 규모가 커지고 수준도 높아졌다. 특히 푸드 리퍼블릭 푸드코트는 비보 시티, 위스마 아트리아 등의 쇼핑몰에 입점해 있는데 인테리어, 규모, 음식의 다양성 등을 따져 볼 때 동남아시아 최고의 푸드코트로도 손색이 없다. 푸드코트와 식당가가 잘 되어 있는 곳을 꼽자면 비보 시티와 오차드 로드의 위스마 아트리아, 파라곤의 푸트코트, 마리나 베이 샌즈 숍스 내의 푸트코트이다. 규모 면에서는 마리나 지역의 선텍 시티가 가장 큰 푸드코트에 속한다. 현지인들이 먹는 음식에 가격까지 저렴한 푸드코트를 찾는다면 오차드 로드의 럭키 플라자 푸드코트로 가면 된다.

©shutterstock / Sorbis

Amazing Experiences

여행 정보

- 여행 준비
- 면세점 쇼핑하기
- 출국 수속
- 싱가포르 입국
- 집으로 돌아가는 길
- 또 하나의 쇼핑 천국, 창이 국제공항

여행 준비

여권 만들기

여행의 첫 단추는 여권을 만드는 것이다. 여권에는 유효 기간이 10년인 복수 여권과 1년인 단수 여권이 있다. 단, 만 18세 미만과 병역 미필자는 유효 기간이 5년 이하로 제한된다.

2008년 8월부터 발행된 전자 여권에는 개인 신원 정보는 물론 얼굴, 지문 등 바이오 인식 정보를 담은 비접촉식 전자칩이 들어 있고 여권에 기재된 신원 정보가 전자칩에도 입력된다. 전자 여권이 발급되면서 대리인을 통한 발급은 사라지고 여권 본인 직접 신청제가 시행되었다.

여권은 서울의 경우 각 구청에서, 지방의 경우 시청과 도청에서 발급받을 수 있다. 여권 발급 기관의 연락처는 www.passport.go.kr에서 확인하자. 여권 없이 비행기표를 예매할 때는 여권에 기재할 정확한 영문 이름만 있으면 된다.

여권 신청 시 필요한 서류

- 여권 발급 신청서
- 여권용 사진 1매(전자 여권이 아닌 경우 2매)
- 신분증
- 여권 발급 비용

여권 재발급

여권의 유효 기간은 여행 출발일로부터 체류일 수+6개월 이상 남아 있어야 한다. 유효 기간이 6개월 이상 남아 있지 않을 경우 입국을 거절당할 수도 있다. 전자 여권 제도의 시행으로 여권 연장 제도가 폐지되어 재발급 및 신규 발급만 가능하다. 여권 발급은 신청일로부터 공휴일을 제외하고도 3~4일 정도가 소요되므로 여권 유효 기간은 미리 확인하도록 하자.

비자 만들기

관광이 목적인 여행자는 최장 90일까지 비자가 필요 없으나, 입국 시에는 통상 30일간의 체류허가를 준다. 30일 이상 체류할 경우에는 이민국(핫라인: 1800-391-6400)으로부터 체류 기간을 연장받아야 한다. 입국 시 간혹 리턴 항공권을 보여 달라고 할 수 있으니 여권과 함께 항공권도 챙겨야 한다.

임신한 상태에서 싱가포르를 방문하고자 하는 여성(6개월 이상)은 가까운 재외 싱가포르 공관에서 사전 신고를 하고 일정 절차를 밟아야 한다.

관련 기관

- **주한 싱가포르 대사관** Tel. 02)774 2464
- **싱가포르 이민국** Tel. +65 6391 6100

항공권 준비

한국과 싱가포르 직항을 운항하는 항공사는 싱가포르항공, 대한항공, 아시아나항공 등이 있으며 비행 시간은 6시간~6시간 30분이 소요된다. 싱가포르는 동남아의 중심에 있기 때문에 방콕, 홍콩, 대만, 푸켓 등 동남아 대부분의 도시들이 항공으로 연결된다.

항공권 구매하기

항공권은 각 항공사 홈페이지나 항공권을 전문으로 판매하는 여행사를 통해서 구입할 수 있다. 유효 기간이 짧고, 마일리지 적립이 안 되는 항공권일수록 가격이 저렴하다. 가끔 특가 항공권이나 단체 항공권의 경우 잔여 좌석 항공권이 상상 이상의 저렴한 가격으로 나올 수 있으므로 해당 사이트를 지속적으로 지켜보는 것도 좋은 방법이다. 특히 싱가포르 항공 홈페이지에는 항시 인터넷 프로모션 요금으로 개별 여행객들에게 좋은 조건을 제공하고 있다.

E-TICKET(전자 티켓)

이티켓은 이메일로 발급받아 직접 프린트를 할 수 있는 티켓이다. 예약한 항공권의 금액을 지불하고 발권 신청을 하면 이티켓이 메일로 발송된다. 이메일로 받은 이티켓을 프린트해서 공항의 항공사 카운터에 보여 주면 실제 비행 항공권을 발급받을 수 있다.

항공사 홈페이지

- **싱가포르항공** www.singaporeair.com/kr
- **대한항공** www.koreanair.com
- **아시아나항공** www.flyasiana.com
- **캐세이패시픽항공** www.cathaypacific.com/kr
- **타이항공** www.thaiair.co.kr

비행 티켓 전문 판매점

- **땡처리 항공권** www.ttang.com
- **인터파크 투어** tour.interpark.com
- **와이페이모어** www.whypaymore.co.kr
- **온라인 투어** www.onlinetour.co.kr

Tip 항공권 구매 시 꼭 체크할 것

1. 항공권을 예약할 때 영문 이름은 여권과 동일해야 한다

항공권을 구입할 때 가장 신경 써야 하는 부분이 바로 영문 이름이다. 만약 항공권에 예약해 둔 영문 이름과 여권에 적혀 있는 영문 이름이 다르면 탑승을 거부당할 수 있다.

2. 여권 유효 기간은 6개월 이상

여권도 사용할 수 있는 유효 기간이 있다. 이 유효 기간이 6개월 이상 남아 있어야 한다.

3. 성별 체크

여자는 이름 앞에 MS., 남자는 이름 앞에 MR.가 제대로 붙어 있는지 확인해야 한다.

4. 항공권 리컨펌하기

출발 며칠 전 항공사에 전화해서 재확인을 해야 하며, 한국으로 돌아올 티켓 또한 여행지에서 한국으로 출발하기 3일 전에 재확인 절차를 거치는 게 좋다.

5. 좌석 사전 지정

싱가포르 항공의 경우에는 탑승 시간 48시간 전에 자신이 탈 좌석을 미리 지정할 수 있는 시스템이 있다. 싱가포르 항공 홈페이지에서 'Check in' 메뉴로 들어가 사전 좌석 지정을 하면 된다. 좋은 자리를 미리 선점하고 싶다면 꼭 챙겨야 할 서비스이다.

호텔 예약하기

싱가포르는 도시의 크기에 비해 호텔의 규모가 다양하고 수준이 높다. 연중 세계적인 컨벤션, 박람회 및 싱가포르 축제 등 행사가 열리고 있어 기간을 충분히 두고 미리 예약을 하는 것이 좋다.

호텔 예약은 호텔 예약 사이트를 통해서 하면 된다. 한글로 된 사이트는 보기 편하고 전화 연락이 가능하지만 영문 사이트에 비해 가격이 높다. 이에 비해 영문 사이트는 취소나 변경 시 연락이 어려울 수 있고, 영어로 되어 있어 불편하지만 가격이 유리할 수 있으니 두루 체크해 보자.

싱가포르 여행 관련 카페나 여행 정보 사이트에서 다녀온 사람들의 리뷰와 정보를 보고 호텔을 고르면 도움이 된다.

호텔 예약을 완료하면 호텔 바우처를 이메일로 받게 되는데 이 바우처를 호텔에 체크인할 때 보여주면 된다. 바우처는 호텔 예약이 제대로 되었고 호텔 측에 예약한 내용이 잘 전달되었다는 영수증 같은 것이라고 생각하면 된다.

호텔 예약 사이트

- **아고다** www.agoda.ko-kr
- **부킹닷컴** www.booking.com
- **호텔스 닷컴** kr.hotels.com

싱가포르 항공 에어텔로 예약하기

항공과 호텔을 따로따로 예약하는 것이 번거롭다면, 싱가포르 항공 에어텔 시아 홀리데이를 이용하면 된다. 최성수기 일정 기간을 제외하고 일년 내내 프로그램이 있다.

왕복 항공과 호텔, 공항↔호텔간 왕복 픽업 서비스가 포함되어 있고 일반적으로 항공과 호텔을 따로 예약하는 것보다 저렴하다. 선택할 수 있는 호텔의 종류가 다양하다는 것도 장점이다. 단, 항공 마일리지는 적립되지 않는다.

- **시아 홀리데이** www.siaholidays.co.kr

어떤 호텔을 예약할까

싱가포르에서 호텔을 고를 때 가격 다음으로 중요하게 고려해야 할 요소는 위치이다. 여행자가 많이 몰리고 편의 시설이 많은 오차드 로드와 마리나 지역이 가장 좋은 위치이다.

덧붙여 이곳에서도 MRT 전철역이 얼마나 가까운가에 따라 위치의 좋고 나쁨이 결정된다.

싱가포르의 비지니스 호텔은 대다수가 오차드 로드와 마리나 지역에 몰려 있다. 부티크 호텔은 차이나타운을 중심으로 많이 몰려 있는 것이 특징이다.

호텔을 정했다면 객실 타입을 정해야 한다. 호텔에는 객실이 등급별로 나뉘는데, 일반룸인 슈페리어룸이나 디럭스룸이 가장 많고, 여행자들도 가장 많이 묵는 객실 타입이다.

클럽룸 혹은 이그제큐티브룸이라고 불리는 객실 타입은 일반룸보다 등급이 한 단계 높은 객실이다. 많은 호텔이 이 객실에 묵는 여행자들을 위해 라운지를 따로 마련하고, 조식을 제공하거나 저녁 때 간단한 뷔페와 칵테일을 제공하는 등 혜택을 주고 있다.

스위트룸은 호텔에서도 가장 좋은 전망을 가진 곳에 배정한다. 보통 스위트룸은 거실과 객실 공간으로 나뉘며, 모든 시설과 서비스가 최상위라고 생각하면 된다.

환전하기

한국에서 환전해 가는 방법은 여행자 수표(Traveler's Check), 미국 달러 또는 싱가포르 달러 등이 있다. 한국에서 싱가포르 달러로 직접 환전하면 도착 후 바로 사용할 수 있어서 가장 편리하다. 여행자 수표나 미국 달러로 가져가면 현지 환전소에서 싱가포르 달러로 재환전해서 사용해야 한다. 현지에서 경비가 더 필요하다면 신용 카드를 사용하거나 신용 카드 현금 서비스를 받으면 된다. 싱가포르 시내 환전소 또는 은행은 월~금요일은 09:30~15:30까지, 토요일은 09:30~12:00까지만 운영한다.

싱가포르 달러

외환은행 등 몇몇 시중 은행에서만 싱가포르 달러를 취급하므로 사전에 전화로 문의하고 방문해야 한다. 주거래 은행이나 환전 우대 쿠폰 등이 있으면 환전 시 발생하는 수수료를 할인받을 수 있다. 할인율은 은행마다 다르다.

가장 편한 방법은 인천 공항에서 환전하는 방법이지만, 시중 은행보다 환율이 높은 편으로 환율

우대 쿠폰이나 사이버 환전을 이용하면 약간의 손해를 줄일 수 있다. 사이버 환전은 해당 시중은행 홈페이지에서 실시간으로 외화를 구입한 뒤, 은행 방문 후 창구에서 교환한다.

• **외환은행 사이버 환전** www.fxkeb.com

신용 카드

대부분의 호텔, 쇼핑몰, 레스토랑 등에서 신용 카드로 결제할 수 있다. 적은 금액은 신용 카드를 사용해도 괜찮지만, 금액이 큰 경우에 신용 카드를 사용하면 신용 카드 회사 수수료와 싱가포르 달러를 한화로 바꾸는 과정에서 환차손이 발생할 수 있다.

하지만 현금을 많이 가지고 다니지 않아도 되고 편리하게 이용할 수 있으므로 여행지에서 신용 카드 사용은 가장 보편적인 지불 수단이다. 비자나 마스터, 아메리칸 익스프레스 등 해외에서 사용이 가능한 카드여야 한다.

국제 직불 카드

직불 카드는 큰돈을 가지고 다니지 않아도 되고 필요할 때마다 현금 인출기에서 뽑아 쓸 수 있으므로 편리하다. 특히 직불 카드는 분실해도 다른 사람에 의해 도용될 염려가 없다는 것이 큰 장점이다. 그러나 금액을 뽑을 때마다 수수료가 발생하므로 쓸 만큼의 금액을 계획적으로 인출하는 지혜가 필요하다.

해외에서 사용 가능한 직불 카드는 대부분의 은행에서 발행 가능하다. 직불 카드에는 'Cirrus' 혹은 'Plus'라는 마크가 붙어 있다.

싱가포르에는 현금 인출기가 많고 24시간 이용 가능하기 때문에 이용이 편리하다.

여행자 수표

여행자 수표는 '트래블러스 체크(Traveler's Check)' 또는 'T/C'라고 하는데 시중 은행에서 발급할 수 있다. 단, 여권을 반드시 지참해야 한다. 여행자 수표는 은행에 들러야 하고 현지에서 재환전해야 하는 번거로움이 있지만, 사용할 때 여권의 서명과 일치해야만 사용이 가능하므로 현금보다 안전하다.

여행자 수표에는 서명하는 곳이 두 군데가 있는데, 하나는 발급 즉시 서명하고 나중에 사용하는 장소에서 서명해서 사용한다. 여행자 수표를 받는 곳에서 수표의 서명과 여권의 서명을 대조하므로 서명이 같아야 한다. 혹시 분실이나 도난에 대비하여 수표 번호, 발행 은행 등을 적어 두면 안전하다. 여행자 수표는 사용 시 수수료가 추가된다.

미국 달러

호텔, 쇼핑몰, 레스토랑 등에서 미국 달러를 사용할 수 있지만, 대부분의 상점에서는 싱가포르 달러를 사용한다. 미국 달러를 사용할 때에는 싱가포르 시중 은행 또는 환전소에서 싱가포르 달러로 환전 한 뒤 사용하는 것이 좋다. 단, 호텔에서는 환율이 높은 편이어서 급한 경우가 아니면 피해야 한다.

여행 짐 꾸리기

짐을 쌀 때는 기내에 들고 갈 짐과 짐칸으로 부칠 짐을 따로 준비해야 한다. 특히 요즘에는 기내에 100ml 이상의 액체류는 반입할 수 없으므로, 로션이나 선크림 등을 기내에 들고 가지 않게 조심해야 한다.

가장 중요한 여권과 항공권, 환전한 돈을 잘 챙겨 두면 나머지는 현지에 가서 살 수 있으니 뭔가를 빠뜨렸다고 해도 너무 걱정하지는 말자.

기내에는 에어컨 때문에 추운 경우가 많기 때문에 카디건 같은 긴팔을 준비해서 가지고 타는 게 좋다. 그리고 면세점에서 구입한 제품은 액체류라 하더라도 밀봉을 해 주기 때문에 기내에 들고 탈 수 있다.

짐칸으로 보내는 짐은 깨지기 쉽거나 고가의 카메라, 노트북 등은 넣지 않는 것이 좋다. 짐의 무

게가 20kg이 넘으면 초과 금액을 내게 된다는 것도 알아 둬야 한다. 색깔 있는 끈을 묶거나 이름표를 달아 두면 다른 사람의 가방과 바뀌는 것을 예방할 수 있다.

가방에 챙길 것

- 여권 및 항공권: 여권, 항공권, 돈, 신용 카드.
- 가이드북: 자유 여행자의 필수품이다.
- 숙소 예약 바우처: 체크인 시 보여 주면 된다.
- 항공 마일리지 카드와 면세점 할인 카드: 여권 커버가 있으면 그 안에 끼워 두는 게 좋다.
- 의류 및 액세서리: 간편한 티셔츠와 반바지, 캐주얼한 긴바지와 긴소매 옷 1벌, 수영복, 모자, 선글라스, 선크림 또는 오일, 속옷(날씨가 더우므로 빨래가 금방 마른다.), 신발(샌들과 바닥이 튼튼하고 걷기 편한 신발)
- 비상용품: 감기약, 소화제, 설사약, 밴드, 생리용품
- 전자 제품: 카메라, 휴대 전화, 전압 플러그(싱가포르의 전압은 220~240V로 우리나라와 달리 콘센트 구멍이 3개인 코드를 이용한다. 구멍이 3개인 휴대용 플러그 보조 장치를 가져가면 편하다. 미리 준비하지 못했을 경우 호텔에 부탁하면 빌릴 수 있다.)
- 필기구: 여행 시 그때그때 남긴 기록은 평생 기억된다.
- 비상식량: 컵라면이나 일회용 반찬거리.
- 여권, 항공권, 여행자 수표 분실 시 필요한 사진과 복사본 등
- 현지에서 필요한 연락처 리스트: 현지 여행사, 숙소 연락처 등

여행자 보험

해외 여행에서 도난이나 질병, 사고 등에 대비하기 위해서 출발 전에 여행자 보험을 가입하는 것이 좋다. 각 보험 회사의 인터넷 가입을 이용하는 것이 더 저렴하다.

보험은 보장 내역과 범위에 따라서 금액이 달라지며, 기간이 길고 여행하는 지역이 다양할수록 비싸진다. 신용 카드 회사에서 회원 등급에 따라 무료로 여행자 보험을 들어 주기도 하고, 은행의 경우 환전 금액에 따라 무료 여행자 보험을 제공하기도 한다. 보험 회사별로 보장의 차이가 있다. 현지에서 사고가 발생했을 경우, 미리 알아 둔 해당 보험 회사 현지 연락처에 연락한 뒤에 증명서를 챙겨 와야 보장받을 수 있다.

여행자 보험 가입 보험 회사

- **동부화재**(www.idongbu.com) Tel. 1588-0100
- **삼성화재**(www.samsungfire.com) Tel. 1588-3339
- **LIG화재**(www.lig.co.kr) Tel. 1544-0800
- **AIG 손해보험**(www.aig.co.kr) Tel. 080-2080-365

면세점 쇼핑하기

여행 전에 면세점 쇼핑을 하려면 시내 면세점을 이용하거나 인천 공항의 공항 면세점을 이용하는 방법이 있다. 시내 면세점을 이용하거나 인터넷 면세점을 이용할 경우, 공항 면세점을 이용할 때보다 할인 혜택이 많기 때문에 더 저렴하게 구매할 수 있다.

사려고 하는 물건이 많고 좀 더 여유롭게 쇼핑하기를 원한다면 시내에 위치한 면세점들을 이용하는 것이 좋다. 항공 티켓이 없더라도 여권과 자신이 탑승할 항공의 편명과 시간만 알고 있다면 면세품 구입이 가능하다.

주요 면세점 안내

롯데 면세점 본점

가장 인기가 좋은 면세점으로 시내 면세점 중 가장 많은 물건을 보유하고 있고 입점 브랜드도 다양하다. 롯데월드점에도 면세점이 입점해 있다. 인터넷 면세점은 입점 브랜드는 가장 많지만 할인율은 조금 낮은 편이다. 인터넷 면세점에서 200달러 이상 구매하면 할인 쿠폰을 받을 수 있다. VIP 실버 카드는 롯데월드점에서만 발급되며 면세점 사이트에서 회원 가입을 하고 가야 한다. 인터넷 면세점 신규 가입자에게 5달러 할인 쿠폰을 준다.

위치 을지로입구역 7번 출구 명동 롯데 백화점 본점 9층 전화 1688-3000 홈페이지 www.lottedfs.com

신라 면세점

호텔에 위치하고 있어 무료 주차 등의 고급스러운 서비스를 제공받을 수 있다.

인터넷 면세점은 구매 금액별 할인 쿠폰이 다양하다는 게 장점인데, 할인 쿠폰이 발생하는 금액이 10달러부터 시작한다. 10달러에 1달러 할인, 30달러에 3달러를 할인하는 식이라서 소액 구매도 할인받을 수 있다. (보통 다른 면세점은 최소 100달러 이상 구매할 때부터 할인 쿠폰이 발행된다.) 롯데 인터넷 면세점보다 브랜드가 적고 제품 수가 적은 편이지만, 상대적으로 높은 할인을 받을 수 있다. 인터넷 면세점 회원 가입 시 5달러 할인 쿠폰도 준다. 매장에 방문하면 VIP 실버 카드를 바로 발급해 주는데 5~10% 정도 할인받을 수 있다.

위치 동대입구역 5번 출구 장충동 신라 호텔 내 전화 1688-1110 홈페이지 www.dfsshilla.com

동화 면세점

입점 브랜드는 롯데 면세점과 비교하면 적은 편이지만, 인터넷 면세점 말고 시내 면세점에서도 할인받을 수 있는 폭이 큰 편이라는 게 장점이다. 보통 코너별로 5~15% 할인되는 쿠폰이 발급되고 VIP 카드도 즉시 발급된다. VIP 카드가 있으면 할인 쿠폰과 별도로 5~15% 할인이 되는데 중복 이용은 안 되므로 매장별 할인 폭을 확인해서 유리한 것을 적용하면 된다. 비교적 할인 폭이 크다는 것도 동화 면세점의 장점이다. 350달러 이상 구매 시 2만 원 할인 쿠폰도 제공된다.

위치 광화문역 6번, 시청역 3번 출구 전화 1688-6680 홈페이지 www.dutyfree24.com

신세계 인터넷 면세점

파라다이스 면세점에서 신세계 인터넷 면세점으로 명칭이 변경되었다. 다양한 쿠폰과 할인권으로 공격적인 마케팅을 하기 때문에 언제든지 활용할 만한 이벤트가 많은 편이다.

위치 명동역 5번 출구 신세계 본점 전화 1661-8778 홈페이지 www.ssgdfs.com

면세점에서 할인받는 방법

면세점마다 VIP 카드 발급, 인터넷 면세점 추가 할인, 구매 금액별 할인 쿠폰 발급 등의 쇼핑 찬스를 마련해 두고 있다. 자신의 쇼핑 스타일에 맞는 면세점을 찾으면 알뜰하게 구매할 수 있다.

VIP 카드 발급

면세점 VIP 카드가 있으면 기본적으로 5% 이상 할인받을 수 있다. 보통 구매 실적에 따라 등급이 나뉘고 할인율도 달라진다.

인터넷 면세점

인터넷 면세점은 오프라인 면세 매장보다 10~15% 정도가 저렴하다. 하지만 인터넷 면세점마다 가격이나 할인 폭이 다르므로 사고자 하는 제품이 정해졌으면 각 인터넷 면세점에 들어가서 가격을 확인해야 한다.

구매 금액별 할인 쿠폰 챙기기

온라인 면세점 이용 시 구매 금액별 할인 쿠폰이 나온다. 예를 들어 200달러 이상 구매했을 때 20달러짜리 할인 쿠폰이 나온다는 식이다. 한 번 면세된 금액에 인터넷 면세점 이용으로 추가 할인받고, 또 여기에 할인 쿠폰을 적용하면 일반 백화점에서 구매하는 것보다 절약할 수 있다. 이것도 모든 인터넷 면세점을 비교해 보는 게 좋다. 각 온라인 면세점에서 제공하는 적립금과 할인 쿠폰을 잘 활용하면 상당히 큰 폭의 할인을 받을 수 있다.

신용 카드로 할인받기

요즘에는 신용 카드의 혜택 항목으로 지정 면세점 이용 시 할인받는 카드도 많다. 본인의 신용 카드가 면세점 할인 카드라면 계산 시 자동으로 할인받는다. 이때 중복 할인은 안 된다.

Tip 그 외 면세점 이용 시 알아 둘 것!

1. 면세 한도와 구매 한도

국내 면세 매장에서 1인이 구매할 수 있는 한도는 미화 3,000달러이다. 그러나 면세가 되는 한도는 600달러라는 것을 혼동하면 안 된다. 3,000달러까지 구매할 수 있지만, 면세 한도를 벗어나는 2,400달러에 대해서는 세관 신고를 해야 한다.

2. 스페셜 오더

인터넷 면세점에 사고 싶은 제품이 없다면 스페셜 오더를 한다. 스페셜 오더를 신청하면 바로 구매가 가능하도록 조치해 준다. 하지만 해당 브랜드 자체가 없는 경우에는 스페셜 오더를 해도 구매할 수 없다. 고가의 명품 브랜드 대부분도 인터넷 면세점에서는 구매할 수 없고 직접 매장에 가야 한다.

3. 그 외 할인 쿠폰

면세점 할인이나 세일 정보를 모아 두고 자체적으로 할인이나 사은품 쿠폰을 발행하는 사이트도 있다. www.dfscoupon.com나 www.dfsmall.co.kr에 들어가 보자.

4. 면세점 세일

면세점도 세일을 한다. 이 세일 기간에는 고가의 명품 브랜드도 많게는 50%까지 제품별로 세일하기 때문에 저렴하게 구매할 수 있다. 여행 기간이 정해졌으면 가기 전에 면세점 세일 기간이 포함되어 있는지 꼭 확인해 봐야 한다.

출국 수속

인천 공항에서 출국하기

싱가포르행 비행기는 인천 공항에서 출발한다. 공항에는 2시간 전에 도착해야 하고, 아래 순서대로 수속을 마치면 된다.

탑승권 발급

❶ 출발 2시간 전에 공항에 도착해서 3층 출발층으로 간다.

❷ 항공사별 체크인 데스크에서 여권과 항공권을 제시한 후 짐을 부치고 탑승권을 받는다. (깨지기 쉬운 물건과 귀중품은 직접 갖고 타고 액체류는 반드시 짐 속에 넣는다. 2007년 3월 1일부터 100ml 이상의 액체류는 기내 반입이 금지된다. 1인당 무료 수하물은 20kg.)

❸ 탑승권을 받으면 편명과 탑승 게이트 번호, 출발 시간을 다시 한 번 확인한다. 마일리지를 적립하려면 마일리지 카드 또는 회원 번호를 알려 주고 적립을 요청하면 된다.

❹ 해외 로밍이나 데이터 로밍을 신청하고 싶다면 공항 내에 위치한 각 통신사 부스에서 로밍 서비스를 신청한다. 데이터 요금이나 로밍 서비스 이용 방법은 각 통신사별로 다를 수 있어 통신사 부스에서 최종으로 안내받는 것이 좋다.

❺ 환전소에서 환전한다. 환전 쿠폰을 제출하고 할인받자!

출국장에서 비행기 탑승까지

❶ 여권과 비행기 표를 보여 주고 국제선 탑승구를 통과한다. 탑승구는 항공사 카운터 바로 뒤쪽에 있다.

❷ 보안 심사 검색대를 통과한다. 요즘은 테러의 위험 때문에 검색대를 통과할 때 나오는 액체류는 모두 압수되므로 화장품이 가방에 들어 있지 않게 조심해야 한다.

❸ 출국 심사 검색대 바로 뒤쪽에 출국 심사대가 있다. 여권과 비행기 표를 보여 주고 통과하면 된다. 출국 심사대를 지나 여권에 도장이 찍히면 모든 출국 심사가 완료된 것이다. 이제는 면세점을 구경하면서 시간을 보내다가 탑승 시간까지 비행기 표에 찍힌 해당 게이트로 가서 대기하면 된다.

❹ 비행기 탑승 시간은 비행기 표에 보딩 타임이라고 표기되는데 비행기 이륙 30분 전이 보딩 타임이다. 이 시간부터 비행기에 탑승이 가능하다.

비행기 내에서

❶ 승무원에게 탑승권을 보여 주고 좌석 위치를 안내받은 후, 짐은 머리 위 선반 또는 의자 아래에 넣는다.

❷ 이륙, 착륙 시에는 항상 안전벨트를 착용해야 한다. 등받이와 테이블은 제자리로 하고, 휴대 전화 등의 전자기기는 반드시 끈다. 기내식, 음료, 주류는 무료이다. 단, 기내에서는 고도가 높아 쉽게 취할 수 있으므로 술은 많이 마시지 않도록 한다.

❸ 기내 화장실(Lavatory)은 밀어서 열고 들어가 반드시 문을 잠근다. 'Vacancy'(녹색으로 표시됨)는 비었음, 'Occupied'(빨간색으로 표시됨) 사용 중이다. 화장실에서는 금연이다.

❹ 도착 전에 승무원이 나눠 주는 출입국 신고서는 미리 작성해 둔다.

출입국 신고서 작성법

모든 내용은 여권과 동일해야 하고 영문 대문자로 작성한다. 선택란은 체크 표시 'V'를 한다.

싱가포르 입국

싱가포르 도착, 입국 절차

입국하는 절차는 출국하는 것보다는 덜 복잡하다. 잘 모르더라도 함께 내린 사람들을 따라가면 되니 걱정할 것이 없다. 싱가포르 국제공항은 창이 국제공항이다.

❯ 싱가포르 도착

공항에 도착하면 모든 짐을 챙겨 Arrival(도착) 또는 Immigration(입국) 사인을 따라 이동한다.

❯ 입국 신고

❶ 입국 신고를 한다. 기내에서 미리 작성한 입국 신고서와 여권을 함께 제출한다. 입국 신고서는 싱가포르 도착 전에 승무원이 나누어 준다. 혹시 못 받았을 경우 이민국 옆에 준비되어 있는 것을 작성하면 된다.

❷ 수하물을 찾는다. 비행편명과 수하물 벨트의 번호가 나와 있는 모니터 또는 전광판을 보고 해당 수하물 벨트로 가면 된다.

❸ 세관을 통과한다. 신고할 물품이 없는 경우 녹색 라인 'Nothing to declare(신고 물품 없음)'으로 나가면 된다.

Tip 깐깐한 세관법

싱가포르는 술과 담배, 마약류를 제외한 물품(카메라·시계·전자 제품·화장품·보석류·예술품 등)은 비과세품으로 반입이 자유롭다. 단, 술과 담배는 과세품으로서 입국 시 세금을 내고 반입해야 하지만 위스키 1병, 포도주 1병, 맥주 1병까지 면세 반입이 허용(말레이시아로부터의 여행객은 제외)된다. 특히, 담배는 본인이 피우다 남은 담배까지도 반입이 금지되므로 주의해야 한다. 마약류, 권총 모양의 담배 라이터, 음란 출판물 등은 금지 품목이므로 반입할 수 없다. 특히, 마약을 반입하다가 적발되는 경우에는 사형에 처한다.

공항에서 시내까지 이동하기

공항에서 시내로 들어가는 방법은 MRT, 택시, 버스가 있다. MRT 전철은 공항과 바로 이어져 있어서 이용이 편리하며 택시를 타도 S$ 20 정도가 나오므로 큰 부담이 없다. 가장 저렴한 이동 수단은 버스이지만 현지인들이 주로 이용하고 여행자들에게는 인기가 없다. 여행자들은 MRT를 이용하거나 택시를 많이 탄다.

©shutterstock / EQRoy

©shutterstock / Tang Yan Song

MRT

공항에서 시내까지 바로 연결되고 비용도 약 S$ 1.10~2.00(S$ 1 티켓 보증금 포함)로 다른 교통수단에 비해 저렴한 편이다. 시내 쪽으로 가려면 타나 메라 역에서 갈아타야 한다. 그냥 타고 있으면 창이 국제공항으로 되돌아간다. 타나 메라 역에서 내린 다음 뒤돌아서 바로 분 레이행으로 갈아 타면 된다.

MRT는 공항에서 시내까지 가장 빠르고 저렴하게 갈 수 있는 방법이지만, 짐이 많으면 시내에서 내려서 걸어가거나 택시를 이용해야 하므로 불편할 수 있다. 공항에서 오차드 로드까지 가려면 타나 메라 역에서 갈아타고, 다시 시티 홀 역에서 갈아타야 한다. 시내까지 약 40분 정도 걸린다.

택시

도착 홀 왼쪽으로 택시 승강장이 있다. 택시 표지판을 따라 나오면 바로 택시들이 대기하고 있다. 공항에서 오차드 로드까지는 택시로 30분 정도 소요된다. 그러나 출퇴근 시간에는 교통 체증이 있을 수 있으므로 넉넉히 1시간을 잡는 것이 낫다. 요금은 S$ 30~ 정도이다.

일반 택시 이외에도 고급 택시인 리무진 택시와 7인승 맥시 캡(Maxi-Cabs)도 있다. 예약은 리무진 택시 카운터에서 하면 되고, 출구 앞에 카운터가 있어 쉽게 찾을 수 있다.

버스

공항 내 버스 정류장은 지하 1층에 있으므로 엘리베이터를 타고 내려가야 한다. 요금은 이동 거리와 버스 종류에 따라 조금씩 차이가 있지만 대부분 S$ 0.7~2 정도이다. 잔돈은 거슬러 주지 않는다. 시내까지 1시간 정도 소요된다. 다소 저렴한 요금이지만, 다른 교통편에 비해 시간이 오래 걸리고 공항 터미널에서 지하 버스 정류장까지 찾아가기가 쉽지 않아서 이용하는 사람은 많지 않다. 운행 시간은 06:00~24:00이다.

공항버스

창이 빌리지 호텔과 센토사 섬 내 호텔을 제외하고 싱가포르 내의 거의 모든 호텔에 도착한다. 9인승 차량으로 스케줄이 지역별로 나뉘어 있고 행선지를 복잡하게 돌아가지 않는 게 장점이다. 매일 24시간 운영하며 15분 간격으로 버스가 있다. 도착 홀 내의 버스 카운터에서 예약하고 이용해야 한다. 9인 미만의 그룹 또는 짐이 많은 승객은 차량 1대를 빌릴 수 있는데 편도 S$ 55~60 정도이다. 비용은 성인 S$ 9, 어린이 S$ 6이다. 요금은 운전자에게 직접 지불하면 된다.

공항 터미널 연락처

- **Terminal 1** +65 6543-1985
- **Terminal 2** +65 6546-1646
- **Terminal 3** +65 6241-3818 (핫라인)
- **Budget Terminal** +65 6546-7656

집으로 돌아가는 길

창이 국제공항 도착

인천 공항에서 출국할 때 한 절차 그대로이며, 공항만 인천 공항에서 싱가포르의 창이 국제공항으로 바뀌었다고 생각하면 된다. 출국하기 2시간 전에는 공항에 도착해 출국 수속을 밟아야 한다.

시내에서 창이 국제공항으로 가기

- **MRT로 이동** : 파시리스(Pasir RTS)행을 타고 타나 메라 역까지 온다. 여기서 공항까지 가는 창이 국제공항행으로 갈아타야 하는데 타나 메라 역에서 내려 바로 뒤돌아 타면 된다. 시내에서 40분 정도 소요되며, 요금은 S$ 2 미만이다. 12분에 1대꼴로 창이 국제공항행 MRT가 있다.
- **택시** : 돌아갈 때 가장 편하고 보편적으로 이용하는 방법이다. 택시로는 30분 정도 걸리며 요금은 S$ 30~ 정도 예상하면 된다. 호텔 앞에서 바로 탈 수 있어 짐이 많아도 편하게 공항까지 이동할 수 있다.
- **공항버스** : 공항에서 시내로 올 때 이용하는 셔틀버스 대신 맥시 캡 택시를 이용한다. 6인승 차량이며 S$ 60이다. 미리 예약을 해야 한다. (프리미어 캡 6552-2828, SMRT 택시 6555-888)

창이 국제공항 출국 과정

싱가포르에서 S$ 100 이상 쇼핑을 했다면 누구나 소비세 7%를 공항에서 돌려받을 수 있다. 이 제도를 '택스 리펀드(Tax Refund)'라 하는데 공항에 도착해서 가장 먼저 해야 할 일이다.

세금 환급 받기

여행객들은 싱가포르에서 구매한 물건에 대한 GST(the Goods and Services Tax)를 환급받을 수 있다. 단, 만 16세 이상으로 싱가포르 내 매장에서 최소 S$ 100 이상 구입(영수증은 3장까지만 합산 가능)한 상품으로 출발 2개월 전까지 구입한 상품만 환급받을 수 있다. 해당 상점에서 GST 환급 서류 'Tourist Refund Scheme'을 받아야만 환급이 가능하므로 꼭 챙겨야 한다.
공항에 도착하면 홀 내의 GST 세관 카운터(Customs Inspection Counters)에서 환급 서류, 여권, 항공권을 제시하고 확인을 받는다. 이때 구입한 물건을 보여 달라고 할 수 있으니 짐을 부치기 전에 먼저 GST 세관 카운터에 들르는 것이 좋다. GST 세관 카운터에서 확인을 받고 이민국을 통과하여 GST 환급 카운터에서 현금 또는 계좌 입금 중 선택하여 받을 수 있다.
GST 환급 카운터는 글로벌 리펀드(Global Refund)와 프리미어 택스 프리(Premier Tax Free), 두 곳이 있는데 취급하는 회사만 다를 뿐이어서 아무 곳에서나 받아도 된다.

탑승권 발급

출발 로비에서 자신의 해당 항공사 카운터를 찾아 여권과 항공권을 제시하고 체크인 과정을 마치면 보딩 패스를 받는다.

출국장

여권과 출국 카드(출국 카드는 입국할 때 이미 작성했던 것으로 여권에 스테이플러로 찍어 준다. 이것을 일부러 떼지 않는 한 자기 여권에 붙어 있다.), 보딩 패스를 보여 주고 출국 심사 시간을 고려하여 여유 있게 출국 심사장으로 들어간다.

보안 출국 심사

보안 검색대를 통과하고, 출국 심사를 받는다.

비행기 탑승

출발 시간 30분 전에는 해당 게이트 앞에 와서 대기한다. 미리 와서 대기했다가 비행기에 오르는 것이 좋다.

또 하나의 쇼핑 천국, 창이 국제공항

창이 국제공항은 하나의 작은 에어 시티를 연상케 한다. 창밖으로 보이는 비행기만 없다면 특급 호텔의 로비라고 해도 무방한 라운지와 울창하게 우거진 정원 그리고 다양한 레스토랑 및 바 때문이다. 그 외에도 백화점을 통째로 옮겨 놓은 것 같은 130여 개의 상점과 곳곳에 마련된 편안한 휴식 공간이 여느 공항보다 더 활기차고 아늑한 분위기가 느껴진다. 무엇보다 싱가포르는 입출국 면세 구역이 통합되어 있어, 들어갈 때와 나올 때 둘 다 공항 면세점 이용이 가능하다.

멀티 플레이 에어 시티

창이 국제공항은 위치적인 장점을 극대화시켜, 아시아 최고의 허브 국제공항으로 자리매김을 하려는 노력이 보인다. 싱가포르를 경유하여 호주 및 유럽으로 가는 승객들은 창이 국제공항에서 적지 않은 시간을 대기해야 하는데, 창이 국제공항은 이들의 불편함을 최소화하기 위해 소파와 간이 침대, 트랜짓(경유지에서 24시간 이내로 머무는 것) 호텔, 수영장 및 샤워 시설, 무료 인터넷, 인터넷 국제 전화, 오락실, 심지어 무료 영화관까지 갖추어 놓았다.

대기 시간이 5시간 이상인 승객을 대상으로 2시간 30분 시내 무료 투어 프로그램도 운영하고 있다. 주말에 공항으로 놀러 오는 싱가포르 사람들이 있을 정도이다.

창이 국제공항은 다음엔 또 어떤 시설이 들어올까 하는 기대감을 갖게 한다. 국가적으로 관광 산업에 매진하고 있는 싱가포르가 공항마저도 하나의 관광지로 만들어 놓았다.

창이 국제공항의 구성

창이 국제공항은 총 3개의 터미널로 나뉘어 있다. 각각의 터미널은 스카이 트레인으로 연결되어 이동이 편리하다.

터미널 1은 주로 아시아 지역에서 오는 항공사들이 이용하게 된다. 터미널 2는 싱가포르 항공사 및 유럽 지역 항공사들이 이용한다. 대한항공도 2터미널을 이용한다.

특히 2008년 1월에 오픈한 터미널 3은 입이 벌어질 정도로 규모가 크며 다양한 부대시설을 갖추고 있다. 터미널 3 하나만으로도 7층 높이에 연면적 38만㎡으로, 49㎡인 인천 국제공항보다 약간 작은 규모이다. 터미널 3은 싱가포르 항공사 노선 중에서 유럽 지역, 북아시아 지역으로 가는 비행기를 중심으로 이용되고 있다.

Tip 공항에서 쇼핑한다?

창이 국제공항에는 면세점뿐만 아니라 로컬 브랜드 상점까지 130여 개의 상점들이 모여 있다. 발리, 버버리, 불가리, 카르티에, 펜디, 샤넬, 프라다, 보스 등의 명품 브랜드와 찰스 앤 키스, 리바이스, 지오다노까지 캐주얼 브랜드와 육포 전문점 비첸향도 있다.
싱가포르를 경유하는 경우, 경유 시간이 6시간 미만이라면 싱가포르 시내까지 가기보다는 공항에서 쇼핑하는 것이 더 효과적일 수 있다. 창이 국제공항에서 구매한 상품이 시내보다 더 비싸다면 그 차액을 2배로 돌려주는 보증 제도가 있어서 공항이라 비쌀 것이라는 편견을 버려도 좋다.

영어 회화

인사

처음 뵙겠습니다.	How are you.
(대답 시)	Pretty good / Fine thanks.
만나서 반갑습니다.	Nice to meet you.
저는 ~라고 합니다.	My name is~.
이 분이 ~ 씨입니다.	This is~.

공항

무엇을 도와 드릴까요?	May I help you?
탑승 개시는 언제입니까?	When is boarding time?
이름을 알려 주시겠어요?	Just your name, please.
여권 번호를 알려 주시겠어요?	Passport number, please?
창가 쪽으로 좌석을 드릴까요? 복도 쪽으로 드릴까요?	Window or isle?
창가 쪽으로 주세요.	Window, please.
비행기 표를 보여 주세요.	Your ticket, please?
여기 있습니다.	Here you are. / Here it is.
짐은 두 개입니다.	I have two pieces of baggage.
이 예약을 취소해 주십시오.	Cancel this reservation, please.

환전

환전소는 어디입니까?	Where can I change money?
달러로 바꿔 주세요.	Change dollars, please.
달러를 싱가포르 달러로 바꾸고 싶습니다.	I'd like to change dollar into Singapore dollar
환율은 어떻게 되나요?	What's the exchange rate?

입국 수속 시

여권을 보여 주십시오.	Passport, please.
방문 목적이 무엇입니까?	What's the purpose of your visit?
관광차 왔습니다.	For sightseeing. / For tour.
사업차 왔습니다.	On business.
상하이 어디서 머물 예정입니까?	Where will you stay in Shanghai?
○○○호텔에서	At the OOO Hotel.
얼마나 계실 겁니까?	How long will you stay here?
한 달간 있을 예정입니다.	I'll stay here for a month.
2주간 있을 겁니다.	Two weeks.
세관 신고할 것이 있습니까?	Do you have anything to declare?
없습니다.	No, I don't. / Nothing.
즐거운 여행 하십시오.	Have a good time.
행운을 빕니다.	Have a good luck.

교통수단

택시를 불러 주세요.	Taxi, please.
택시 정류장은 어디입니까?	Where is the taxi stand?
기차역까지 가 주세요.	To the train station, please.
이 주소로 가 주세요.	To this address, please.
여기서 세워 주세요.	Stop here, please.
국제공항까지 요금이 얼마입니까?	How much is it to the international airport?
○○로 가는 버스가 맞나요?	Is this bus for OO?
버스는 어디에서 타나요?	Where can I get on a bus?
요금은 얼마입니까?	What's the fare?
이 기차는 ~ 역에서 정차하나요?	Does this train stop at~?
어디서 갈아타나요?	Where do I change?
~까지는 얼마나 걸립니까?	How long dose it take to go to~?
이 표를 취소할 수 있나요?	Can I cancel this ticket?
침대 열차가 있습니까?	Is there a sleeping train?
다음 역에서 내릴 겁니다.	I'm getting off at the next stop.
택시는 어디에서 타나요?	Where can I get a taxi?
어디로 가십니까?	Where are you going?
~로 갑시다.	To the~, please.
여기서 세워 주세요.	Let me off here, please.
얼마입니까?	How much is it?
여기 있습니다.	Here it is.

호텔

오늘 밤 묵을 방이 있나요?	Have you a room for tonight? Do you have a room for tonight?
방값은 얼마인가요?	What's the rate for the room?
방 좀 미리 볼 수 있나요?	Can I see it, please?
더블 룸으로 하고 싶어요.	I'd like double room. / Double room, please.
욕실이 딸린 방으로 하고 싶어요.	I'd like a room with bath.
좀 더 싼 방은 없습니까?	Have you nothing cheaper?
지금 체크인을 할 수 있나요?	Can I check in now?
아침 식사가 포함되어 있는 요금입니까?	Does it include breakfast?
체크아웃 시간은 몇 시입니까?	When is check out time?
귀중품을 맡아 주시겠어요?	Can I check my valuables with you?
맡긴 짐을 찾고 싶은데요?	May I have my baggage back?
세탁 서비스가 있습니까?	Do you have laundry service?
세탁을 부탁합니다.	I have some laundry. Laundry, please.
언제까지 될까요?	When will it be ready?
모닝콜 서비스를 받을 수 있나요?	Can I get a morning call service?
지금 체크아웃을 하고 싶습니다.	Check out, please.

사진 촬영

당신 사진을 찍어도 될까요?	May I take your picture?
저랑 같이 찍을래요?	Please pose with me?
죄송하지만 셔터 좀 눌러 주세요.	Excuse me, press the shutter, please.

아플 때

몸이 안 좋아요.	I feel sick. / I feel no good.
병원에 데려다주세요.	Please take me to the hospital.
의사를 불러 주세요.	Please call a doctor.
열이 있어요.	I have a fever.
머리가 아파요.	I have a headache.
저는 A형입니다.	My blood type is A.

음식점

금연석으로 주세요.	Non-smoking, please.
주문하시겠어요?	May I take your order? Would you like to order now?
이것으로 먹겠어요.	I'll have this one.
추천할 만한 요리가 무엇입니까?	What would you recommend?
이것은 무슨 요리인가요?	What kind of dish is this?

아이스티가 있나요?	Do you have ice-tea?
커피 주세요.	I'll have coffee, please.
사양합니다, 배가 너무 불러요.	No, thank you. I'm full, I had enough.
계산서를 주세요.	Check, please

길 묻기

실례지만, ~ 게스트 하우스가 어딥니까?	Excuse me, Where is the ~guest house?
여기가 지금 어딥니까?	Where am I now?
역에 가는 길을 가르쳐 주세요.	How can I get to the station?
여기가 무슨 거리입니까?	What street is this?
~까지 얼마나 멉니까?	How far is it to~?
얼마나 걸립니까?	How long will it take?

국제 전화 신청

한국에 수신자 부담으로 전화를 하고 싶습니다.	I want to place a long distance collect call to Korea.
국제 전화를 하고 싶은데요.	I want to place an overseas call.
어느 나라에 하실 건가요?	Where are you calling?
한국에 하고 싶은데요.	I'm calling Korea.
서울 123국에 1234번입니다.	I'm calling Seoul and the number is 123-1234.

항공권을 예약

다음 주 월요일 인천행 비행기를 예약하려고 하는데요?	I'd like to make a reservation to In-cheon(Seoul) for next monday.
2등석으로 예약하고 싶습니다.	I'd like to travel economy-class.
언제 탑승 수속을 하지요?	When am I supposed to check in?

쇼핑

그냥 둘러보고 있는 중입니다.	I'm just looking around.
시계 좀 볼 수 있나요?	Can I see some watches?
다른 물건 좀 보여 주세요.	Show me another one, please.
너무 큽니다(작습니다).	It's too big(small).
이것으로 하겠습니다.	I'll take this one.
이것을 사겠어요.	I'll buy this.

기타 유용한 일상 회화

어느 나라에서 왔나요?	Where are you from?
지금 몇 시죠?	What's the time? / What time is it now?
물어봐도 될까요?	Can I ask you a question?
어디 가는 중입니까?	Where are you going?
무슨 일입니까?	What happened?
매우 친절하시네요.	You are very kind.
당신이 부럽네요.	I envy you.

시간 있나요?	Do you have time?
이곳에는 자주 오나요?	Do you come here often?
한국 음악 좋아하세요?	Do you like Korean music?
이 책을 빌릴 수 있을까요?	Can I borrow this book?
계속 연락하는 거 잊지 마세요.	Remember to keep in touch.
당신 맘대로 하세요.	It's up to you.
너무 배가 고파요.	I'm starving.
목이 마르군요.	I'm thirsty.
맥주가 마시고 싶군요.	I'd like a beer.
맛있네요.	It's delicious. / It's yummy.
각자 계산합시다.	Let's go Dutch.
아주 좋은 날씨네요.	What a beautiful day.
날씨가 나쁘네요.	What a terrible day.
비가 올 거 같네요.	Looks like it will rain.
날씨가 개었으면 좋겠는데.	I hope it's going to clear.
당신 전화번호 좀 알 수 있을까요?	May I have your phone number?
전화해도 될까요?	May I call you?
다시 한 번 말씀해 주실래요?	I beg your pardon?
화장실이 어딥니까?	Where is the restroom(toilet)?
당신 직업이 뭡니까?	What do you do? / What's your occupation?

찾아보기

Sightseeing

Shopping

Restaurant & Cafe

Nightlife

Hotel